LES

HERBORISATIONS

PARISIENNES

Il importe, le plus souvent, non pas de consulter simplement un passage de ce livre, mais de lire, autant que possible, l'article tout entier.

Les plantes décrites dans cet ouvrage sont figurées en couleur dans notre *Iconographie de la Flore française.*

Les caractères génériques, les affinités, la distribution géographique et les usages de ces plantes sont traités avec beaucoup plus de détails dans notre *Histoire des plantes*, dans notre *Traité de botanique médicale* et dans notre *Dictionnaire de Botanique.*

LES
HERBORISATIONS
PARISIENNES

RECHERCHE, ÉTUDE PRATIQUE ET DÉTERMINATION FACILE
DES PLANTES
QUI CROISSENT DANS LES ENVIRONS DE PARIS

PAR

H. BAILLON

Professeur d'Histoire naturelle à la Faculté de Médecine de Paris.

AVEC 445 FIGURES, DESSINS DE FAGUET
GRAVURES DE THIÉBAUT

PARIS
OCTAVE DOIN, ÉDITEUR
8, PLACE DE L'ODÉON, 8

1890

LES
HERBORISATIONS
PARISIENNES

Pour connaître la *Flore parisienne* et surtout pour s'intéresser à son étude, il faut observer les plantes sur place, les récolter en bon état et les préparer avec soin pour en composer un herbier.

Pour la composition de l'herbier, il faut se procurer du papier servant à sécher les plantes et d'autre papier destiné à les recevoir quand elles auront été convenablement préparées, sans parler des instruments divers, et des substances indispensables à cette préparation et à la conservation des échantillons [1].

Tout doit être prêt pour l'époque du réveil de la végétation, époque à laquelle commenceront les premières excursions. Cependant en hiver même, on peut déjà ébaucher l'étude de quelques espèces peu délicates, qui n'attendront qu'une journée ensoleillée pour fleurir. Dans ces

[1] Dans notre opuscule intitulé *Guide élémentaire d'herborisations et de Botanique pratique*, édité par la librairie Doin, nous avons traité cette question d'une façon spéciale et nous y renvoyons le lecteur.

conditions, on pourra souvent observer les fleurs du Paturin annuel (p. 90), de la Pâquerette (p. 60), du Séneçon commun (p. 60), du Mouron des oiseaux (p. 38), etc. Souvent le Noisetier (p. 65) fleurit dès le mois de janvier. Quelques autres arbres ou arbustes pourront montrer leurs fleurs à la même époque. Analyser ces fleurs, bien les préparer, bien connaître leurs caractères avant même le premier printemps, c'est déjà gagner du temps.

Il suffira cependant, en général, que le petit matériel du débutant soit prêt aux premiers beaux jours. Dans une période qui s'étend de la fin de février, par exemple, à la fin d'avril, les recherches et l'étude de la flore sont de beaucoup plus faciles, parce que le nombre des plantes à observer est forcément limité. Quand on se trouve entouré, comme en mai et en juin, de plusieurs centaines d'espèces variées, on a quelque peine à s'y reconnaître. Mais la distinction est facile quand on n'a, dans une excursion du premier printemps, à rechercher et à recueillir que trois ou quatre espèces, huit ou dix au plus. Nous engageons donc le débutant à lire très attentivement les 26 paragraphes de début qui vont suivre, à se les assimiler complètement, et surtout à les mettre en action.

Il y a de nombreuses localités à explorer dans la flore parisienne ; mais au début de ces recherches, recommandons particulièrement quelques champs d'étude très faciles à aborder : les bois de Vincennes et de Boulogne, par exemple ; les bords de la Marne et de son canal latéral, du pont de Charenton à Joinville; et surtout le bois de Meudon, principalement l'entrée du bois par Clamart et Fleury, ou la région de Trivaux, c'est-à-dire celle qui avoisine l'Ecole d'aérostation militaire, au sortir de Meudon : l'étang ; le petit marais qui l'accompagne, de l'autre côté de sa levée ; l'avenue montante de Trivaux, et la lisière des champs cultivés dont elle est surmontée. On peut déjà, dans ces localités si restreintes, récolter plusieurs centaines d'espèces. Mais précisons davantage.

'A. — LE PERCE-NEIGE

En février ou en mars, on trouve dans quelques bois des environs de Paris, notamment vers l'extrémité de la

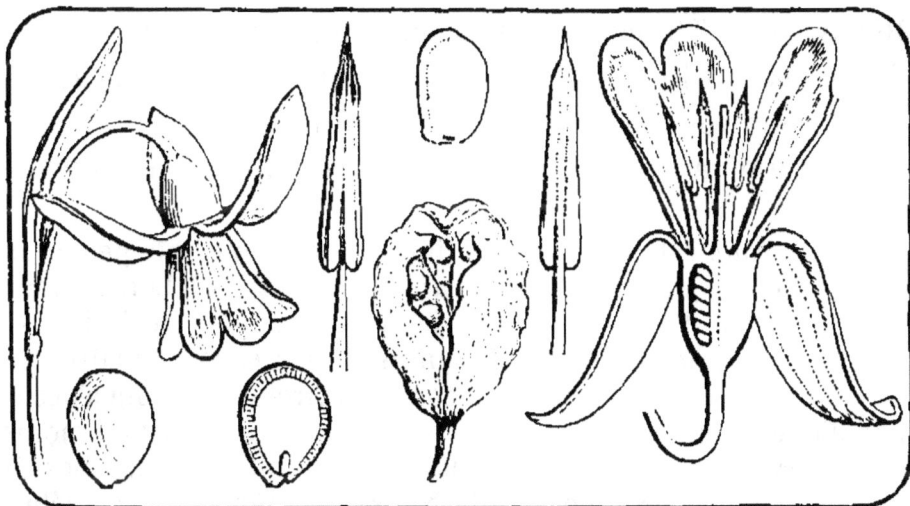

branche droite du Canal, à Versailles, le Perce-neige ou Nivéole (*Galanthus nivalis* L.), dont tout le monde connaît les petites fleurs blanches et penchées, à pédoncule[1] portant vers sa partie supérieure deux bractées unies en une spathe qui renfermait d'abord le bouton et s'est ouverte pour le laisser sortir. L'ovaire est infère, à 3 loges pluriovulées, et surmonté d'un périanthe en clochette, à 6 divisions imbriquées : les 3 extérieures blanches, plus grandes, et les 3 intérieures plus courtes, teintées de vert à leur sommet qui est échancré. Il y a aussi 6 étamines épigynes, et un style entier, tronqué au sommet Le fruit sera, plus tard, une capsule. C'est une plante à bulbe ou oignon souterrain, avec des feuilles étroites, glauques, au nombre de 2 en général. On trouve aussi, mais moins abondamment, le *G. nivalis* au bois de Vincennes et, dit-on, dans celui de Meudon. Il est beaucoup moins rare à Magny, à Fontainebleau, aux environs de Beauvais, à Thury-en-Valois, etc. Mais c'est une espèce de l'ouest et du midi, et dans presque toutes les localités dont nous venons de parler, il a été introduit.

C'est une Amaryllidacée, caractérisée, dans l'embran-

[1] *Pédoncule* est un mot scientifique. De même, un peu plus loin, *bractée, spathe, étamine, ovaire, périanthe,* etc. Loin de nous la prétention d'éviter l'emploi de ces expressions techniques. Autant vaudrait parler des chemins de fer sans connaître la valeur des mots : rail, wagon, locomotive, frein, etc. Pour s'occuper d'une science, il faut en connaître et en employer au moins le langage élémentaire. Pour étudier les plantes, il faut posséder des notions d'organographie. Nous conseillons donc au débutant la lecture approfondie de notre *Cours élémentaire de botanique,* pour la classe de quatrième, publié en 1882.

chement des Monocotylédones, par son ovaire infère et
ses 6 étamines; et il n'y a d'autres représentants de cette
famille dans la flore parisienne que des Narcisses dont
nous allons maintenant distinguer trois espèces, également vernales.

La plus commune est le N. Porion (*Narcissus Pseudo-*

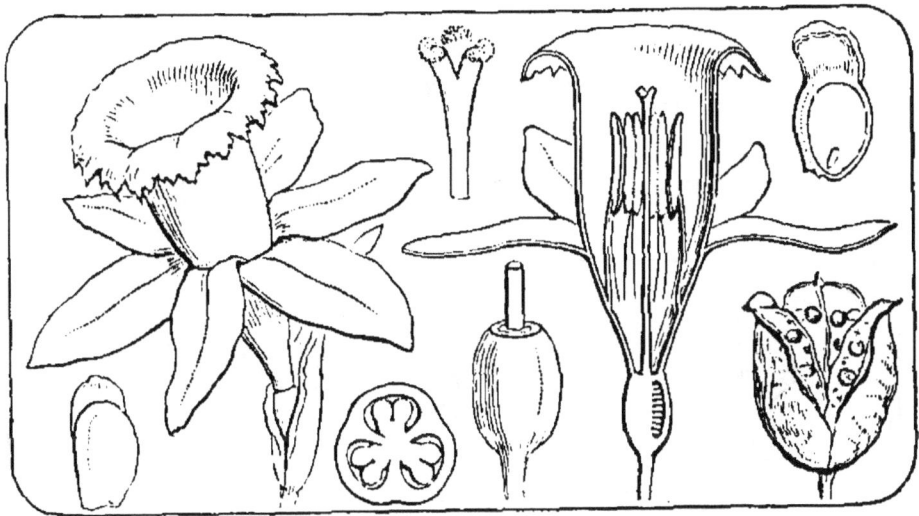

Narcissus L.), nommé encore dans nos environs Boulerie
et Aiault. Il a une grande fleur solitaire, pédonculée,
d'un jaune pâle, avec un ovaire infère, 6 divisions au périanthe et 6 étamines, comme le Perce-neige; mais en
outre, sa fleur porte, en dehors des étamines, un grand
gobelet pétaloïde, d'une seule pièce, à bords dentelés. On
vend en mars à Paris d'énormes bouquets de cette plante,
cueillis dans les bois découverts. Il abonde à Vincennes,
près la Porte-Jaune et le lac des Minimes, en face la
station de Fontenay-sous-Bois, etc., etc.

Le *N. poeticus* L. est très rare (en mai) dans les bois, près Trianon et au Désert, près Versailles; il y a été introduit. Sa fleur étoilée est blanche, odorante. Son gobelet est court, cupuliforme, souvent bordé d'un liséré rouge. On avait aussi planté au Désert le *N. incomparabilis* Mill., aujourd'hui presque complètement disparu.

B. — LES PERVENCHES

La Petite-Pervenche (*Vinca minor* L.) est commune

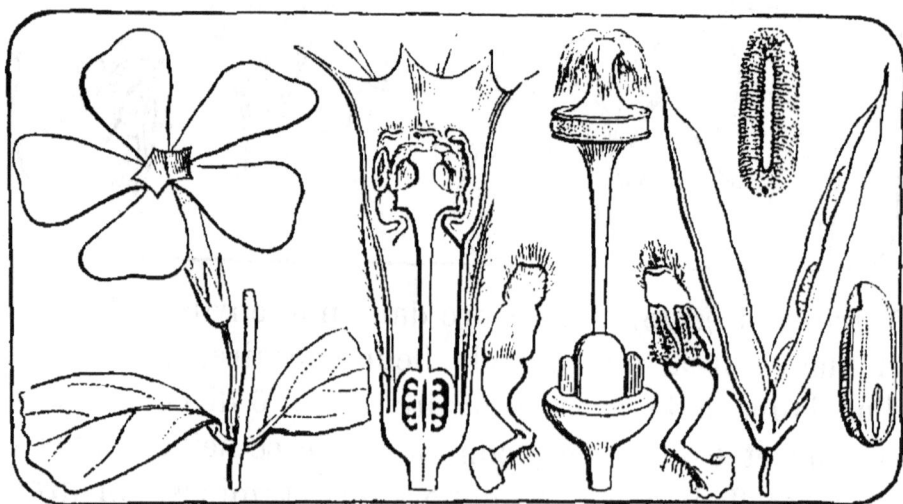

dans nos bois, nos haies, sans parler des jardins où la fait rechercher l'élégance de ses jolies fleurs bleues, plus rarement blanches ou violacées. Elles sont éminemment précoces : il y a des années où la plante ne cesse, quand elle est suffisamment abritée, de fleurir pendant tout l'hiver. Il est à peine besoin, tant elle est connue de tous, de donner les caractères extérieurs de cette fleur. Elle a un réceptacle légèrement concave, un calice par conséquent périgyne, comme sa corolle régulière, hypocratérimorphe, à 5 lobes tordus et insymétriques. Ses 5 étamines, insérées sous la gorge de la corolle qui porte 5 petits plis saillants, sont en forme de cuilleron. Son gynécée est formé de 2 carpelles dont les ovaires multiovulés [1] sont libres et alternent avec 2 glandes du disque. Leurs styles sont unis en une colonne grêle que surmonte un chapiteau relativement volumineux. Le fruit, ordinairement rare, est formé, de 1,2 follicules. Le *V. minor* est une humble plante à rameaux couchés et radicants : à feuilles opposées, ovales-lancéolées, coriaces, glabres et persistantes; à fleurs solitaires, le plus souvent portées sur de jeunes rameaux dressés qui s'élèvent du sol.

La Grande-Pervenche (*Vinca major* L.), à feuilles plus grandes, ovales, est parfois cultivée dans les parcs et les jardins; mais elle n'est pas indigène, pas plus que le Laurier-Rose (*Nerium Oleander* L.), qui ne supporte pas nos

[1] Pour apercevoir avec quelque netteté ces détails, il faut se servir d'une loupe à main, instrument que le botaniste doit porter dans toutes ses excursions. Mais, ainsi que nous l'avons dit dans notre *Guide élémentaire d'herborisations*, on n'analyse vraiment bien et commodément qu'avec la loupe montée et certaines aiguilles à disséquer, à la fois plates, aiguës et tranchantes, **telles que celles qui portent notre nom.**

hivers. Ce sont des représentants de la grande famille des Apocynacées.

C. — LES VIOLETTES

Les anciens désignaient sous le nom de V. de mars l'espèce parfumée dont on fait un si grand commerce, le *V. odorata* L. Tout le monde connaît sa fleur à corolle

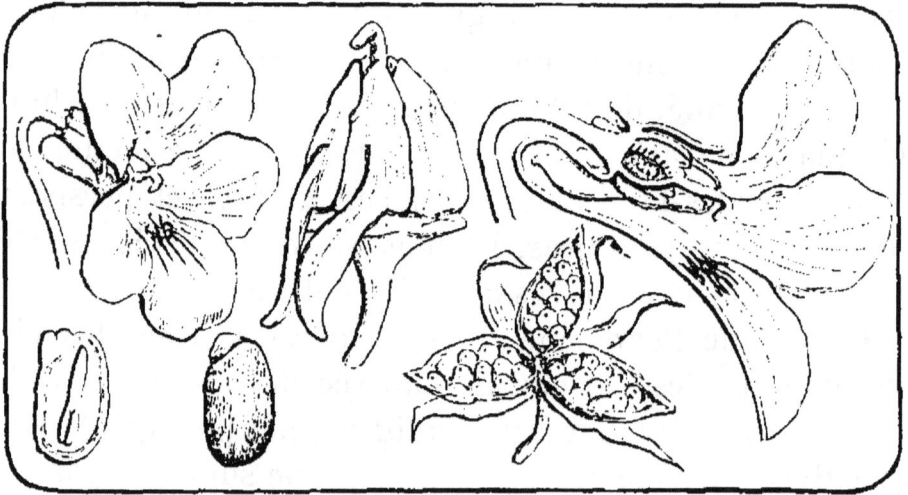

irrégulière, éperonnée et qui peut être de couleur violette, blanche ou rosée, lilacée. Disons seulement qu'elle peut être exceptionnellement inodore. C'est une espèce vivace, qui se trouve partout, qui refleurit parfois en automne et qui est remarquable par la présence de jets **ou stolons radicants à sa base.**

Il y a dans nos campagnes deux autres espèces vivaces et très vulgaires, sans stolons, à floraison vernale. Ce
sont les *V. sylvestris* et *hirta* L. Leurs fleurs sont inodores.

Le premier se reconnaît à ce que son axe principal,
portant une rosette de feuilles qui semblent basilaires,
donne naissance à des branches herbacées, qui, elles,
portent des fleurs axillaires, d'un violet pâle, très rarement blanchâtres.

Le dernier, à fleurs violettes, plus rarement rosées ou
blanches, a des pédoncules qui se dégagent du centre de
la plante, de la même façon que ceux du *V. odorata*. Dans
les cas douteux et où la plante serait d'abord presque glabre, on la verra, un peu plus tard dans la saison, devenir
plus ou moins hérissée de poils, surtout sur les pétioles.

Le *V. canina* L. peut être considéré comme une espèce
beaucoup plus rare que les précédentes, très rare même
dans certaines régions de notre flore. A fleurs inodores,
bleuâtres, analogues à celles du *V. sylvestris*, cette espèce
se distingue par des pétioles non ailés, des limbes sensi-
blement cordés, des stipules moyennes, non foliacées et
deux ou trois fois plus courtes que le pétiole.

Passons maintenant à 4 espèces très rares, qui sont
également vivaces, comme le *V. odorata*, et dont les fleurs
sont conformées comme les siennes.

Il y a d'abord le *V. alba* BESS. (qu'on ne doit pas confondre avec la variété à fleurs blanches du *V. odorata*),
qu'il faut aller récolter aux environs de Provins, notam-

ment à Poigny. Ses tiges sont stolonifères; mais les stolons ne sont pas radicants. Ce sont des branches latérales
et couchées, herbacées, qui ici portent, l'année même de
leur développement, des fleurs blanches ou à peine violacées, odorantes.

Le *V. pumila* VILL. ne s'observe guère que dans la
forêt de Compiègne, près du lieu dit Les Planchettes.
C'est une petite plante à rhizome grêle et tortueux, à
tiges glabres, à feuilles lancéolées, atténuées en coin à
leur base décurrente sur le pétiole. Les fleurs bleues sont
portées sur de longs pédoncules qui naissent le long des
axes aériens. Il y a des stipules incisées, au moins aussi
longues que le pétiole.

Le *V. palustris* L. est une petite espèce qui croît dans
les marais : près de Rambouillet, à l'étang d'Angènes; à
Saint-Léger; aux Vaux-de-Cernay. Son rhizome est grêle et
rampant. Ses feuilles glabres sont orbiculaires-réniformes,
longuement pétiolées, portées sur le rhizome. Ses fleurs,
longuement pétiolées, à corolle d'un lilas pâle et veinée
de violet, naissent aussi du rhizome.

Le *V. elatior* FR. (*V. montana* DC.) se trouve aux environs de Provins, à Bray-sur-Seine, dans les localités
humides. Il a des feuilles lancéolées, subcordées à la
base, pubescentes comme les sommités. Ses grandes
fleurs, inodores, lilacées, ont un long pédoncule qui porte
un peu au-dessous d'elles des bractées lancéolées.

Dès le printemps et tout l'été, on trouve dans les cul-
tures une espèce annuelle, très commune, appartenant à

une section différente (*Melanium*), le **V**. *tricolor* L., var.
arvensis, la Pensée sauvage, qui a des fleurs blanches ou
légèrement teintées de jaune ou de violet, avec les 4 pétales supérieurs dressés.

Après les excursions dans lesquelles ou à la suite desquelles le débutant aura récolté et observé à fond les
trois genres de plantes dont le nom est inscrit au titre
des paragraphes A, B, C, nous insistons vivement pour
qu'il les compare attentivement entre elles de la façon
qui va suivre :

Le Perce-neige a des feuilles étroites et allongées, dont
les nervures, peu apparentes du reste, sont parallèles les
unes aux autres suivant la longueur de la feuille. La fleur
a 3 sépales, 3 pétales, 2 fois 3 étamines, et 3 loges à l'o-
vaire. Ces caractères appartiennent ordinairement à
l'embranchement qu'on désigne sous le nom de *Monocotylédones*. Nous ne parlons pas, bien entendu, des exceptions qui sont assez nombreuses.

La Pervenche et la Violette ont des feuilles parcourues
par une nervure médiane ou principale de laquelle par-
tent obliquement des nervures secondaires, à droite et à
gauche. Leurs fleurs sont 5-mères (5 sépales, 5 pétales,
5 étamines). Ce sont les caractères le plus fréquemment
observés dans les plantes de l'embranchement des *Dicotylédones*.

Si maintenant nous comparons la corolle de la Violette à celle de la Pervenche, nous voyons que les 5 pièces de la première (inégales d'ailleurs) sont indépendantes les unes des autres, et que l'on peut enlever l'une d'elles en respectant les autres. C'est pour cette raison que la Violette est dite une *Dicotylédone-Dialypétale*.

Au contraire, la corolle de la Pervenche tombe naturellement en totalité après la floraison, et si nous tirons sur l'un de ses lobes, elle vient à nous d'une seule pièce, s'il ne se produit aucune déchirure accidentelle. Aussi la Pervenche est-elle une *Dicotylédone-Gamopétale*.

Poursuivons l'étude un peu plus compliquée de quelques autres types à floraison vernale.

D. — LA MOSCATELLINE

A l'époque où fleurit la Violette odorante, dans presque tous les bois, même à Boulogne, à Meudon, à Vincennes, tout près du lac des Minimes, etc., on voit de petites touffes vertes, hautes tout au plus d'un décimètre, formées par cette herbe qui doit son nom à la légère odeur musquée qu'elle peut prendre en séchant. C'est l'*Adoxa Moschatellina* L. Elle est vivace et a une petite tige souterraine, rampante et écailleuse. Ses feuilles basilaires sont 3-séquées ou 3-partites. Ses petits axes florifères portent 2 feuilles opposées et se terminent par 4-6 fleurs rapprochées de tête. Elles sont d'un jaune verdâtre, peu

éclatantes, à corolle gamopétale, à androcée isostémoné
porté sur elle, à ovaire infère. Dans chaque groupe floral,

la fleur centrale est le plus souvent 4-mère, et les périphériques 5-mères ; particularité qui suffirait à faire reconnaître cette petite plante. Elle aura plus tard un fruit
charnu et jaune. L'*A. Moschatellina* a été rapporté comme
plante anormale à plusieurs groupes différents, notamment aux Caprifoliées ; il se rapproche davantage des
Saxifragacées dont il va tout à l'heure être question.

E. — LA FUMETERRE

Dès les premiers jours du printemps, on pourra voir
fleurir dans les friches, notamment dans les champs de

pommes de terre de la saison précédente, la F. officinale (*Fumaria officinalis* L.), facilement reconnaissable à son

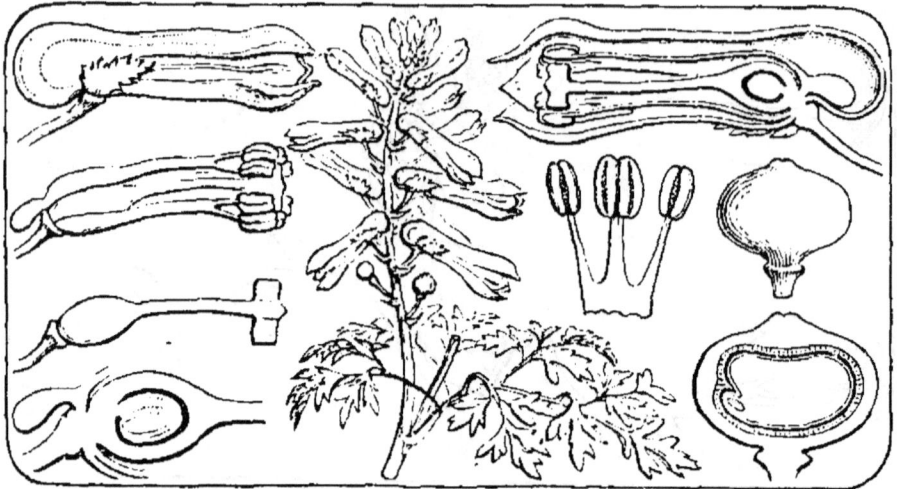

feuillage fin et déchiqueté, un peu glauque, et à ses petites grappes de fleurs rosées, irrégulières. En s'aidant d'une loupe, on pourra voir leurs 2 petits sépales blanchâtres, qui sont fugaces. On verra plus facilement leurs 4 pétales, dont un, extérieur, est prolongé à sa base en éperon ; ses étamines diadelphes et son petit gynécée allongé et vert. Déjà à la base des inflorescences il y aura peut-être des fruits verts, presque globuleux, qui deviendront plus tard durs, secs, monospermes.

La Fumeterre appartient à une division spéciale de la famille des Papavéracées. En brisant ses tiges, on pourra voir sourdre une petite quantité de suc jaunâtre : c'est le **latex, ordinairement plus abondant et de couleur variée** dans les autres représentants de la famille. Nous observerons dans la flore parisienne d'autres *Fumaria* à floraison un peu moins précoce (p. 221).

Par le mode de nervation de leurs feuilles, nous voyons que la Moscatelline et la Fumeterre appartiennent à la Dicotylédonie. La première est gamopétale, et la dernière dialypétale. Remarquons aussi que la fleur de la première est 4,5-mère, et celle de la dernière 2-mère (2 sépales, 2 fois 2 pétales). Les nombres 2 et 4 peuvent donc s'observer aussi dans les plantes dicotylédones.

F. — LES MERCURIALES

Les Mercuriales de la flore parisienne sont au nombre

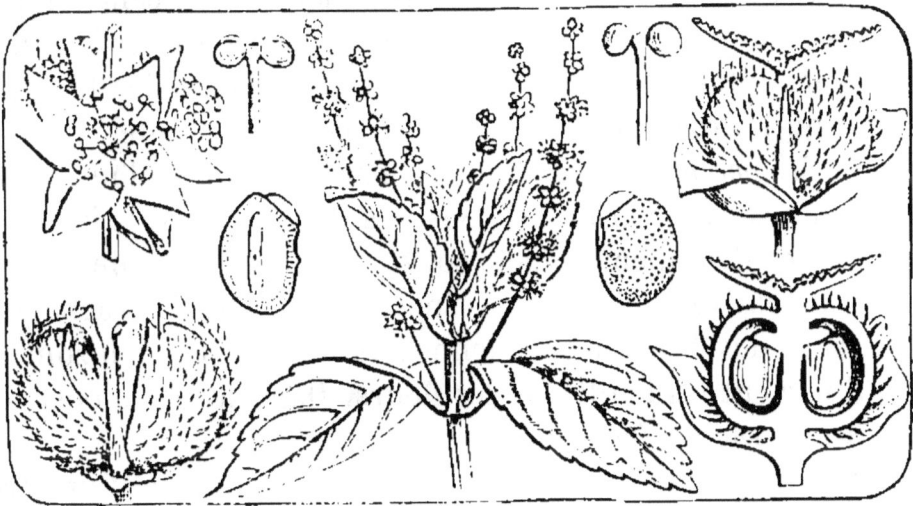

de 2 : le *Mercurialis annua* L., qui fleurit toute l'année et qui peut commencer à le faire même en hiver quand il est abrité ; et le *M. perennis* L., dont la floraison est à proprement parler vernale. On peut récolter cette dernière en abondance au bois de Meudon et surtout dans certains cantons du bois de Vincennes, proches du lac des Minimes ; la terre en est littéralement couverte. La plante est dioïque. Elle a des pieds mâles sur lesquels on voit de nombreuses petites fleurs à étamines. Ces organes fécondateurs y sont en grand nombre, formés d'un filet libre et d'une anthère à loges distinctes, en bissac. Autour d'elles se trouve un petit calice de 3 folioles. Sur les pieds femelles, les fleurs, moins nombreuses, ont le même calice et un ovaire libre, à 2 loges uniovulées, surmonté d'un style à 2 branches papilleuses.

Le *M. annua* est une mauvaise herbe des lieux cultivés, à rameaux cassants, à fleurs analogues à celles dont nous venons de parler. Ses feuilles, accompagnées de stipules interfoliaires, ont une odeur fétide ; elles bleuissent ou noircissent quand on fait sécher la plante.

Le *M. perennis* a les mêmes feuilles, mais d'un vert plus foncé, plus grandes. Ses tiges sont des rhizomes grêles qui rampent sous le sol et vivent à l'aide de racines adventives qu'on doit respecter lors de l'arrachage. Ce sont des branches aériennes issues de ces rhizomes qui portent les feuilles et les fleurs. Dans le *M. annua*, il y a une racine fasciculée.

Ces deux plantes appartiennent à la famille des Euphorbiacées, et nous parlerons plus loin (p. 269) des nom-

breuses Euphorbes de notre flore. Faisons seulement remarquer que les Mercuriales se distinguent des types
précédents par des fleurs unisexuées et un périanthe
simple. Ce sont des plantes diclines (outre qu'elles sont
dioïques) et monochlamydées.

G. — LE GUI

Vivant en parasite aérien sur les arbres, notamment
sur les Peupliers et les Pommiers, plus rare sur les autres
essences, le Gui (*Viscum album* L.) forme de grosses

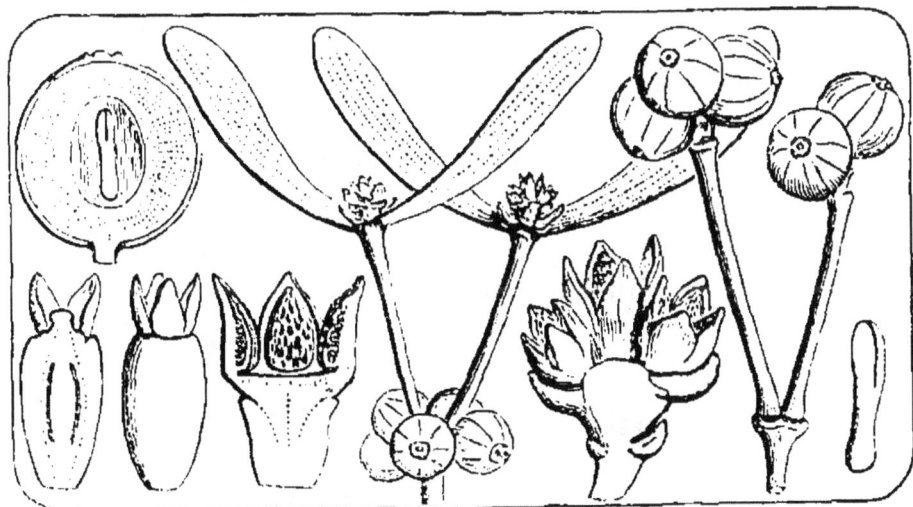

touffes d'un vert jaunâtre, très ramifiées, à branches
dichotomes, articulées, avec des feuilles allongées, épaisses, coriaces, **opposées. Ses fleurs sont dioïques et se**

2

montrent à la fin de l'hiver. Les mâles ont un périanthe simple, formée de 4 folioles valvaires : ce sont des pétales. A la face interne de chacun d'eux est adnée une anthère qui s'ouvre par un certain nombre de petits pores. La fleur femelle a le même périanthe, sans anthères ; mais il est inséré sur l'orifice supérieur d'un réceptacle en forme de sac dont la cavité loge l'ovaire infère. Dans le fruit, ce réceptacle devient charnu, pulpeux, rappelant par sa forme globuleuse une groseille tout à fait blanche. Sa pulpe est visqueuse. La graine contenue renferme un ou plusieurs embryons verts, allongés.

Notons que le Gui est dioïque, comme les Mercuriales, mais que son ovaire est sous le périanthe, comme dans le Perce-neige, c'est-à-dire *infère*, et non au-dessus, comme dans la Mercuriale, la Violette, la Fumeterre, c'est-à-dire *supère*. Notons aussi que les fleurs sont monochlamydées comme dans les Mercuriales, mais qu'ici le périanthe unique est une corolle sans calice. La fleur est donc *asépale*, tandis que celles des Mercuriales, ayant un calice sans corolle, sont *apétales*.

H. — LES RENONCULACÉES DU PRINTEMPS

Revenons à des types plus compliqués. Dès le mois de février, parfois même plus tôt, on peut trouver en fleurs, principalement dans les bois ou sur les coteaux calcaires, le Pied-de-Griffon (*Helleborus fœtidus* L.), un des repré-

sentants les plus remarquables de la famille des Renonculacées. Il y en a encore de rares pieds à Vincennes, et

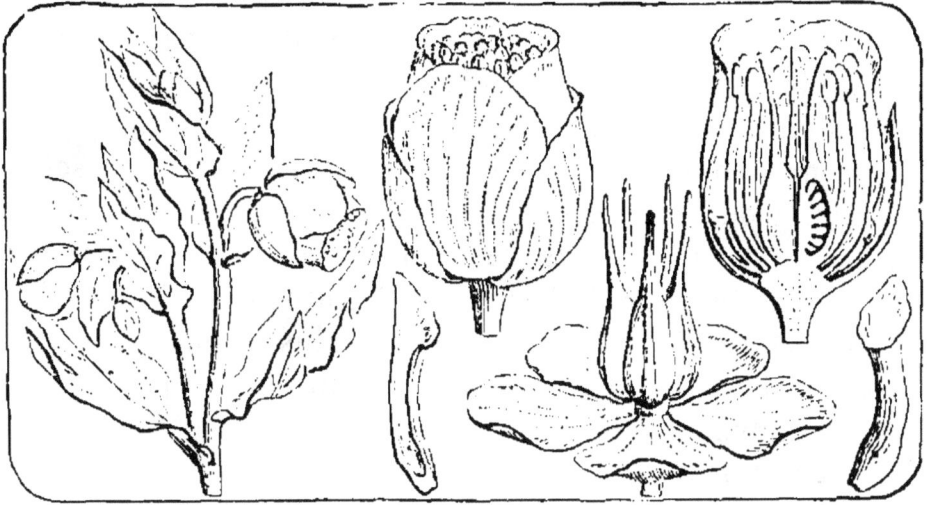

davantage à Bondy, à Saint-Germain et à Sénart. Il
abonde à Mantes, à Lardy, à Nemours, dans l'Oise, etc.
On le reconnaît de loin, dans les bois dénudés, à son
feuillage vert clair. Ses feuilles ont une odeur fétide,
vireuse. Elles sont pédatinerves, palmatipartites, à 6-10
segments lancéolés et dentés. Plus haut, les branches
portent de larges bractées d'un vert pâle, accompagnant
des cymes de fleurs à calice vert, souvent teinté de pourpre, 5-mère, entourant de nombreuses étamines hypogynes, un petit nombre de staminodes verts en forme de
cornet nectarifère, et un petit nombre également de carpelles à ovaire multiovulé, qui deviendront autant de
follicules à **sommet atténué en corne.**

Un mois environ plus tard, on peut récolter dans quelques localités privilégiées, un autre *Helleborus* fort rare,
l'*H. viridis* L. (ou plutôt une de ses formes qu'on a nommée *H. occidentalis* REUT.), dont les fleurs vertes sont
bien plus grandes, peu nombreuses sur chaque axe, avec
des staminodes nombreux, courts et larges, formant une
couronne continue. Ses feuilles ont jusqu'à 12, 13 segments. L'odeur de cette plante est très faible. Elle a été
observée dans les forêts de Compiègne, de Nemours, de
Villers-Cotterets, à Malesherbes, à Autheuil-en-Valois et
dans la forêt de Tetz. Sa localité la plus voisine de Paris
est le bois de Lognes près Lagny, non loin de la station
d'Emerainville-Ponteau.

L'*H. hyemalis* L., type de la section *Eranthis*, est plus

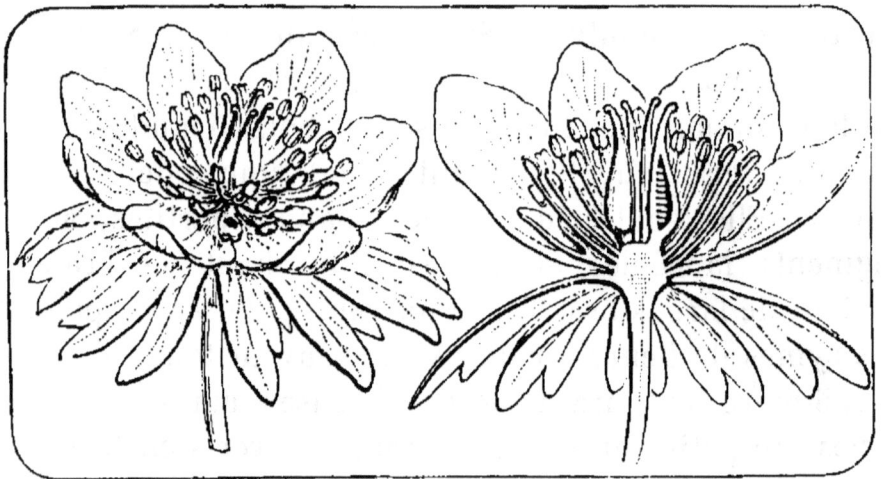

précoce encore que les précédents, car il fleurit, en certaines années, dès le mois de janvier. Ses fleurs, jaunes, solitaires, ne s'élèvent pas au delà d'un décimètre ; elles sont accompagnées d'un involucre multiséqué, simulant un calice et formé de bractées analogues aux feuilles. Celles-ci sortent directement du sol. Le fruit de cette espèce peut mûrir dès le mois d'avril. Ce n'est pas une plante spontanée dans nos environs : on la cueillait jadis dans les parcs de Trianon derrière le Grand-Trianon, du Raincy, de Malesherbes, etc., où elle avait été introduite et dont elle disparait peu à peu.

L'*Isopyrum thalictroides* L. a été aussi rangé parmi les Hellébores. Il en a la fleur, à sépales blancs, pétaloïdes, avec 5 petits staminodes et 1-3 carpelles. C'est une herbe vivace, grêle, à feuilles molles et glauques, bi-triternartiséquées. On va la chercher dès la fin d'avril, dans la forêt de Meudon, au carrefour de Velizy, près du grand fossé qui est parallèle au bord du village. Il y a peut-être été introduit, de même qu'au Petit-Trianon, à Satory, au bois de l'Avocat près Nemours, à Souppes, à Châteauneuf, etc.

Avec les Hellébores, une des premières Renonculacées de la saison est la Ficaire (*Ranunculus Ficaria* L. — *Ficaria ranunculoides* Mœnch). Ses fleurs jaunes s'épanouissent au soleil en février et en mars. Petite herbe commune dans les lieux ombragés et humides, au pied des haies, dans les bois frais ; elle a des feuilles épaisses, un peu charnues, luisantes, parfois tachées de noir, cordées, à bords crénelés ou sinués, plus rarement obscurément lobés. Le pétiole se dilate à sa base en une gaine membraneuse. Ses fleurs, solitaires et pédonculées, ont 3 sépa-

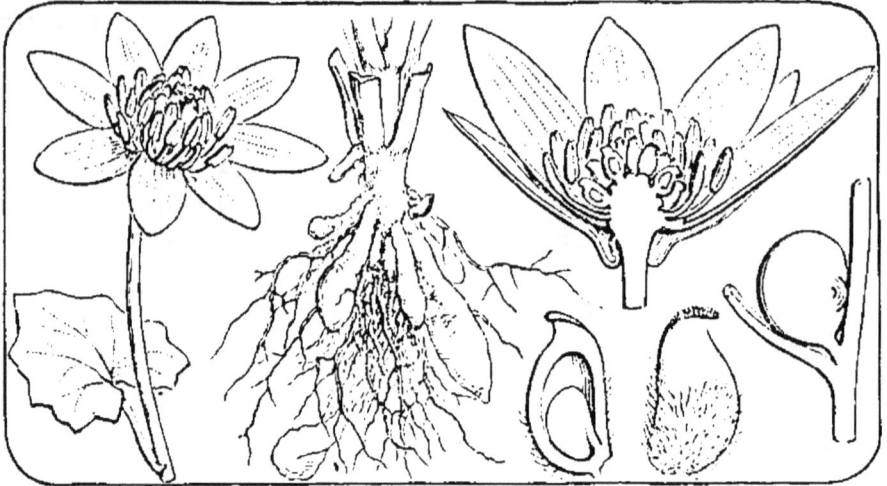

les verdâtres, 3 pétales alternes, puis 3-5 autres pétales
plus intérieurs. Cette plante fructifie rarement. Souvent

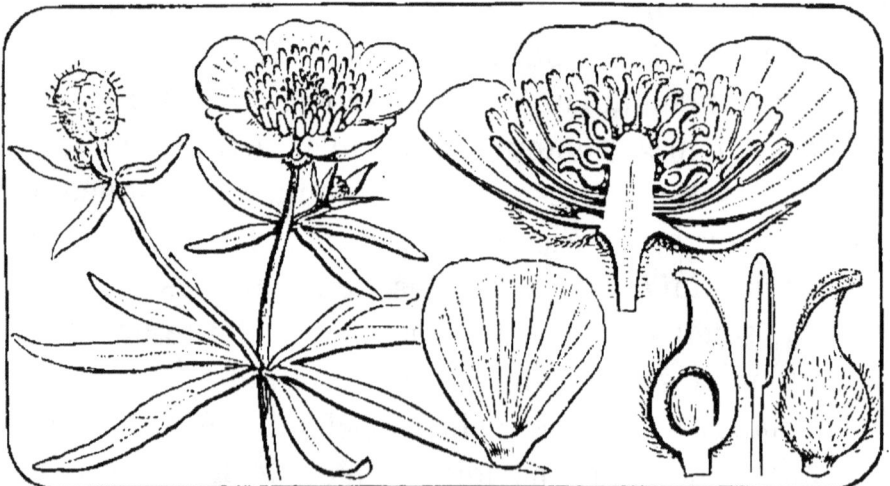

elle porte, dans l'aisselle de ses feuilles, des bulbilles qui

sont des bourgeons modifiés. Ses racines sont aussi renflées et charnues. Elle se distingue des autres Renoncules
qui fleuriront en général plus tard (p. 114), en ce que celles-
ci ont les fleurs 5-mères. Le *R. auricomus* L. (figuré au bas
de la page 22), assez commun dans les bois et les haies est,
à l'époque actuelle de l'année, la seule espèce à fleurs ainsi
construites, remarquable par le dimorphisme de ses
feuilles; les inférieures larges et réniformes, tandis que les
autres sont profondément divisées en languettes linéaires.

Il y a encore au premier printemps 3 Anémones, égale-
lement à fleurs 3-mères, qui fleurissent dans nos bois.
L'une d'elles, extrêmement abondante dans tous nos
environs, est la Sylvie (*Anemone nemorosa* L.), dont la

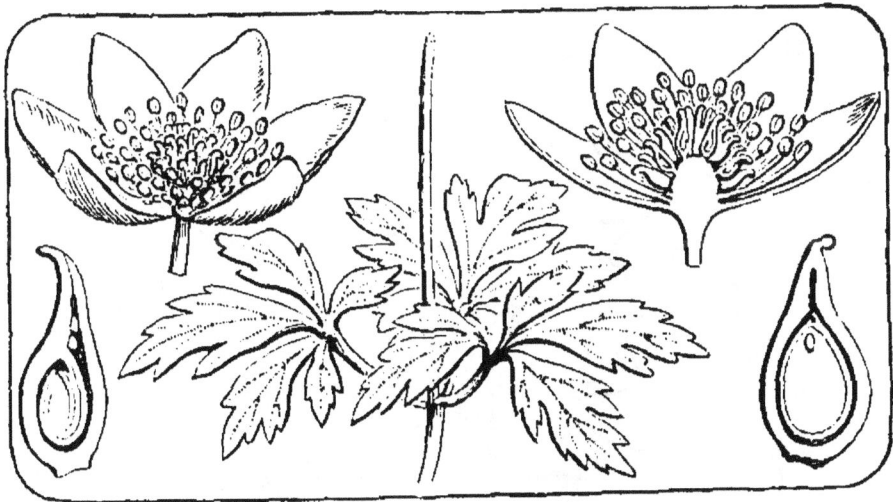

fleur blanche ou rosée, solitaire, a un calice étoilé, pétaloïde, souvent à 6 folioles, et, au-dessous de lui, un invo-

lucre formé de 3 feuilles vertes, découpées et pétiolées, semblables à celles que porte la plante à sa base. C'est une herbe vivace, à rhizome grêle et traçant, à axe florifère haut d'un à deux décimètres.

La seconde est une rareté qui ne se rencontre que dans quelques bois montueux et humides, et qui rappelle la Sylvie, mais avec des fleurs jaunes : c'est l'*A. ranunculoides* L. On va le récolter dans la forêt de Compiègne ; dans celle de Romeny, près de Charly ; au bois du Tillay, près de Crécy-en-Valois ; parfois à Morfontaine et à Montmorency ; mais on ne le trouve plus à Meudon où il était jadis indiqué. Il a été planté le long du mur de la pépinière de Trianon.

La troisième, l'Hépatique (*A. Hepatica* L.) est presque

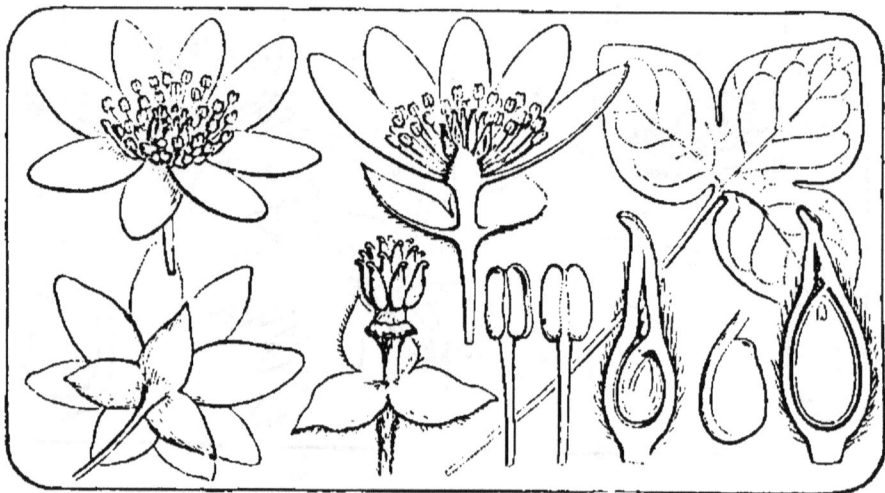

aussi rare, mais elle est souvent cultivée dans nos jardins

pour ses jolies fleurs bleues, roses ou blanches. Ses
feuilles sont trilobées, et l'involucre qui accompagne ses
fleurs est formé de petites feuilles sessiles, entières, si
rapprochées du périanthe qu'elles simulent un calice.
C'est celui-ci qui est coloré. L'espèce est vivace et pourvue
d'une souche souterraine. On ne la trouve guère qu'à
Jeufosse, près de Bonnières, dans les fentes des roches ; à
Port-Villez, dans les bois pierreux ; et près de Magny, dans
le bois d'Omerville.

I. — LES ROSACÉES PRÉCOCES

La première qui fleurisse dans nos campagnes est le
Faux-Fraisier (*Potentilla Fragaria* Poir. — *P. Fragariastrum*

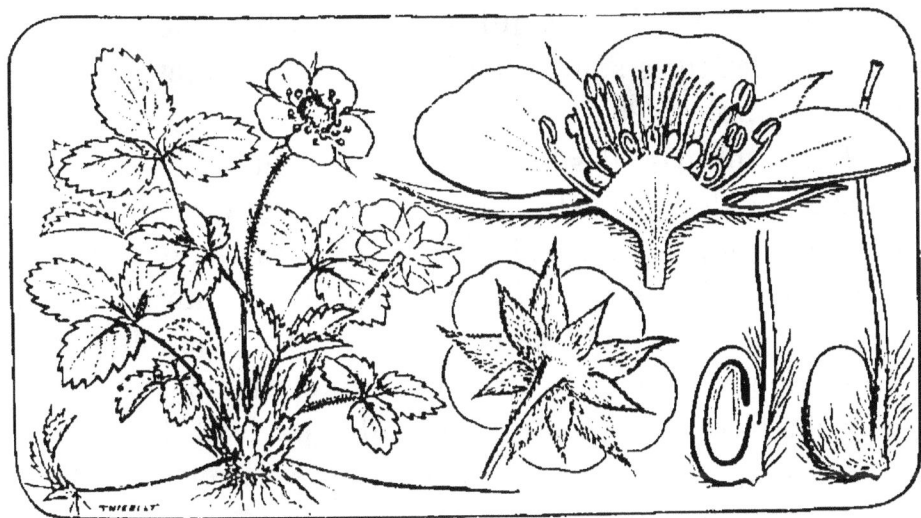

 EHRH. -- *Fragaria sterilis* L.), qui doit son nom à sa grande

ressemblance avec un petit fraisier. Ses souches dures et
stoloniformes portent des feuilles 3-foliolées, et ses petites
fleurs blanches ont, avec un réceptacle en coupe, 5 folio
les au calicule, 5 au calice, 5 pétales et une vingtaine
d'étamines. Entouré par un petit disque circulaire qui
répond au bord du réceptacle, son gynécée est formé de
nombreux carpelles qui deviendront dans le fruit autant
d'achaines à graine sans albumen. Mais contrairement
à celui des Fraisiers, le réceptacle qui porte ces achaines
ne deviendra pas charnu : c'est là le caractère différen-
tiel des Potentilles. Celle-ci est très commune dans les
bois, à la lisière des forêts, sur le bord des chemins
arides.

Aussi commun sera, quelques jours plus tard, le
P. verna L., sur les pelouses, les coteaux secs, étalant au
soleil ses pétales jaunes qui tombent au bout de quelques
heures. Ses tiges sont couchées, et ses feuilles palmées
ont 5-7 folioles.

Mais la plupart des Rosacées à fleurs précoces sont des
arbres ou des arbustes, des genres Prunier et Poirier.
C'est le moment de les bien distinguer les uns des autres.

Pruniers. — Tout *Prunus*, avec le périanthe d'une
Potentille, moins le calicule, a un réceptacle plus profondément concave, et au fond duquel on ne voit qu'un
carpelle libre. C'est lui qui deviendra un fruit dru cé, à
noyau d'apparence variable, à chair extérieure plus ou
moins comestible.

Le **P.** *spinosa* **L. (Prunellier, Epine noire), figuré p. 27,** si commun dans nos haies, est très épineux, à feuilles ordinairement ovales-oblongues, pubescentes en dessous. Ses pétales blancs durent peu. Son fruit sera la Prunelle,

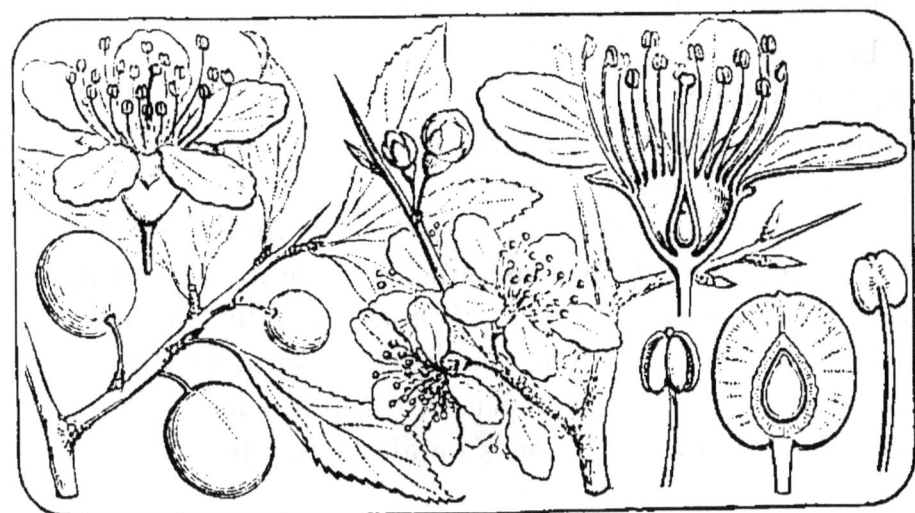

noirâtre, glauque. très acerbe. Il a une variété peu épineuse, à fruit plus gros, à floraison un peu plus tardive (*P. fruticans* WEIHE).

Le *P. domestica* L. est le Prunier cultivé de nos jardins, dont il s'échappe quelquefois, devenant subspontané. C'est un arbre ou arbrisseau, non épineux, à feuilles oblongues, aiguës et crénelées, dentées. Ses jeunes rameaux sont glabres. Son calice est velu en dedans, de même que la base de son style. Son fruit sera doux et sucré, glabre et recouvert d'une efflorescence cireuse.

Le *P. insititia* L. se rencontre au voisinage des habitations, dans **les mêmes conditions** de subspontanéité. **Il**

est aussi l'origine d'un certain nombre de variétés cultivées et se distingue de l'espèce précédente en ce que ses
jeunes rameaux sont pubescents et veloutés, en ce que
son calice et son style sont glabres.

Le P. *Armeniaca* L., est notre Abricotier cultivé, d'origine orientale. Il a des feuilles ovales-suborbiculaires,
glabres, des fleurs blanches ; il aura des fruits veloutés,
subsessiles, à noyau lisse.

Le P. *Amygdalus* H. Bn., l'Amandier commun, a des fruits
finalement secs et indéhiscents ; c'est ce qui le distingue
du Pêcher (P. *Persica* L.) qui a comme lui des feuilles
allongées et dont la chair savoureuse entoure un noyau
rugueux. Ce sont des espèces exotiques qui s'échappent
parfois des cultures. Leurs pétales sont blancs ou d'un
rose plus ou moins intense.

Le P. *avium* L. (*Cerasus avium* Mœnch), bel arbre de nos
bois, à écorce lisse, à feuilles ovales-oblongues, acuminées, 2 fois dentées, est notre Merisier, dont les petits
fruits rouges ou noirâtres, doux, sont lisses et à noyau
lisse. Ses feuilles sont ovales-oblongues, pubescentes en
dessous. Ses inflorescences sont ombelliformes, parce que
ses pédoncules floraux sont grêles et allongés.

Le P. *Cerasus* L., d'origine exotique, a tous les caractères des précédents ; on l'en distingue par ses rameaux
plus grêles, étalés et pendants, ses feuilles glabres en
dessous, ses fruits rouges et acidulés.

Le P. *Mahaleb* L. (Bois de Sainte-Lucie) a les inflores-
cences corymbiformes. Ses feuilles sont ovales-arrondies,

un peu coriaces, luisantes. Ses fruits sont petits, noirâtres, acerbes. Il fleurira jusqu'en mai. Il en sera de même du *P. Padus* L. (Putiet, Faux Bois de Sainte-Lucie) dont les inflorescences ont la forme de grappes et qui est un arbuste exotique, souvent planté dans les parcs.

Poiriers. — Tout *Pyrus*, avec le périanthe d'un *Prunus*, a un ovaire infère à 5 loges, qui est enchâssé dans la cavité du réceptacle et surmonté de 5 branches stylaires. Son fruit charnu renferme des graines ascendantes, nommées pépins, et est surmonté d'un œil répondant à l'orifice du réceptacle et entouré des restes du calice. Le *P. communis* L. et le *P. Malus* L. (Pommier) sont les seuls

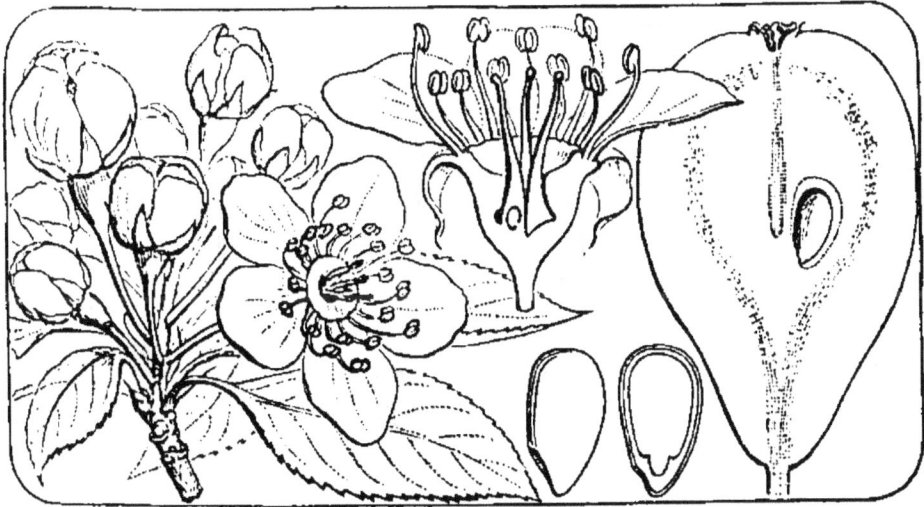

qui fleurissent au moment où nous sommes, et sont bien connus de tout le monde. Nous verrons (p. 129) qu'au même genre se rattachent également les **Sorbiers**.

J. — LES PREMIÈRES LÉGUMINEUSES

Les Légumineuses de notre flore sont des Papilionacées, facilement reconnaissables à leur corolle irrégulière, à pétales inégaux, distingués en étendard, ailes et carène. Il y en a très peu dont la floraison soit précoce. Cependant les Ajoncs (*Ulex*) sont dans ce cas, car ils commencent souvent à s'épanouir dès l'automne, et leur floraison peut durer tout l'hiver, notamment celle de l'A. landier (*Ulex europæus* L.), arbrisseau très rameux, très épineux,

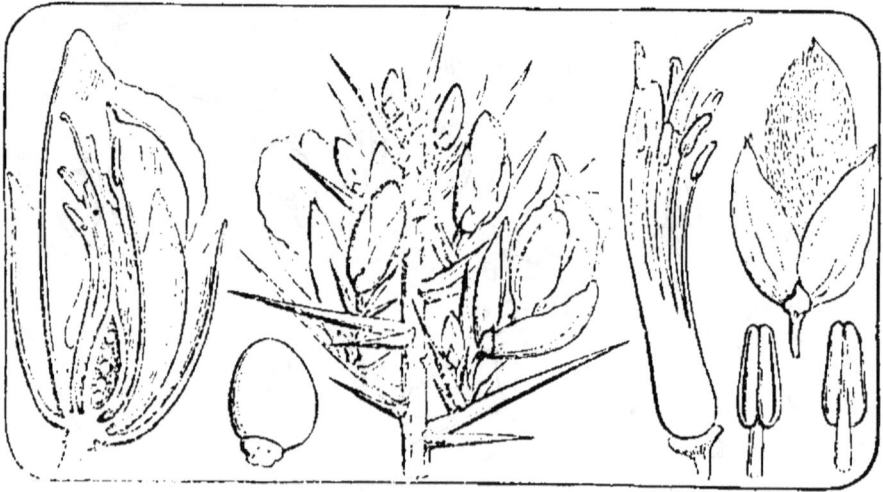

à feuilles sessiles et piquantes. Ses fleurs, d'un beau jaune d'or, solitaires ou géminées, ont un calice partagé en **2 lèvres distinctes. Sa corolle est, comme nous l'avons** dit, papilionacée, et ses 10 étamines sont monadelphes. L'ovaire 5-10-ovulé deviendra une gousse. Cette espèce est commune dans les terrains siliceux, arides, dans les landes, les lieux incultes. Il y en a de véritables champs dans le bois de Vincennes, en vue de Nogent.

Plus tard, en mai et en juin seulement, fleurira une autre espèce d'*Ulex*, relativement rare, l'*U. nanus* Sm. Beaucoup plus petit que le précédent, il s'en distingue par son calice portant des poils rares et apprimés (celui de l'*U. europæus* est très velu) et par ses 2 bractées latérales situées immédiatement sous la fleur, plus étroites que le pédicelle (celles de l'*U. europæus* sont bien plus larges que lui). L'*U. nanus* peut se récolter à Meudon, dans les friches, notamment en montant à l'avenue de Trivaux, et dans bien d'autres localités incultes et siliceuses.

Il y a en avril une autre petite Papilionacée à fleurs jaunes à récolter. C'est le *Genista anglica* L. Dans cette plante, les feuilles sont réduites à une foliole, et dans cette espèce, elle est linéaire-lancéolée, ou obovée sur les axes florifères. C'est un sous-arbrisseau très rameux, et ses rameaux glabres sont chargés d'épines simples ou trifurquées. Les inflorescences sont des grappes terminales courtes et serrées. La plante forme des touffes d'or dans les bruyères dénudées des coteaux, notamment dans les terrains calcaires, à Sénart, Lardy, Chevreuse, Fontainebleau, etc.

Très peu nombreuses sont à cette époque les Papilionacées à fleurs **purpurines. Il y en a une toute petite dans les**

terrains arides et sablonneux, notamment à Champigny,
Saint-Maur, etc. C'est le *Vicia lathyroides* L., herbe
annuelle, à tige grêle ; les feuilles alternes, 4-8-folio-
lées, terminées en crête ou en vrille simple. Ses fleurs
sont axillaires et solitaires, minimes, à androcée diadelphe.
Sa gousse sessile sera noire, avec des graines brunes et
tuberculeuses.

K. — LES CRUCIFÈRES VERNALES

La plus connue de tout le monde est probablement la
Girollée jaune, Violier ou Murayer (*Cheiranthus Cheiri* L.),

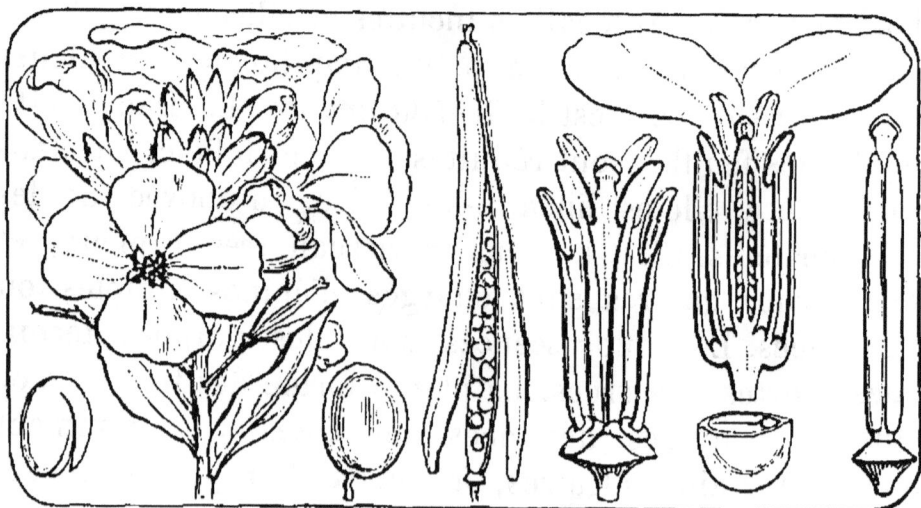

très bon type de cette famille. Sa fleur se distingue par ses
4 sépales et ses 4 pétales en croix, à long onglet, à limbe

jaune, odorant ; hypogynes comme les étamines qui sont tétradynames et ont des anthères introrses. Le gynécée supère a un ovaire allongé et un style court, à sommet stigmatifère bilobé. Dans l'ovaire uniloculaire se voient 2 placentas pariétaux, multiovulés, reliés l'un à l'autre par une fausse-cloison antéro-postérieure. Le fruit sera une silique, s'ouvrant en 3 panneaux dont le médian seul portera les graines, dépourvues d'albumen, de chaque côté de la fausse-cloison réduite à une lame translucide. Le *C. Cheiri* est une herbe bisannuelle ou vivace, à feuilles alternes, étroites et allongées ; à fleurs en grappes terminales, sans bractées. Elle est assez commune, même dans les villes, sur les vieux murs, dans les carrières, sur les roches calcaires. On en cultive de nombreuses variétés à pétales teintés de pourpre ou veinés de brun, souvent plus grands que ceux de la plante sauvage.

Il y a une autre Crucifère, plus précoce encore que la Giroflée jaune, et tout à fait différente quant à ses caractères extérieurs. C'est le *Draba verna* L. (*Erophila vulgaris* DC.), très petite herbe annuelle, qui peut n'avoir que quelques centimètres de haut et qui abonde parfois dans les lieux secs, les champs en friche, les allées de gravier, les pelouses arides, même sur les murs. Ses petites feuilles allongées, parsemées de poils 2-3-furqués, sont rapprochées contre terre en rosette, et ses fleurs forment une petite grappe sans bractées. Il n'y a que 4 pétales, mais ils sont profondément bifides, blancs. L'ovaire est court, surmonté d'un petit style à sommet stigmatifère.

De bonne heure on trouvera sur cette plante desséchée les fruits pourvus d'une fausse cloison : ce sont des sili-

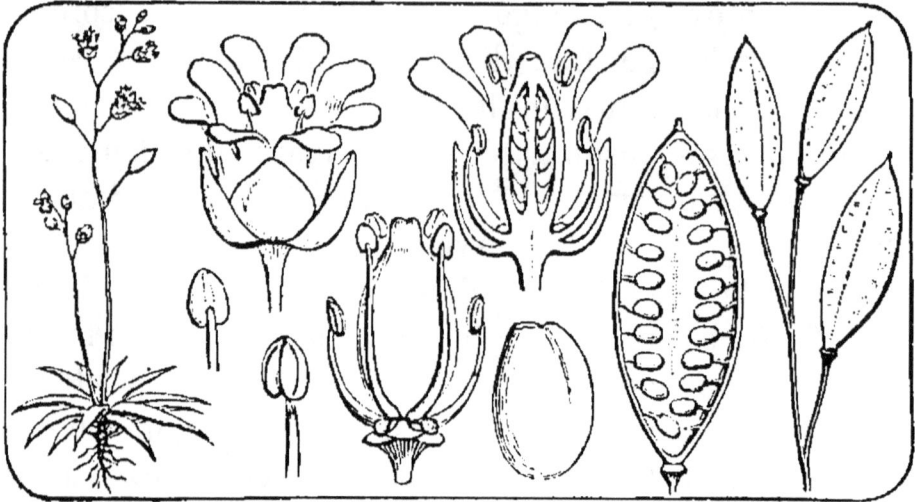

cules, un peu plus longues que larges, comprimées parallèlement à la fausse-cloison (figurée ci-dessus).

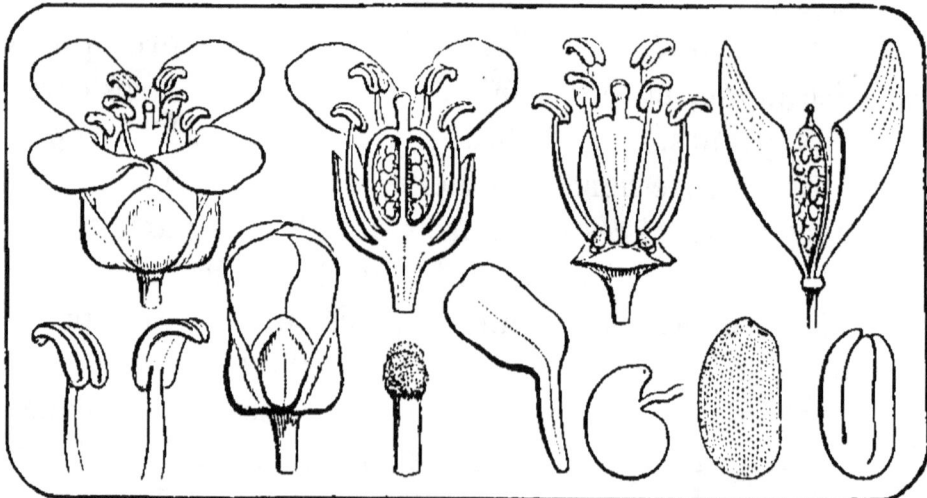

La Bourse-à-Pasteur (*Capsella Bursa-pastoris* Mœnch) est

aussi précoce : il y a des hivers où elle ne cesse même pas de fleurir. Ses pétales sont blancs, mais non 2-lobés : et l'ovaire est, comme les fruits, en forme de triangle isocèle, à base supérieure, fortement comprimé perpendiculairement à la cloison qui est, par suite, très étroite. C'est une plante qui atteint de 20 à 50 centimètres de haut et dont les feuilles sont lyrées-pinnatifides ou pinnatipartites. Cette mauvaise herbe est extrèmement commune toute l'année dans les lieux incultes, le long des chemins, dans les champs en friche et les décombres.

Ne confondons point avec elle, à cette époque, 2 autres Crucifères annuelles, à fleurs blanches, à grappes sans bractées, qui sont loin d'être rares : le *Thlaspi perfoliatum* L. et le *Sisymbrium Thalianum* GAY.

Le *T. perfoliatum* est glauque, à tige simple ou ramifiée. Ses feuilles inférieures sont obovales et pétiolées ; les autres, oblongues, ont la base cordée, auriculée et embrassant l'axe. Les fleurs ont un ovaire court qui devient une silicule, en forme de cœur de cartes à jouer, bombée d'un côté, concave de l'autre, avec une aile marginale, largement échancrée en haut. La plante croit communément au bord des chemins, sur les pelouses, dans les champs cultivés.

Le *S. Thalianum* GAY (*Arabis Thaliana* L.) est dressé, simple ou peu rameux. Ses feuilles basilaires sont rassemblées en rosette, atténuées à la base. Plus haut, elles sont lancéolées et sessiles. Le fruit, comme l'ovaire, est grêle, allongé, comprimé. C'est une silique, et les graines qu'elle renferme ont un embryon dont la radicule est appliquée contre le milieu d'un des cotylédons. Les champs arides et sablonneux sont parfois remplis de cette petite herbe dressée.

L'Alliaire a souvent été rapportée au même genre (S. *Alliaria* Scop. — *Erysimum Alliaria* L. — *Alliaria officinalis* Andrz.). Elle a la même organisation florale. Ses inflorescences et ses fruits sont plus volumineux, et la plante peut atteindre un mètre de haut. Mais ses feuilles sont largement ovales, cordées ou réniformes, crénelées. Elles exhalent une forte odeur alliacée. Cette herbe bisannuelle est très commune dans les bois de Boulogne, de Vincennes, etc., dans les haies, au bord des chemins, etc.

Dans d'autres conditions se développe à la même époque le Cresson des prés (*Cardamine pratensis* L.) qui émaille de ses fleurs lilacées ou blanches les gazons des marais et des prés humides. C'est une herbe vivace, à feuilles très découpées, pinnatiséquées ; les basilaires longuement pétiolées. Ses fruits sont des siliques.

Il y a à récolter, dès cette époque, 4 Crucifères rares, qui exigent des excursions spéciales.

La première est encore un *Cardamine*, le *C. hirsuta* L., qu'on trouve dans le bois de Ville-d'Avray, à Palaiseau, à Compiègne, à Saint-Léger, à Senlis, etc. C'est une petite herbe annuelle ou bisannuelle, à poils mous, à feuilles pinnatiséquées, à petites fleurs blanches et à siliques redressées, dont les inférieures dépassent longuement **les fleurs.**

Pour la deuxième, l'*Hutchinsia petræa* R. Br., il faut chercher dans les lieux secs, sur les coteaux arides, les vieux murs, soit à Bouray, sur les roches ; à Etampes, à Malesherbes, à Polainville près Mantes ; soit à Fontainebleau sur les pierres au Mail d'Henri IV. Cette toute petite herbe annuelle a à peu près les mêmes fleurs que la Bourse-à-Pasteur, en grappes ombelliformes, avec des pétales blancs et un ovaire ovale, court, qui n'a que 2 ovules dans chaque demi-loge. Aussi le fruit sera-t-il une silicule. Les feuilles sont pectinées et pinnatipartites.

La troisième, plus rare encore, est l'*Arabis arenosa* Scop., dont les fleurs roses rappellent celles du *Cardamine pratensis*. On le récolte sur les coteaux crayeux, principalement à Jeufosse et à Port-Villez (au bas de la Roche-de-la-Potence), près Vernon, sur les bords de la Seine (ligne de l'Ouest). Elle abonde aussi aux Andelys. C'est une herbe dicarpienne, à feuilles lyrées-pinnatifides, rappelant celles de certains *Diplotaxis*, à grappes de fleurs odorantes. Le fruit sera ici une silique linéaire, comme dans l'autre *Arabis* de la flore qu'on trouvera abondamment dans le cours de l'été (p. 232).

La quatrième, le *Teesdalia nudicaulis* R. Br., est certainement moins rare. Ses feuilles pinnatipartites forment une petite rosette basilaire ; et ses petites fleurs blanches, en grappes finalement lâches, produisent des silicules suborbiculaires. La plante croît principalement dans les lieux arides et siliceux.

L. — LE MOURON BLANC

C'est une petite herbe de la famille des Caryophyllacées, le *Stellaria media* VILL. (*Alsine media* L.), qui, en cer-

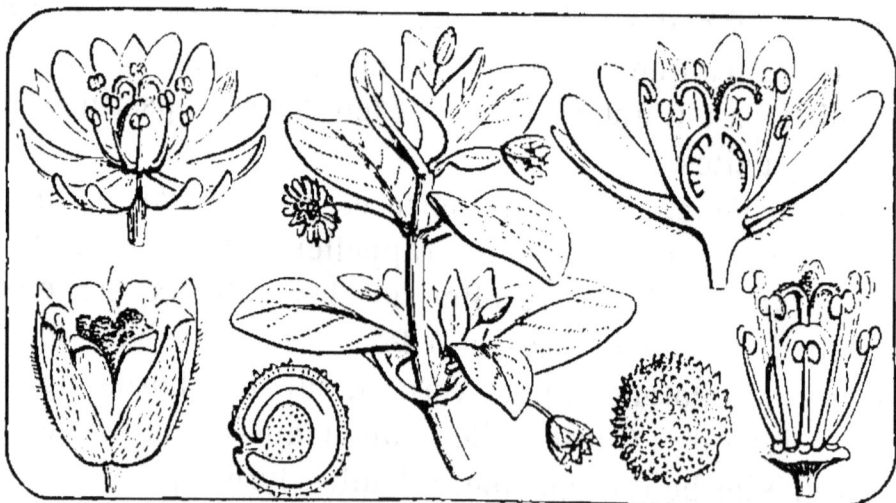

taines années, fleurit tout l'hiver. Ses fleurs régulières ont, sur un réceptacle convexe, 5 sépales et 5 pétales bifides, blancs; de 5 à 10 étamines hypogynes et disposées sur 2 verticilles; et un gynécée supère, à ovaire que surmontent 3 branches stylaires et dont les 3 loges pluriovulées sont séparées les unes des autres, par des cloisons de bonne heure résorbées. Le placenta a l'air, par suite, d'être central-libre; il ne l'était pas primitivement. **Le fruit, qui s'ouvrira en haut par 6 valves, contiendra** des graines chagrinées et campylotropes, dont l'embryon entoure l'albumen. Cette herbe annuelle, extrêmement commune, a des tiges grêles, dichotomes, et des feuilles opposées, ovales ou subcordées, acuminées. Ses petites fleurs sont disposées en cymes lâches.

Très voisin de la plante précédente est l'*Holosteum umbellatum* L. (*Alsine umbellata* DC.), qui doit rentrer dans le genre *Cerastium*. Ses pétales sont entiers ou émarginés, blancs. Ses étamines sont d'ordinaire réduites au nombre de 3, 4 ; et ses cymes florales, ombelliformes, ont des pédicelles réfractés. Cette petite herbe annuelle est commune dans les champs cultivés, sur le bord des chemins et même sur les vieux murs ; elle fleurit dès le milieu de mars.

La plupart des *Cerastium* proprement dits sont aussi des plantes à floraison printanière. Leur caractère générique est : 5 sépales, 5 pétales, 10 étamines, 1 ovaire à 5 carpelles, des feuilles opposées et des cymes bipares. Il y en a 2 espèces à fleurs relativement grandes (1 cent. ou plus), par cela même très faciles à distinguer. L'une est le *C. arvense* L., velu et à pétales bifides ; l'autre le *C. glaucum* GREN. (*Mœnchia glauca* PERS. — *M. erecta* REICHB.), exceptionnel par toutes ses parties glauques et ses pétales presque entiers.

Il y en a 5 autres espèces communes, toutes pubescentes, à petites fleurs (moins de 1 cent.), toutes à pétales 2-fides, qu'on peut étudier en suivant le canal de la Marne jusqu'à Joinville, **en passant de là aux plaines arides de**

Saint-Maur et de Champigny. On trouvera d'abord que l'une d'elles est vivace, le *C. vulgatum* L. (*C. triviale* Link).

Les 4 autres sont annuelles. En observant leurs sépales, on verra que 2 d'entre elles les ont glabres au sommet : les *C. pumilum* Curt. et *semidecandrum* L., et que les 2 autres les ont barbus au sommet : les *C. viscosum* L. et *brachypetalum* Desp.

Il y aura alors à distinguer le *C. pumilum* du *semidecandrum*. Le premier a les pétales égaux aux sépales ou plus longs ; le dernier les a plus courts.

Et à distinguer le *C. viscosum* du *brachypetalum*. Le premier a des pédicelles plus courts que le calice et des filets staminaux glabres ; le dernier a des pédicelles bien plus longs que le calice (2, 3 fois) et les filets staminaux ciliés.

On trouve à Saint-Maur, à Saint-Cloud, etc., un *C. litigiosum* De Lens, dont la place a été fort discutée. C'est une variété du *C. pumilum*, dont les pétales sont 2 fois plus longs que les sépales.

Le *Montia fontana* L. appartient à une famille très voisine, celle des Portulacacées. Il est représenté chez nous par une de ses formes, à floraison précoce, le *M. minor* Gmel. C'est une toute petite herbe annuelle qui peut n'avoir qu'1, 2 centimètres de haut et qui ne dépasse guère 1 décimètre. Elle croît dans les terrains siliceux, dans les champs humides, dans les sentiers inondés des bois, au bord des mares et des étangs. Elle est ramifiée dicho-

tomiquement, avec des feuilles opposées, souvent spa-
thulées, jaunâtres. Ses petites cymes bipares sont formées

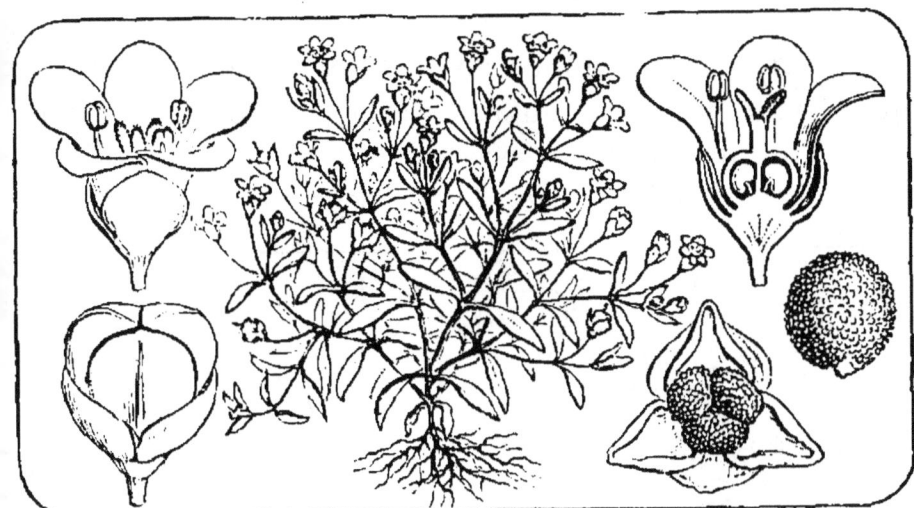

de fleurs minimes, à 2, 3 sépales, à 5 petits pétales un
peu inégaux, à 3-5 étamines. L'ovaire supère devient
une petite capsule qui s'ouvre en 3 valves et contient
3 graines, analogues à celles des Caryophyllacées.

Le nom de cette famille vient de celui du Pourpier de
nos jardins (*Portulaca oleracea* L.), herbe annuelle, charnue, à tiges dichotomes, souvent étalées sur le sol, à
feuilles obovales, sessiles, à fleurs jaunes qui se montrent
en été et qui ont aussi 2 sépales, avec 5-6 pétales et
6-20 étamines. Leur réceptacle est concave ; leur ovaire,
par conséquent infère, et le fruit est une pyxide. La
plante s'échappe des cultures et se développe assez souvent dans les décombres, au bord des chemins, dans les
vignes, etc.

M. — LES SAXIFRAGACÉES

Le nom de cette famille vient de celui du genre *Saxifraga* qui abonde dans les montagnes et n'est représenté dans notre flore que par 2 espèces à floraison printanière. L'une d'elles, le *S. tridactylites* L., peut même se montrer

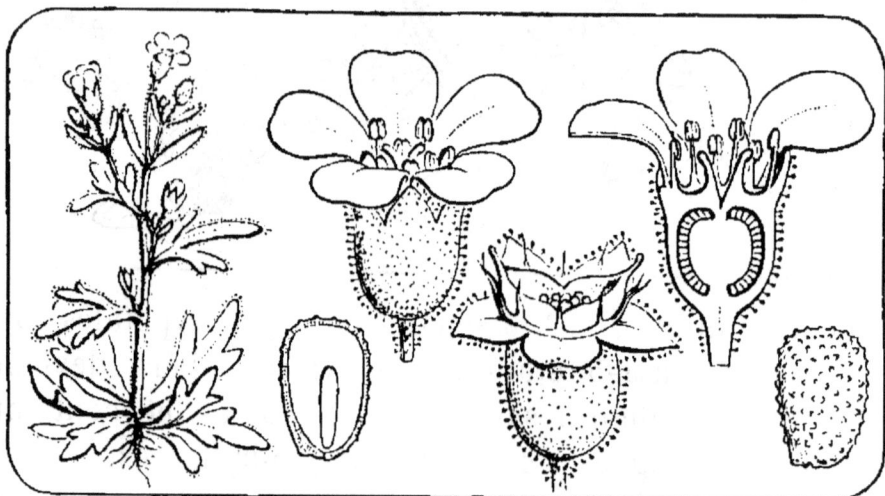

en abondance, dès février ou mars, sur les rochers, dans les terrains secs, et à Paris même, sur les vieux murs, dans les quartiers excentriques. C'est une humble herbe annuelle ; certains pieds n'ont que 1, 2 centimètres de haut et sont uniflores. D'autres, plus élevés, portent une cyme dichotome plus ou moins ramifiée. Les feuilles de la base sont pétiolées, souvent 3-lobées. Plus haut, elles deviennent sessiles, digitilobées, passant graduellement à **la forme linéaire. Elles rougissent souvent de bonne** heure. Les fleurs, petites et blanches, ont un ovaire infère, tout chargé, comme beaucoup d'autres parties, de poils capités, rougeâtres ; 5 sépales et 5 pétales entiers, supères, 10 étamines et 2 branches stylaires. Le fruit capsulaire s'ouvrira par le sommet.

Le S. *granulata* L., l'autre espèce de la flore, fleurira en mai, sur les pelouses, dans l'herbe des bois. Il abonde, entre autres, dans les massifs voisins du Jardin d'acclimatation et de la cascade de Longchamps. C'est une plante vivace, haute de 20-40 centimètres, à fleurs blanches, assez grandes ; remarquable surtout par les chapelets de renflements charnus et rougeâtres de sa portion souterraine.

Cette famille est encore représentée par 2 herbes rares, les Doradilles (*Chrysosplenium*) ; et par les Groseilliers (*Ribes*), arbustes à fruits charnus.

Nos *Chrysosplenium* peuvent être définis des Saxifrages apétales, à fleurs 4-mères ; les placentas nettement pariétaux. Nos 2 espèces, petites plantes vivaces, charnues, fragiles, dichotomes, ont des fleurs petites, d'un jaune verdâtre, en courtes cymes terminales. Leurs étamines tombent de bonne heure ; il n'en faut pas conclure que les fleurs soient unisexuées.

Le *C. oppositifolium* L. ne se trouve guère que dans les endroits frais, sur les routes humides, près des ruisseaux et des fontaines, dans l'Oise, à Compiègne, Villers-Cotterets, près de Beauvais, Clermont, à Thury-en-Valois, à Senlis. Ses feuilles sont opposées, même les inférieures, à pétiole court, à limbe coupé droit ou atténué en coin à la base. Ses axes, généralement étalés sur le sol, sont quadrangulaires et inférieurement radicants.

Le *C. alternifolium* L. a des axes plus dressés, 3-quêtres, portant des feuilles en partie alternes, surtout inférieurement. Elles ont un long pétiole et un limbe échancré à sa base, plus profondément découpé. La teinte verte de la plante passe généralement au jaune (d'où le nom de Mousse dorée). On la récolte surtout aux Vaux-de-Cernay. Sinon, il faut l'aller chercher dans les bois humides de l'Oise, là où se trouve aussi l'autre espèce.

Les Groseilliers sont au nombre de 2, l'un et l'autre à fleurs précoces, avec un ovaire infère, 2 placentas pariétaux, pluriovulés, 5 sépales supères, 5 pétales plus petits, et 5 étamines alternipétales ; tous deux à feuilles lobées et ne se développant complètement qu'après les fleurs.

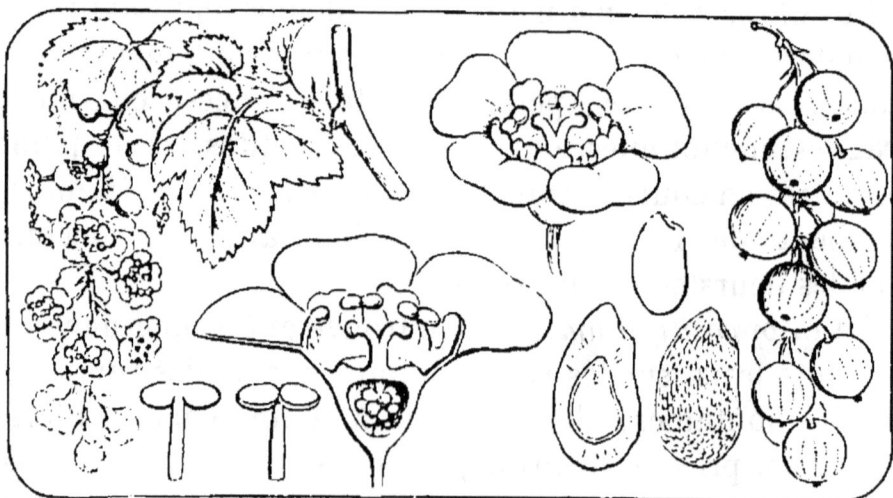

L'un est le G. à maquereaux (*Ribes Uva-crispa* L.) ; il est épineux, et ses fleurs poilues sont solitaires ou géminées ; son fruit, gros, ovoïde. L'autre est le G. à grappes (*R. rubrum* L.), figuré p. 44, à petits fruits globuleux, rouges ou plus rarement blancs, à fleurs glabres et en grappes, à branches glabres et non épineuses. Tous deux sont communs dans les bois humides, les buissons et les haies. On les trouve au Bois de Boulogne, à Meudon, à Vincennes, sur les bords de la Marne, de Joinville à Champigny, etc.

Le Cassissier (*R. nigrum* L.) ne se rencontre que planté ou échappé des jardins ; il a des fleurs et des fruits noirs en grappes. Son odeur est très accentuée. Il est dépourvu d'épines, comme les R. *alpinum* L. et *sanguineum* L., qui ont les fleurs en grappes et ne sont également que des espèces introduites dans nos environs.

On ne peut que rattacher à cette famille, comme type

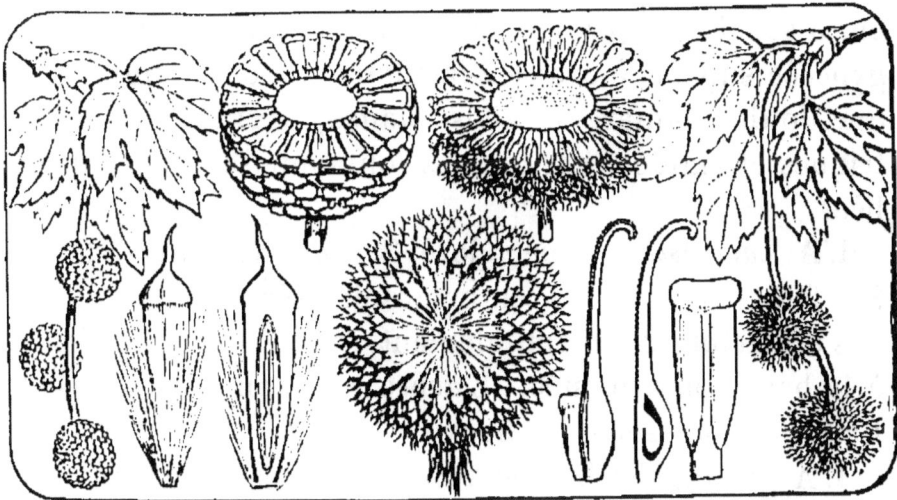

d'une série spéciale, le Platane (*Platanus vulgaris* SPACH.

— *P. orientalis* L. — *P. occidentalis* L.), arbre introduit, élevé, à feuilles alternes, pétiolées et palmatilobées, portant en avril des inflorescences en boule, unisexuées, à fleurs apérianthées, et à la fin de l'été, des fruits composés d'achaines et de poils articulés. Il ne faut pas confondre cet arbre avec les Erables dont il va être question, qui ont des feuilles analogues, mais opposées, des fleurs pédicellées et des fruits ailés.

N. — LES ÉRABLES

Ce sont des arbres de la famille des Sapindacées, dont une espèce au moins est indigène, l'E. champêtre (*Acer campestre* L.). Ils fleurissent au printemps, avant les feuilles ; et leurs fleurs polygames, d'un jaune verdâtre, ont 5 sépales, 5 pétales, ordinairement 8 étamines, et un gynécée supère, à ovaire 2-loculaire et 2-ovulé, qui devient une double samare à ailes planes, verticales, insymétriques et rigides. Les feuilles sont opposées et digitilobées.

L'*A. campestre* est peu élevé. Ses feuilles sont 3-5-lobées. Ses fleurs sont velues, en cymes dressées, et ses fruits ont des ailes étalées horizontalement, même un peu réfléchies, à la base non atténuée. L'arbre est commun dans les haies, les buissons, les bois.

L'*A. platanoides* L. (Faux-Sycomore) est un grand arbre, **fréquemment planté sur les routes, les quais et dans les** parcs. En avril, il est tout chargé de fleurs jaunes, si bien que de loin on le croirait couvert de jeunes feuilles. Ses

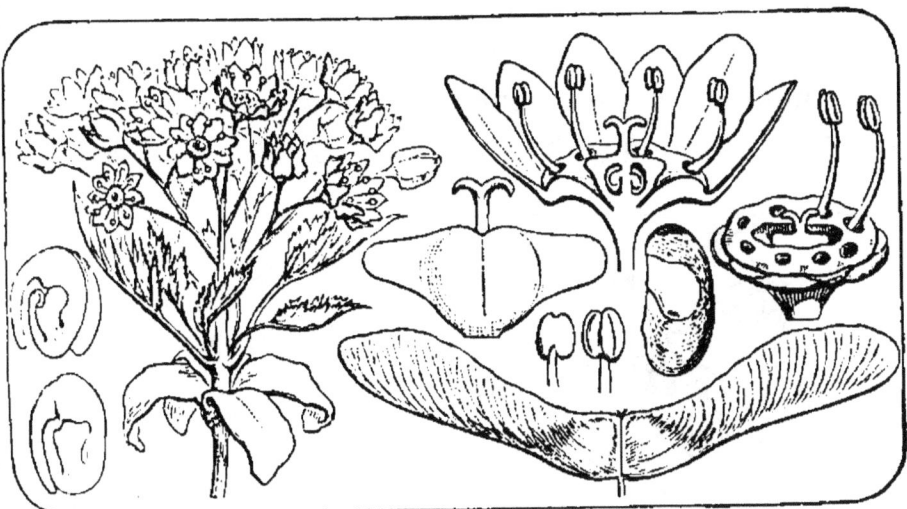

inflorescences sont des cymes compactes. Les samares ont des coques comprimées, des ailes divergentes, non ou peu atténuées à la base ; et les feuilles 5-lobées avec sinus arrondis, sont vertes et lisses en-dessus.

L'*A. Pseudo-Platanus* L. (Sycomore), également cultivé, porte un peu plus tard, avec les feuilles, des inflorescences allongées, racémiformes, pendantes et velues. Les fleurs sont d'un vert pâle. La samare a des coques renflées et des ailes notablement rétrécies à leur base. Les feuilles sont inégalement 5-lobées, avec des sinus aigus et la face inférieure blanchâtre et opaque.

Le Marronnier d'Inde (*Æsculus Hippocastanum* L.) est aussi une **Sapindacée introduite**, à feuilles palmées.

O. — L'ALLELUIA

Ce nom et celui de Fleur de Pâques indiquent l'époque de la floraison de la Surelle (*Oxalis Acetosella* L.), petite

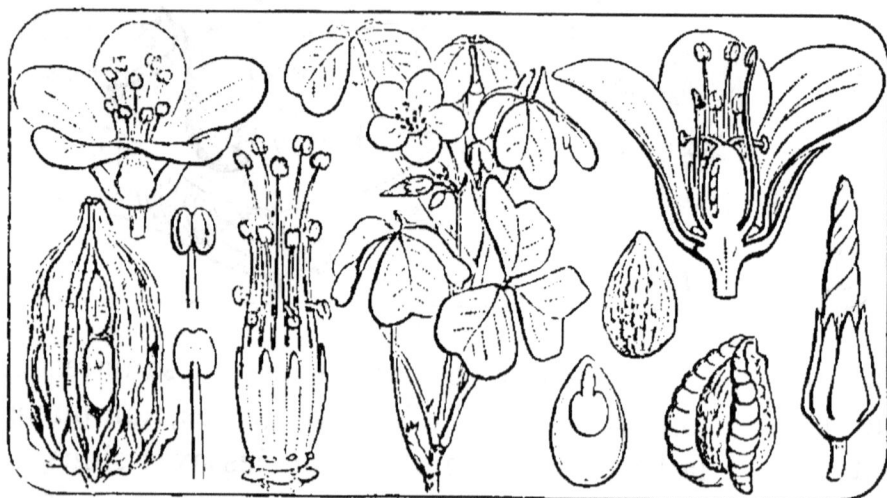

herbe vivace, à fleurs blanches, régulières, qu'on trouve dans les bois humides et qui abonde à Meudon, tout près de l'étang et du marais de Trivaux. Ses feuilles alternes sont 3-foliolées, acidules, d'un vert gai. Ses fleurs solitaires sont pédonculées, avec 5 pétales délicats, finement veinés de pourpre; 10 étamines monadelphes et un ovaire supère, à 5 loges, surmonté de 5 branches stylaires. Le fruit est une capsule qui projette élastiquement ses graines.

Dans les champs, les lieux cultivés, au bord des fossés, on verra fleurir en été une espèce plus grande, à tige dressée, à fleurs jaunes. C'est l'*O. stricta* L. Ses inflorescences sont des cymes axillaires, pédonculées et pluriflores [1].

Les *Oxalis* sont le type d'une série (*Oxalidées*) de la famille des Géraniacées.

P. — LES PRIMEVÈRES

Certaines de nos Primevères (*Primula*) sont aussi des plantes très précoces : non pas tant notre vulgaire Coucou (*P. officinalis* L.), si commun dans nos prairies et nos bois

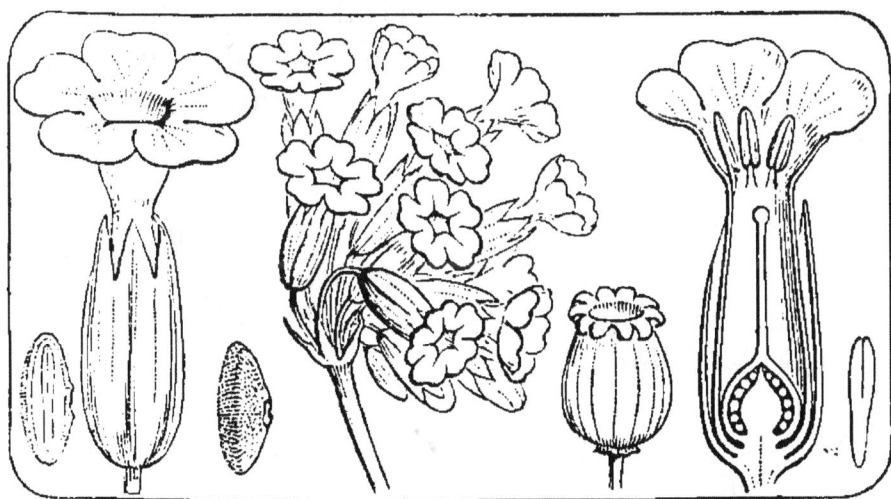

découverts, qui ne fleurit guère qu'à la fin de mars, que

[1] Les détails représentés page 48 appartiennent à l'*O. Aceto-sella*, et la branche feuillée du milieu à l'*O. stricta*.

4

le *P. vulgaris* HUDS. (*P. grandiflora* LINK. — *P. acaulis*
JACQ.), bien plus rare aux environs de Paris, si abondant
cependant dans l'ouest de la France et sur la côte méridionale de l'Angleterre. Pour récolter cette plante, il faut
aller, en mars ou parfois à la fin de février, dans les forêts
de Sénart, de Bondy, de Chantilly, de Fontainebleau,
d'Ermenonville, etc. On la reconnaît de loin à sa touffe
de feuilles ovales-oblongues, longuement atténuées à la
base, et à ses fleurs en apparence solitaires, portées par
un pédoncule aussi long que la feuille, avec un calice
tubuleux et une assez grande corolle hypocratérimorphe,
le plus souvent d'un jaune pâle, portant 5 étamines superposées à ses lobes (ce qui est très rare dans nos fleurs ga-
mopétales). Son placenta est central-libre, multiovulé.

Plus tardif, comme nous venons de le dire, mais bien
plus commun, le *P. officinalis* a des fleurs plus petites,
d'un jaune plus foncé, odorantes, réunies en une sorte
d'ombelle au sommet d'une hampe commune. L'inflorescence est la même dans le *P. elatior* JACQ., un peu plus
précoce, à corolle un peu plus pâle et plus grande,
rappelant celles du *P. vulgaris*, assez commun à Clamart, à Châtillon, à Meudon, derrière Villebon, et dans
beaucoup de bois et de prairies humides.

On considère comme un hybride des *P. vulgaris* et
officinalis le *P. variabilis* GOUP., qui tient en effet de ces
deux espèces, qui a la corolle tachée d'orangé à la base
du limbe, et qui est très rare, quoiqu'on puisse le trouver
çà et là au Raincy, et à Vernon, sur la ligne de l'Ouest.

Q. — LA PULMONAIRE

Ce genre de Boraginacées est abondamment représenté
dans nos bois et nos buissons, à Meudon, à Boulogne, etc.,
souvent dès le commencement de mars, par de nombreux
individus qui appartiennent tous à des formes ou variétés du *Pulmonaria longifolia* Bast. Ce sont des plantes

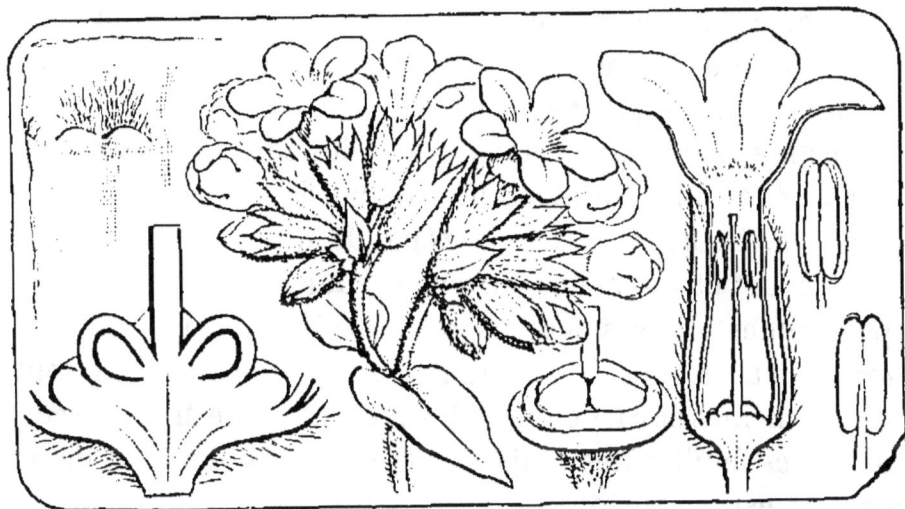

vivaces, à feuilles alternes, rudes, et à fleurs disposées en
cyme scorpioïde. La corolle est régulière, 5-mère, gamopétale, en entonnoir, à 5 lobes imbriqués, d'un bleu violacé, plus ou moins rougeâtre suivant l'âge. Sa gorge
porte 5 très petites saillies garnies de poils blancs formant anneau, et plus bas s'insèrent 5 anthères presque
sessiles. Le gynécée se compose d'un ovaire à 4 logettes

qui, dans le fruit, deviennent autant d'achaines et entre
lesquelles se dresse un style unique, gynobasique. Le
nom générique de cette plante vient des taches blanches
que portent souvent, mais non constamment, ses feuilles
ovales-oblongues ou lancéolées, taches qui rappelleraient
celles que présente le poumon de quelques mammifères.

Les *Myosotis* ont l'inflorescence scorpioïde des Pulmo-
naires et leurs caractères généraux, avec une corolle rotacée ; mais cette corolle, beaucoup plus petite, est
tordue. Sa gorge porte 5 saillies (ou rentrées) obtuses.
3 espèces du genre sont précoces et communes : les *M.
hispida* Schlchtl, *arenaria* Schrad. (*stricta* Link) et *versicolor* Pers. Les deux premières ont des corolles bleues. La
dernière a une corolle jaune d'abord, puis bleue, puis
violacée. Le *M. hispida*, plus répandu que les autres, a un
style court et un calice ouvert autour du fruit mûr. Les
poils rudes de ses feuilles sont droits et étalés. Le *M.
arenaria* a les poils de ses feuilles courbés en croc. Ils sont
ainsi uncinés sur les calices des 2 espèces. Le *M. versicolor*
a sur les feuilles des poils droits et étalés. Le tube de sa
corolle est plus long que le calice. Le calice, ouvert
autour du fruit dans le *M. hispida*, est fermé dans le *M.
arenaria*. Il y a aussi des espèces plus tardives (p. 351).

R. — LES VÉRONIQUES VERNALES

Dès la fin de l'hiver, on voit çà et là dans les terres
cultivées, plusieurs Véroniques herbacées et annuelles,

petites plantes à tige grêle, dont les fleurs bleues
ou bleuâtres, rarement blanches, occupent solitaires
l'aisselle des feuilles. Ce sont des Scrofulariacées,
plantes à fleurs ordinairement inégulières. Ici cependant
la corolle a 4 lobes peu inégaux ; et elle porte 2 étamines,
quoique l'androcée soit, dans cette famille, ordinairement didyname.

La plus commune de toutes est probablement le *Vero-
nica hederæfolia* L., dont les feuilles ovales-arrondies sont

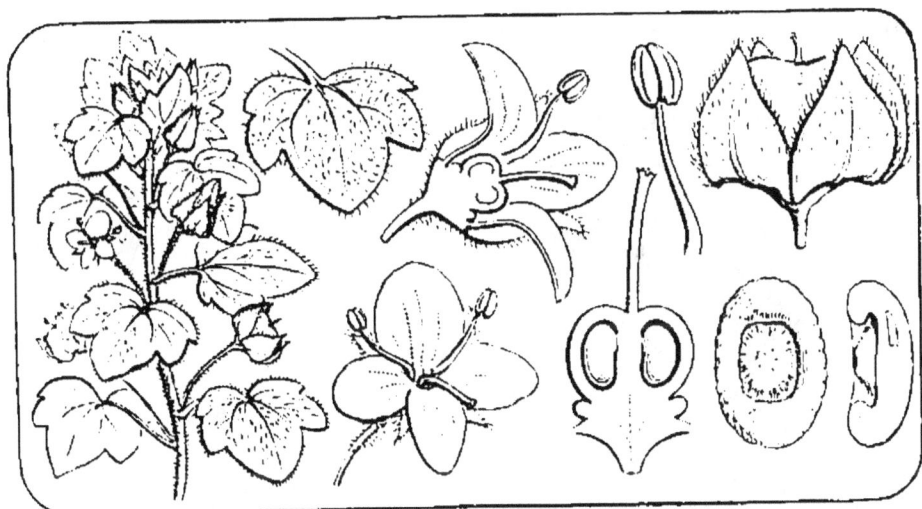

découpées de 3-7 lobes. La corolle, très petite, d'un bleu
violacé, parfois blanchâtre, tombe après quelques heures
d'épanouissement. L'ovaire supère a 2 loges à 2 ovules
descendants ; et le fruit capsulaire, glabre, qui mûrit en
un mois environ, est accompagné des sépales cordés et
ciliés et renferme très peu de graines, semblables à une
sorte de coque creuse.

On doit distinguer de cette espèce les suivantes, également précoces.

Le *V. persica* Poir. (*V. Buxbaumii* Ten.), plus grand dans toutes ses parties, et qui a des fleurs relativement très grandes, bleues et veinées, est aussi beaucoup moins commun. Il est d'origine orientale. Ses sépales sont courtement ciliés, et ils grandissent beaucoup autour du fruit. Celui-ci est finalement plus large que long, polysperme, et il est supporté par un pédoncule axillaire récurvé, qui peut devenir 2-4 fois aussi long que la feuille axillante.

Le *V. agrestis* L., extrèmement commun dans les lieux

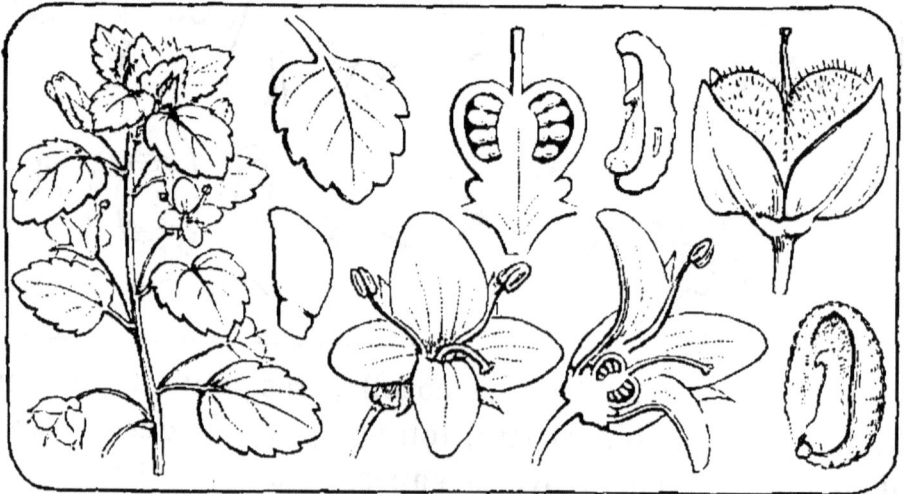

cultivés, a des fleurs axillaires à pédoncule court (égal à peu près à la feuille axillante), dont la corolle est plus courte que le calice, d'un bleu très pâle, sauf un lobe foncé, d'un bleu souvent un peu pourpré à sa base. Sa capsule est cordiforme. Cette espèce a une variété à fleurs presque blanches, et une autre à corolle striée, d'un beau bleu, avec les divisions calicinales plus aiguës, qu'on a nommée *V. polita* Fr. et *V. didyma* Tex.

Le *V. præcox* All., bien moins commun, croit dans les champs sablonneux. Ses feuilles opposées, ovales, sont courtement pétiolées. Ses fleurs sont disposées en grappes feuillées. Leur corolle, d'un beau bleu, est plus longue que le calice.

Le *V. triphyllos* L., moins rare que le précédent, a comme lui des grappes feuillées. Ses feuilles caulinaires sont sessiles, palmatifides, 5-7-lobées. Le calice dépasse la corolle qui est d'un très beau bleu intense.

Le *V. arvensis* L. est une espèce plus tardive, extrêmement commune dans les lieux incultes et les champs. Les gazons des bords de la Marne en sont parsemés. Ses tiges sont dressées et se terminent par une grappe non feuillée. Ses feuilles sont opposées, ovales, dentées, 3-nerves. Ses fleurs d'un bleu pâle ont un pédoncule bien plus court que le calice ; et le fruit cordiforme, cilié, est profondément divisé en haut par un sinus aigu.

Le *V. verna* L. bien moins commun que le précédent, est dressé aussi, à feuilles opposées. Les moyennes sont pinnatifides, 5-7-lobées. Les grappes allongées, non feuillées, portent des fleurs d'un bleu pâle à pédoncule bien plus court que le calice, sous le fruit qui est cordé aussi, mais dont le sinus apical est peu profond et obtus

Le **V.** *acinifolia* **L. est aussi relativement rare ; c'est** une plante des moissons. Ses tiges sont dressées et portent des poils articulés. Ses feuilles opposées sont ovales, obtuses. Ses grappes lâches ont des pédicelles plus longs sous le fruit que la feuille axillante. La corolle est d'un beau bleu, avec un lobe blanchâtre. Le fruit, profondément échancré en haut, est deux fois plus large que long et dépasse le calice.

Le *V. Chamædrys* L. est extrêmement abondant, surtout dans les gazons des bois. Il est vivace, dressé, et il appartient à un groupe de Véroniques à floraison estivale (p. 340), dans lequel les fleurs sont disposées en grappes axillaires. Ses feuilles sont opposées, ovales. Ses fleurs ont une corolle relativement grande, d'un beau bleu, avec le lobe inférieur blanc. L'espèce fleurit jusqu'en juin.

Il est bon de bien préparer toutes ces Véroniques, avec leur fruit, pour les comparer entre elles à tête reposée.

S. — LES PREMIÈRES LABIÉES

La première Labiée qui fleurisse est l'Ortie rouge (*Lamium purpureum* L.), qui ne pique pas, comme les Orties vraies, et n'a de commun avec elles qu'une certaine ressemblance dans la disposition et la forme des feuilles. Ses fleurs ont une corolle rose, gamopétale et bilabiée. Elle porte intérieurement 4 étamines didynames, qui tombent avec elle, et il ne reste alors sur la plante que le calice à 5 dents aiguës, et le gynécée dont l'ovaire (2-loculaire) est partagé en 4 lobes uniovulés. Dans le fruit, chacun de ces lobes deviendra un achaine.

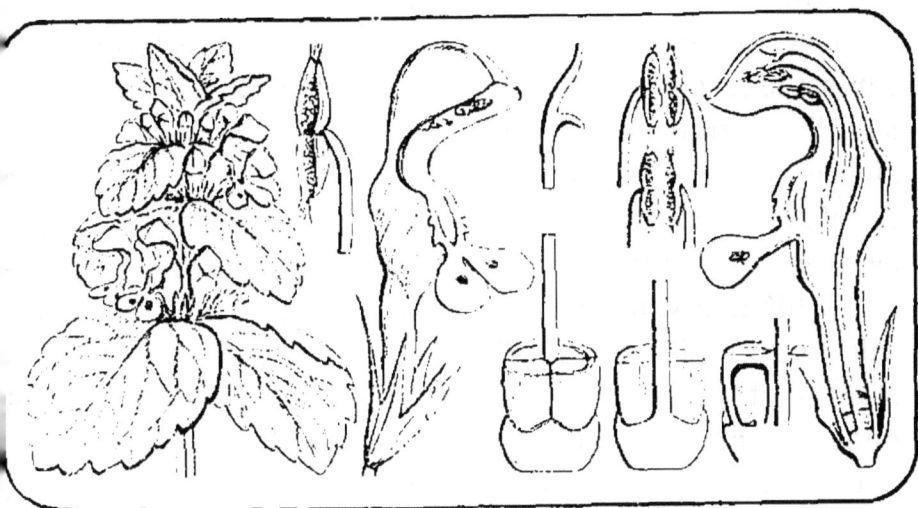

Le *L. purpureum* est très commun dans les lieux cultivés, dans les jachères. C'est une herbe annuelle, peu élevée, à rameaux carrés, à feuilles opposées, ovales, obtuses, crénelées; à fleurs groupées en glomérules dans l'aisselle des feuilles et simulant un verticille.

L'Ortie blanche (*Lamium album* L.), qui tire son nom de la couleur de ses corolles, est construite de même; mais c'est une espèce vivace.

L'Ortie jaune (*Lamium luteum. — L. Galeobdolon* CRANTZ. *— Galeobdolon luteum* HUDS.), moins commune, a les corolles jaunes. Elle est vivace aussi, avec de longues branches stériles, couchées et radicantes. Elle abonde à l'extrémité de l'étang de Trivaux et ailleurs.

Le **L.** *amplexicaule* L. doit son nom à ce que ses feuilles sessiles et réniformes sont embrassantes. C'est une espèce très commune dans les lieux cultivés, annuelle, à fleurs roses.

Deux autres espèces de ce genre sont relativement rares : le **L.** *hybridum* VILL. (**L.** *dissectum* WITH. — **L.** *incisum* W.), annuel et à fleurs roses, mais à feuilles supérieures profondément incisées, et à tube de la corolle court ; et surtout le **L.** *maculatum* L., vivace, qui a souvent les feuilles tachées de blanc, et des fleurs roses, rarement blanches, avec une dent de chaque côté de la lèvre inférieure de la corolle. On l'indique dans les champs à Mantes et près de Poissy, mais il se rencontre souvent dans les parterres d'où il s'est probablement échappé.

Il y a encore au printemps une Labiée à fleurs violettes, le Lierre terrestre (*Nepeta hederacea* BENTH. — *Glechoma*

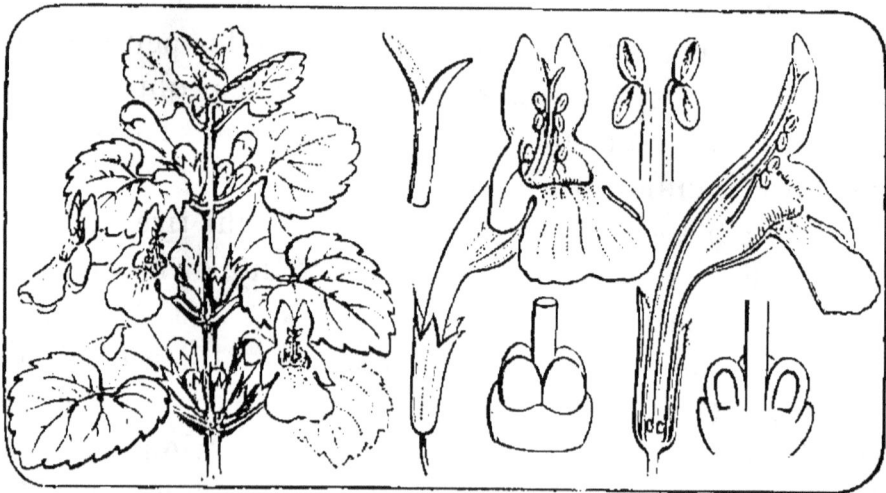

hederacea L.), vivace et à stolons grêles et radicants.

très commun dans les bois et les haies; et, un peu plus tard, une autre, aussi commune, à fleurs bleues, remarquable en ce que la lèvre supérieure de sa corolle disparaît. C'est la Bugle (*Ajuga reptans* L.), qui croît dans les prés, les bois, au bord des chemins herbeux. Ses feuilles forment une rosette basilaire, d'où se dégagent de longs stolons étalés sur le sol. Ses fleurs forment une sorte d'épi dressé. Elles ont çà et là la corolle rose ou blanche.

T. — LES COMPOSÉES VERNALES

Dès la fin de l'hiver, les premiers rayons de soleil font épanouir plusieurs Composées (ou Synanthérées), ainsi nommées parce que leurs inflorescences ou capitules simulent une grosse fleur. Il ne faut cependant pas confondre avec un calice l'ensemble des folioles vertes qui entoure tout le groupe floral. C'est un involucre, porté, comme les petites fleurs elles-mêmes, sur le réceptacle commun de l'inflorescence.

La Paquerette, si commune dans les gazons, est une de ces plantes et n'a pas besoin d'être décrite. Ses capitules comprennent au centre des fleurs jaunes et régulières, ou fleurons; et en dehors de ceux-ci, des fleurs dont la corolle est déjetée en dehors sous forme d'une languette allongée, blanche et rosée (demi-fleuron). C'est là le caractère des Corymbifères ou Radiées auxquelles appartient la

Paquerette, seul représentant chez nous du genre *Belli.*
(*B. perennis* L.). Elle fleurit même en hiver.

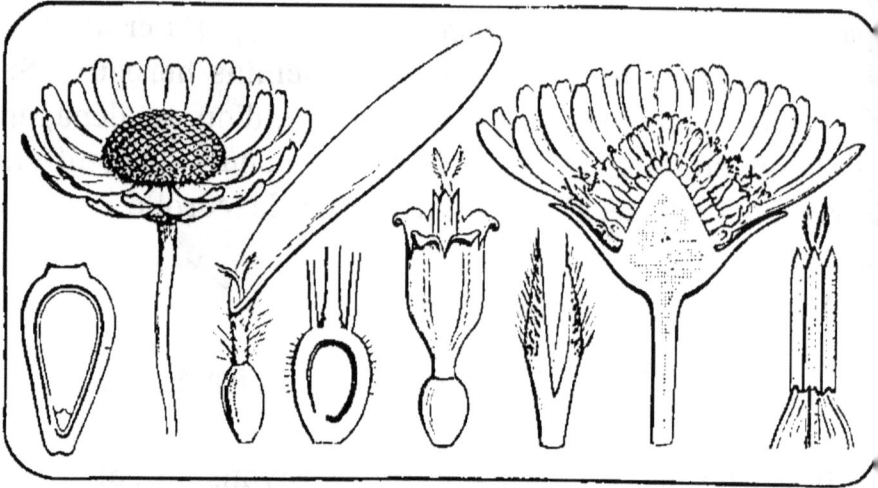

Les Séneçons sont aussi des Corymbifères. Mais, par

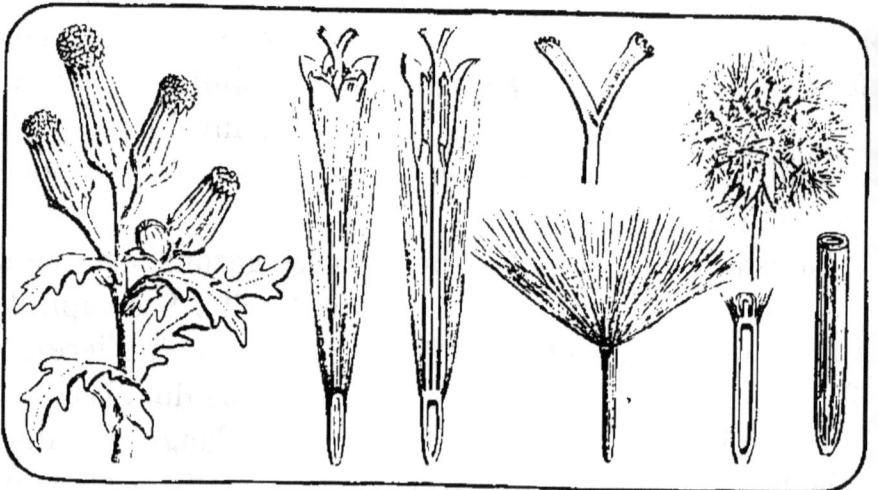

exception, les demi-fleurons de la circonférence manquent ordinairement dans les capitules jaunes du S. commun (*Senecio vulgaris* L.), mauvaise herbe qui fleurit toute l'année et est extrêmement commune dans les lieux cultivés. Il y a une dizaine d'autres *Senecio* dans notre flore, mais ils ne fleurissent que plus tard (p. 200).

Le Pissenlit, dont il est inutile aussi de donner une des-

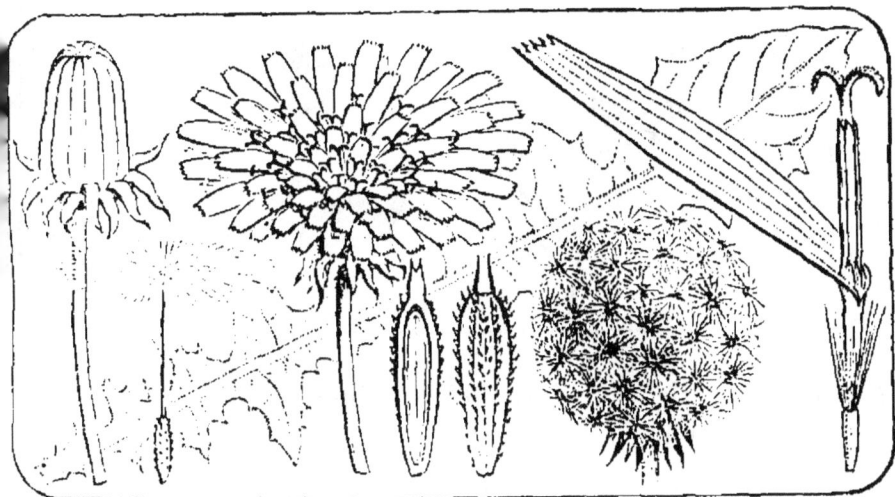

cription, a également un capitule de fleurs jaunes. Mais toutes sont des demi-fleurons, analogues aux fleurs extérieures du capitule de la Paquerette. C'est un représentant du genre *Leontodon* (L. *Taraxacum* L. — L. *Taraxacum officinale* WIGG.), et l'espèce présente plusieurs variétés qu'on observera dans le courant de l'été (p. 187).

Le Tussilage ou Pas-d'Ane a des capitules jaunes qui, de loin, ressemblent un peu à ceux du Pissenlit. Mais cette plante a, **comme la Paquerette, deux sortes de fleurs** dans ses capitules. Les extérieures sont des demi-fleurons et ne renferment pas d'organes mâles. Les intérieures

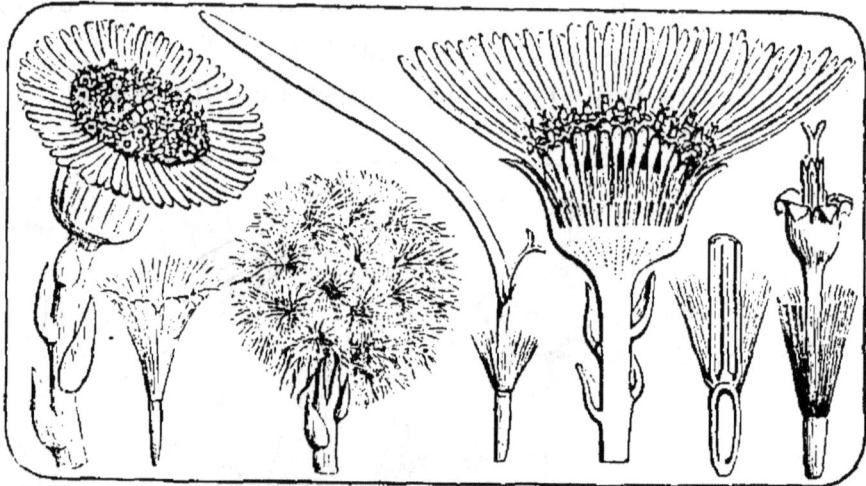

ont une corolle régulière, 5 étamines syngénèses, et un ovaire qui deviendra un achaine aigretté. Ces capitules de *Petasites Farfara* H. Bn (*Tussilago Farfara* L.) s'épanouissent souvent déjà en février ou mars, dans les plaines argileuses, sur le bord des routes, les talus. Ils se développent avant les feuilles.

Il y a une autre espèce de *Petasites* dans les marais, le *P. officinalis* Mœnch (*Tussilago Petasites* L.) qui diffère du premier par ses inflorescences en grappes ovoïdes, purpurines. Ses capitules sont subunisexués et s'épanouissent dès le mois de mars.

Dans les parcs et les jardins, on cultive souvent une **troisième espèce, connue sous le nom d'Héliotrope d'hi-**

er, à cause du parfum particulier de ses fleurs et de
l'époque de sa floraison. C'est le *P. fragrans* (*Nardosmia
fragrans* REICHB.), dont les capitules de petites fleurs lilas
sont disposés en grappes plus courtes, et dont les feuilles
suborbiculaires-réniformes sont développées au moment
de la floraison. Il a été planté en quantité sur la berge du
canal latéral de la Marne, vers le milieu de ses bords
droit et gauche, en partant du pont de Charenton.

Le Souci des vignes peut aussi être récolté à cette épo-

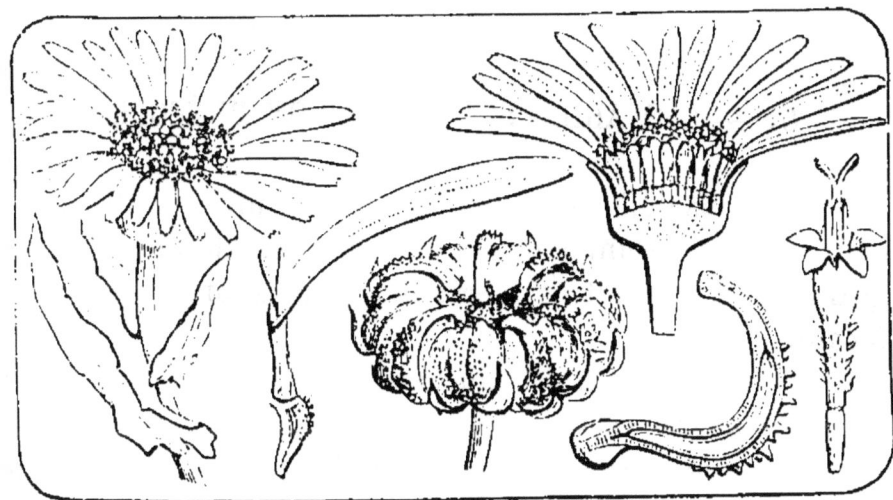

que, car il fleurit souvent tout l'hiver. C'est encore une
Corymbifère, le *Calendula arvensis* L.; il n'a pas besoin
d'être décrit, pas plus que le grand Souci des jardins (*Calendula officinalis* L.) qui s'échappe parfois des cultures et
fleurit pendant l'été.

Le *Doronicum plantagineum* L., herbe vivace, peut fleu-

rir en avril. Ses capitules assez grands, d'un beau jaune
d'or, ont les fleurs de la circonférence femelles à grandes
corolles ligulées ; celles du centre hermaphrodites, régulières. C'est une plante à rhizome rampant et stolonifère,
à branches aériennes simples et dressées, à feuilles basilaires ovales, sinuées, molles ; le pétiole ailé ; les supérieures sessiles et semi-embrassantes. Le capitule est solitaire, terminal. La plante abonde au buisson de Verrières,
à Mériel, etc. On ne la trouve presque plus au bois de
Boulogne.

U. — LES ARBRES A FLORAISON PRÉCOCE

Nous avons déjà vu que les Rosacés à fruit et le Platane
fleurissent au premier printemps. Il en est de même d'un
grand nombre d'autres arbres que nous allons diviser en
3 catégories :

a. Les Amentacées des anciens.

b. Les arbres verts.

c. Quelques essences à corolle dialypétale ou gamopétale.

a) La plupart de ceux des arbres de nos bois qui n'ont
pas de feuilles persistantes, étaient anciennement ras-
semblés dans un groupe des Amentacées; ce qui vient
de la disposition de leurs fleurs en chatons (*amenta*). Un
chaton est, classiquement, un épi de petites fleurs uni-
sexuées et apétales. La plupart aussi fleurissent à la fin

de l'hiver, avant l'apparition des feuilles. Ce sont, surtout, à cette époque, le Noisetier, l'Aune, qui sont des
Castanéacées ; les Saules et les Peupliers.

Le Noisetier ou Coudrier (*Corylus Avellana* L.) se recon-

naît de loin, dans nos bois, dès la fin de l'hiver, à ses
longs chatons mâles, pendants, jaunâtres. Les étamines
qui occupent l'aisselle de leurs bractées, sont au nombre
de 8 environ, sans périanthe ; il y a seulement entre elles
et la bractée 2 bractéoles secondaires, appliquées latéralement contre la bractée. Les fleurs femelles sortent de
petits bourgeons portés sur le bois ; on les reconnaît à
leurs branches stylaires d'un rouge-vif. Leur ovaire de
viendra la noisette, achaine entouré d'un sac herbacé.

Notre Aune commun (*Alnus glutinosa* GÆRTN.), si abondant dans les lieux humides, fleurit un peu plus tard que

le Noisetier, mais il a des chatons mâles analogues aux siens, rougeâtres. Leurs fleurs sont plus compliquées, car

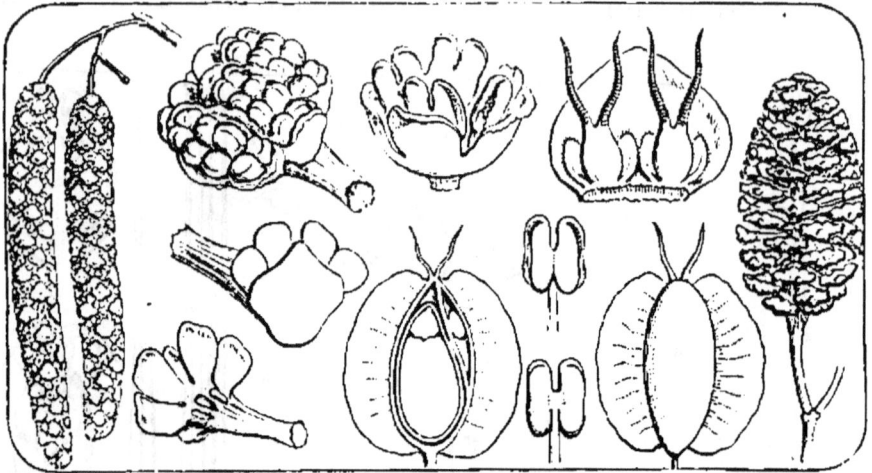

elles ont un périanthe de 4 petites folioles et 4 étamines superposées. Les chatons femelles sont plus courts et plus rigides; et dans l'aisselle de leurs écailles il y a généralement 2 fleurs femelles, à ovaire nu, surmonté de 2 branches stylaires. Plus tard, il y aura des fruits composés, qui rappellent une petite pomme de pin et dont les écailles abriteront des fruits ailés. Les écailles épaisses et noirâtres de l'année précédente, persistent souvent encore à l'époque de la floraison.

On rapproche des Castanéacées, comme type exceptionnel, le Galécirier ou Piment royal, qui est le *Myrica Gale* L. Ses chatons se développent aussi avant les feuilles, mâles sur certains pieds, femelles sur d'autres. Dans ces derniers il y a, comme chez les Noisetiers, 2 branches stylaires qui sortent de dessous les écailles; mais elles répondent à un ovaire uniloculaire qui ne renferme qu'un ovule dressé et orthotrope. C'est un petit arbrisseau des marais, rare à Rambouillet, à Saint-Léger, à Guilpreux, à Gambaiseuil. En été, il développera des feuilles alternes, lancéolées-cunéiformes, entières ou dentelées, odorantes, et un petit fruit presque globuleux, taché de points résineux.

Salicacées. — Cette famille, qui tire son nom de celui des Saules (*Salix*), ne comprend avec eux que les Peupliers (*Populus*). Son étude est assez délicate et ingrate au premier abord. Pour la faire complètement, il faut récolter les fleurs des diverses espèces au premier printemps, les analyser, les préparer, et placer auprès d'elles les branches feuillées correspondantes récoltées dans le cours de l'été.

Le plus commun de nos Saules, soit au bord des eaux, soit dans les bois humides, est le S. Marsault (*Salix Caprœa* L.). Ses chatons mâles, ovoïdes, jaunes, d'une odeur agréable, tout chargés de soies d'un blanc grisâtre, sont formés d'un axe et de bractées imbriquées. Celles-ci sont discolores : vertes à leur base, d'un brun noirâtre vers le sommet. Dans l'aisselle de chacune d'elles se trouvent 2 étamines, formées d'un filet libre et d'une anthère jaune, biloculaire, extrorse. En dedans des étamines se voit un étroit corps glanduleux. Dans les chatons femelles, **plus petits et plus verts, l'aisselle de chaque**

bractée renferme un gynécée dont le pied supporte un
ovaire uniloculaire, à deux placentas pariétaux, plurio-

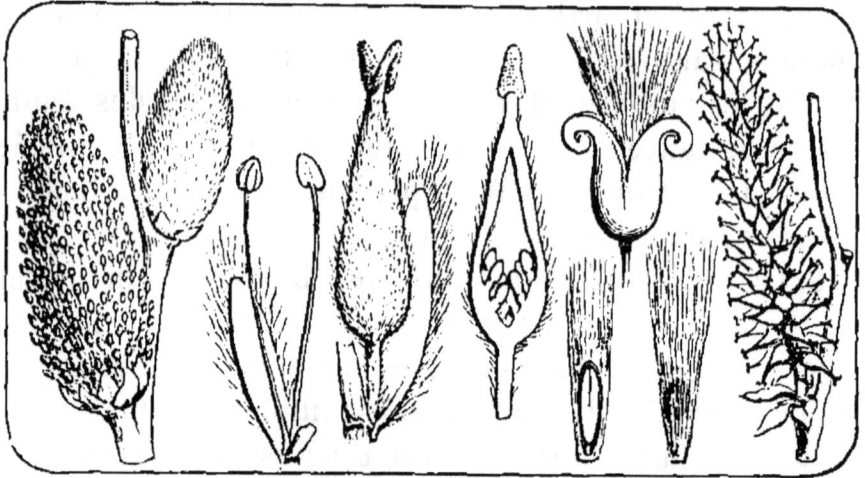

vulés, atténué supérieurement en un style à deux lobes
papilleux. Il y a aussi en dedans de l'ovaire une baguette
glanduleuse. En été l'ovaire deviendra une capsule dont
le pied sera beaucoup plus long (4-6 fois) que la glande
en baguette, et qui, en s'ouvrant suivant sa longueur,
laissera échapper des graines pourvues à leur base d'un
pinceau de poils soyeux. La plante se couvrira également
de feuilles alternes, ovales ou obovales-lancéolées,
tomenteuses en dessous.

Prenons comme deuxième objet d'analyse le S. blanc
(Salix alba L.), espèce un peu plus tardive, très commune
aussi sur le bord des eaux. Ses chatons sont bien plus
grêles et plus longs, et ils portent des bractées d'une

seule couleur, le vert pâle, dans toute leur étendue (concolores). Les fleurs mâles ont 2 étamines à anthère jaune, avec baguette glanduleuse intérieure, et le fruit est sessile ou à pied plus court que la glande qui lui est intérieure. Les feuilles sont lancéolées.

Etudions comme troisième type, une des espèces qu'on nomme vulgairement Osiers rouges, le S. *purpurea* L., commun aussi sur le bord des eaux. Sur ses rameaux grêles, nous verrons en mars ou avril, des chatons cylindriques, à écailles discolores, et dans leur aisselle, 2 étamines à filets unis dans à peu près toute leur longueur, surmontés de deux anthères d'un rouge plus ou moins intense, surtout avant la déhiscence, finalement noirâtres. En été, cette espèce portera des feuilles oblongues-lancéolées, élargies au sommet, et des capsules qui, comme les ovaires, seront sessiles, surmontées d'un style très court.

Chacune de ces trois espèces une fois très bien connue et devenant pour nous la tête d'une section particulière, voyons quels Saules de notre flore devront se ranger dans ces sections des *Rouges*, des *Blancs* et des *Marsault*.

Avec les *Rouges* nous placerons:

Le S. *Helix* L., qui a des feuilles très larges et étroites et un style plus long que le S. *purpurea* dont il n'est pour plusieurs auteurs qu'une variété;

Le S. *Lambertiana* Sm., qui a des feuilles grandes et larges et des chatons deux fois plus gros que ceux du S. *purpurea* dont il ne constitue aussi qu'une variété pour certains **auteurs**;

Le S. *rubra* Huds., dont les feuilles lancéolées ne sont pas élargies au sommet comme celles du S. *purpurea*, et dont les filets staminaux ne sont unis que dans leur portion inférieure.

Parmi les *Blancs*, nous rangerons :

Le S. *fragilis* L., très voisin du S. *alba*, dont les rameaux sont dressés et fragiles à leur point d'insertion ; les feuilles glabres en dessous, tandis qu'elles sont soyeuses dans le S. *alba* ; le pied du fruit deux fois plus long que la glande intérieure ;

Le S. *Russelliana* Sm., à rameaux grêles et rougeâtres, à feuilles très étroites et glauques en dessous, à fleurs semblables à celles du S. *fragilis* dont il n'est pour bien des auteurs qu'une variété ;

Le S. *undulata* Ehrh., arbuste rare, des bords de la Seine et de la Marne, planté au bois de Boulogne, etc., qui a des feuilles lancéolées, finalement glabres, et qui ne perd pas, à la maturité, ses bractées barbues au sommet (comme font les espèces précédentes qui les ont glabres) ;

Le S. *hippophaæfolia* Thuill., arbuste assez rare, des bords de la Seine et de la Marne, qui a des feuilles étroitement lancéolées, finalement glabres, un fruit à pédicule égal à la glande (tandis que celui du S. *undulata* est deux fois plus long) ;

Le S. *triandra* L. (S. *amygdalina* L.), espèce commune, qui a des feuilles elliptiques-lancéolées, 5 étamines, un fruit à pied 2, 3 fois plus long que la glande;

Le S. *babylonica* L. (Saule pleureur), espèce introduite, à rameaux pendants, à feuilles linéaires-lancéolées, à fruit glabre et sessile.

Dans la section des *Marsault* se placeront :

Le S. *viminalis* L. (Osier vert, O. blanc), espèce commune, à fleurs semblables à celles du S. *Capræa*, mais à feuilles lancéolées ou linéaires-lancéolées, soyeuses-argentées en dessous ; les chatons femelles ne se développant qu'avec les feuilles et plus longs que les mâles qui sont ovoïdes ;

Le S. *aurita* L., arbuste commun, à feuilles obovales, acuminées ; la pointe arquée, tomenteuses en dessous ; les bourgeons et les rameaux glabres ; le bois parcouru sous l'écorce de lignes proéminentes ;

Le S. *cinerea* L. (Saule gris), très commun, à rameaux et bourgeons recouverts d'un duvet grisâtre, à feuilles oblongues-lancéolées, cendrées en dessous, obtuses ou courtement acuminées ;

Le S. *Smithiana* W. (S. *Seringeana* GAUD.), à bourgeons pubescents, à bois des rameaux sans saillies sous-corticales, à feuilles lancéolées ou oblongues-lancéolées, lisses ; avec les fleurs du S. *Capræa* (dont on le suppose un hybride, par croisement avec le S. *viminalis*) ;

Le S. *repens* L., petite espèce rare des marais tourbeux, haute de un ou quelques décimètres, à souche épaisse et rampante, à courtes branches aériennes, portant des feuilles le plus souvent étroites et des chatons qui sont en petit ceux du S. *Capræa*.

Nos Peupliers, indigènes ou plus souvent introduits, sont généralement de grands arbres, à feuilles larges, ovales-orbiculaires, à chatons allongés, pourvus de bractées laciniées ou incisées. Leurs fleurs des deux sexes sont entourées d'un court périanthe, épais, sinueux, irrégulier, souvent décrit à tort comme un disque.

Le *Populus nigra* L. (P. noir), le plus répandu de tous, a des étamines nombreuses et des ovules ou graines en nombre indéfini. Il a une variété *pyramidalis*, le P. d'Italie.

Le *P. Tremula* L. (Tremble) a des ovules nombreux et

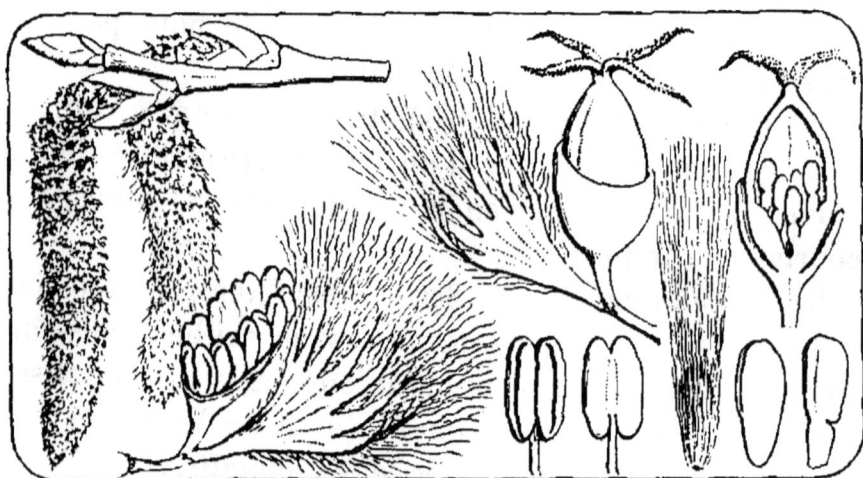

seulement huit étamines ou environ. Ses chatons sont très velus, ses feuilles finalement glabres, et ses pétioles plus aplatis latéralement que dans toute autre espèce. Ses ovules sont peu nombreux.

Le *P. alba* L., l'un des Grisards de nos campagnes, le P. blanc de Hollande, n'a que huit étamines, et ses ovaires ne renferment que 4 ovules. Son fruit est donc oligosperme.

L'Orme (*Ulmus campestris* L.) est dans notre flore le

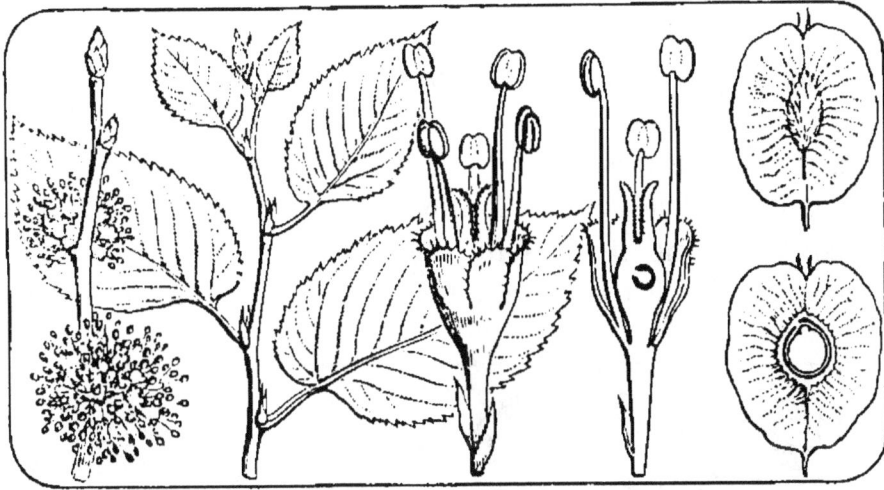

seul représentant ligneux du groupe des Ulmacées. On l'a souvent rangé parmi les plantes à chatons, et c'est aussi un arbre à floraison très précoce; car avant les feuilles, on le voit chargé des fruits verts (Pain de hannetons). Ce sont des samares qui succèdent à des fleurs épanouies dès février ou mars, et qui, nombreuses et très rapprochées, ont un calice imbriqué, de couleur foncée; cinq étamines superposées aux sépales, et un gynécée, stérile dans les fleurs mâles, dont l'ovaire n'a d'ordinaire qu'une loge fertile, à un ovule descendant. En été, l'arbre porte des feuilles alternes-distiques, ovales-elliptiques, acuminées, serrées, rudes, dont la base a ses deux moitiés nettement insymétriques.

Il y a une variété, dite Orme galeux (*U. suberosa* EHRH.), dont l'écorce est épaisse, fendillée, très inégalement bosselée ; c'est le liège qui ici a pris un développement si singulier.

Les *U. montana, pedunculata, fulva*, ce dernier d'origine américaine, sont des espèces exotiques, introduites dans nos cultures.

b. Les Arbres verts (Conifères), à feuilles persistantes, résineuses, ne fleurissent guère qu'en mai ; ce sont en général des Pins (p. 22). Le Mélèze (*Pinus Larix* L.) est

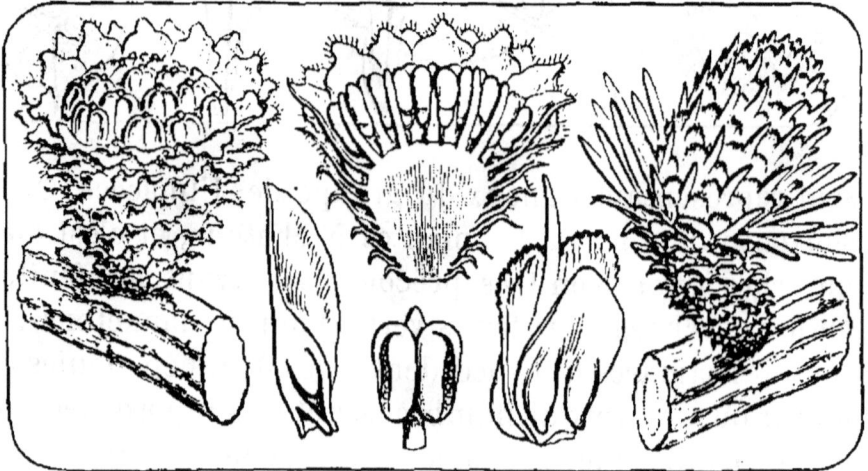

une espèce de ce genre, à floraison plus précoce ; non

indigène, mais souvent plantée, notamment dans les pé-
pinières des bois de Vincennes, de Boulogne, etc. Elle
appartient à une section dans laquelle les feuilles, par
exception, tombent à la fin de la belle saison.

Le Genévrier (*Juniperus communis* L.) est indigène,

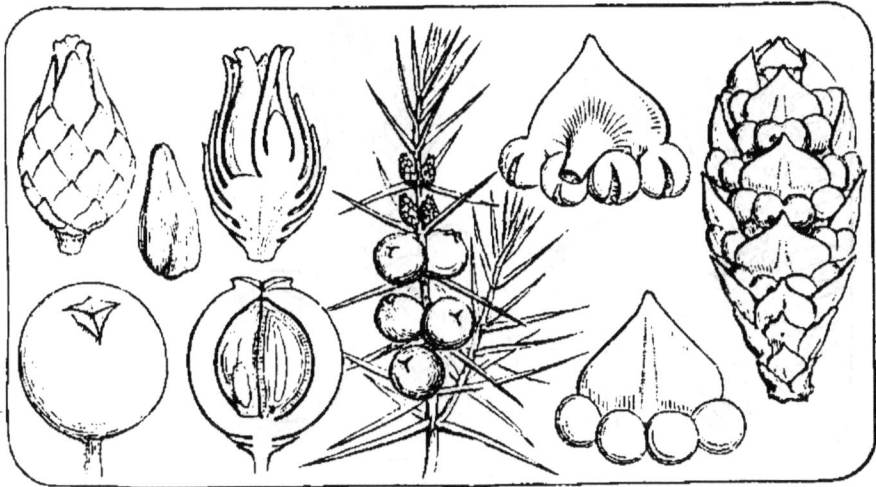

commun dans les bois et sur les coteaux arides. C'est un
arbuste à feuilles rigides, piquantes, verticillées par 3.
Ses fleurs, ordinairement dioïques, sont nues. Les mâles
sont réunies en petits châtons globuleux. Les femelles
sont rassemblées au nombre de 3 au sommet d'un petit
axe, en face de 3 des 6 bractées 2-sériées qui forment une
couronne à ce niveau. Chacune de ces fleurs est formée d'un
ovaire uniloculaire, surmonté d'un style à 2 lèvres inégales, béant, et renfermant un ovule dressé, orthotrope,

sans enveloppes. Ces 3 fleurs deviennent autant d'achaines, enveloppées par les 6 bractées précitées, accrues, épaissies, devenues charnues, noirâtres, aromatiques et rapprochées en une petite masse globuleuse.

L'If (*Taxus baccata* L.), remarquable par ses fleurs mâles

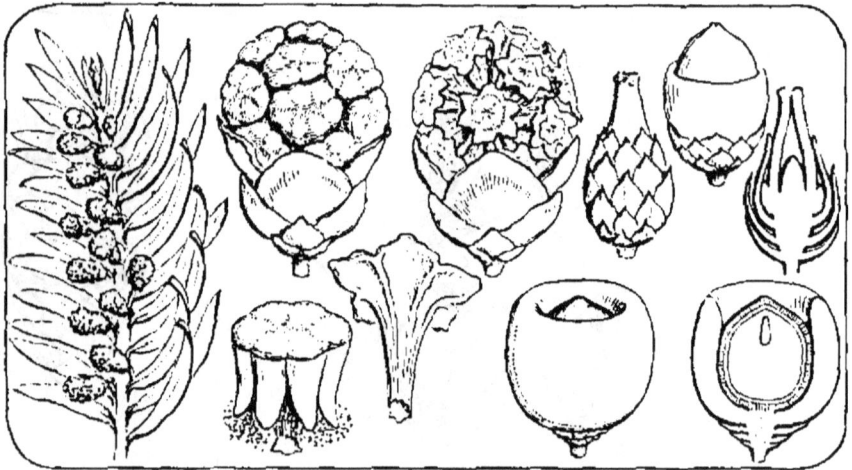

à anthères disposées comme en ombelle au sommet d'un pied commun qu'entourent des bractées imbriquées, et par ses fleurs femelles solitaires, auxquelles succède un fruit sec, entouré à sa surface d'une épaisse cupule rouge et visqueuse; et plusieurs *Thuya*, à floraison précoce, sont souvent introduits dans nos cultures.

c). Les arbres à floraison précoce pourvus d'une corolle sont le *Sambucus racemosa* L., d'Amérique, qui fleurit en mars-avril et dont il sera question à propos des Sureaux (p. 38); le *Cornus mas*, indigène, fleurissant à la fin de l'hiver et qui appartient à la famille des Cornacées (p. 283).

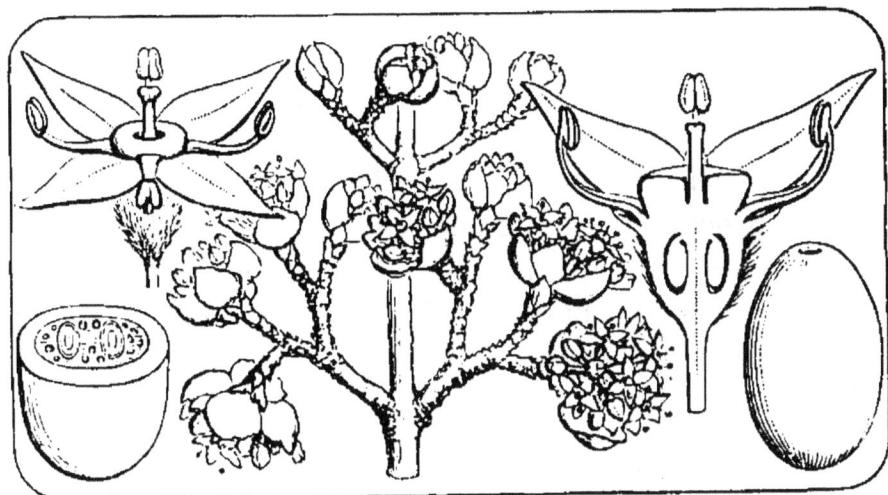

Une place à part appartient au Frêne (*Fraxinus excel-sior* L.), indigène, exceptionnel dans une famille de Ga-

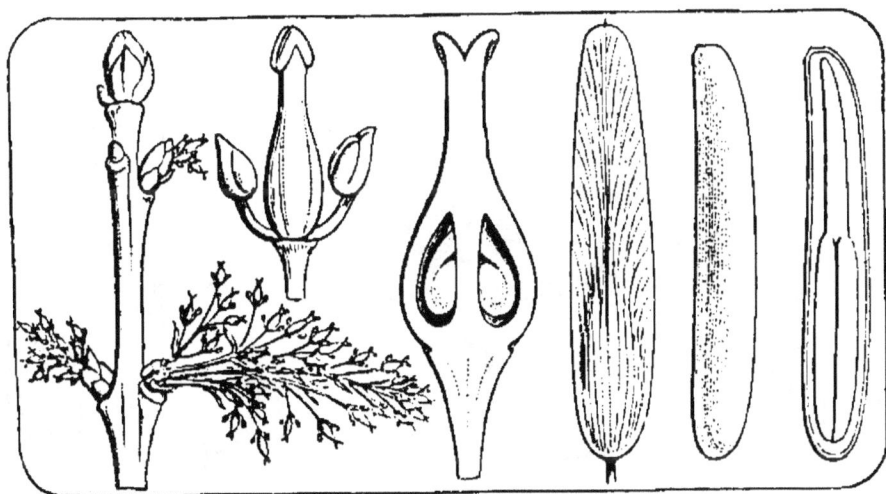

mopétales, celle des Oléacées, dans laquelle il en sera parlé

(p. 37), mais qui, par exception, a des fleurs apérianthées.

V. — LES DAPHNÉ

Il faut quelque excursion spéciale, de janvier en mars,
pour se procurer en fleurs les 2 élégants sous-arbrisseaux
qui représentent dans nos bois la famille des Thymélacées. Ce sont la Lauréole (*Daphne Laureola* L.) et le
Bois-gentil (*D. Mezereum* L.). Ce dernier est le plus rare; il
a des fleurs roses ou rarement blanches, très odorantes,
qui paraissent avant les feuilles, sur le bois des rameaux.
On le trouve dans quelques bois secs, à Mantes, dans les
forêts de Villers-Cotterets, Halatte, plus rarement à Sénart,
Brunois, Marines et Ecouen.

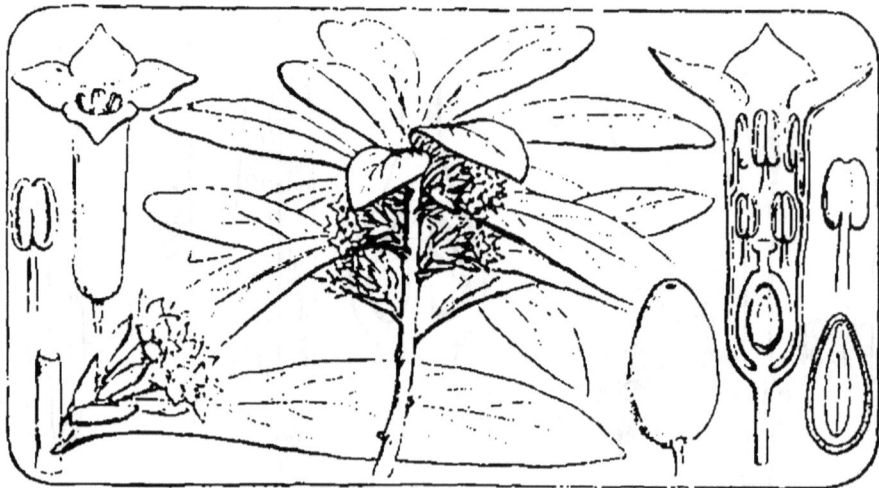

Le *D. Laureola* est garni de feuilles quand s'épanouissent ses fleurs d'un vert jaunâtre, plus longues et plus étroites, inodores. Il croit dans plusieurs petits bois des environs de Melun, de Pontoise, à Grignon, à Compiègne, à Dampierre, à Grandchamp près Saint-Germain, à Ablis, etc. Il est devenu très rare à Aunay.

Les deux espèces ont des fruits charnus et monospermes; un périanthe simple, 4-mère, imbriqué; 8 étamines disposées sur deux rangées; un ovaire uniloculaire, libre, avec 1 ovule descendant.

En dehors de ces deux espèces, la famille ne sera représentée en été que par le *Thymelæa Passerina* (*Daphne Thymelæa* l. — *Stellera Passerina* L.), petite plante annuelle, à tige grêle, à feuilles linéaires, qui croit dans les champs secs et qui a des fleurs de *Daphné*, verdâtres, pubescentes, puis un fruit sec, entouré du périanthe desséché. On trouve cette espèce à Sénart, Villeneuve-Saint-Georges, Lardy, Melun, Moret, Lognes, Malesherbes, Nemours, Chantilly, Magny, Compiègne, Thury - en-Valois, etc.

W. — LES LILIACÉES VERNALES

Revenons maintenant aux Monocotylédones à floraison précoce. Ce sont d'abord des Liliacées, qui ont les caractères généraux des Amaryllidacées (p. 4), mais dont l'ovaire est supère et le réceptacle convexe.

En premier lieu, les *Gagea*, Liliacées proprement dites

de la série des Tulipes, à petites fleurs jaunes ; le périanthe 6-foliolé, entourant 6 étamines et un ovaire à 3 loges pauciovulées. Ils ont 2, 3 tubercules souterrains ; 2, 3 feuilles linéaires, et, dès février ou mars, des inflorescences pauciflores.

Le *G. arvensis* Sch. est assez rare. On va le récolter dans les champs de Bicêtre, ou à Ivry. Vitry, Saint-Cloud, Saint-Germain, etc. Il a une hampe un peu anguleuse, des bractées opposées, les folioles du périanthe aiguës. Le très rare *G. saxatilis* Koch (*G. bohemica* Coss. et Germ.), qu'il faut aller chercher à Poligny, près Nemours, a la hampe florale très courte, les bractées alternes et les divisions du périanthe obtuses.

Le *Ruscus aculeatus* L. (Fragon épineux, Petit-Houx) est

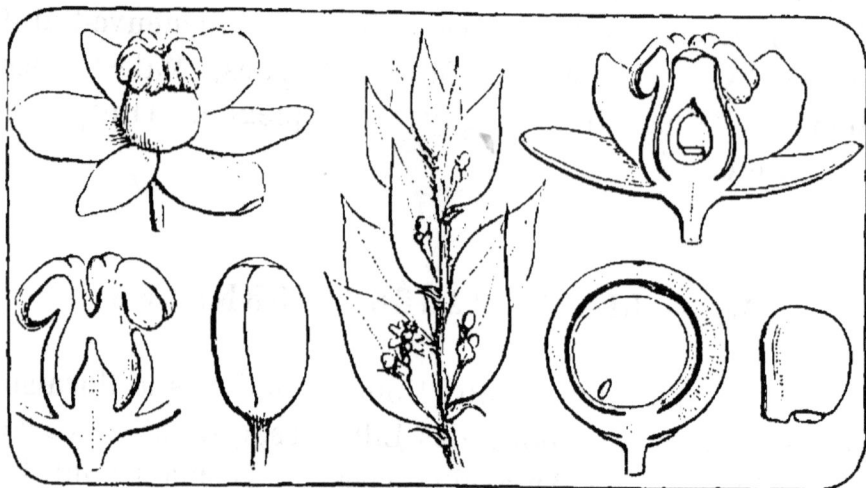

plus précoce encore, car il peut fleurir dès l'hiver. C'est

une Liliacée très exceptionnelle, qui doit l'un de ses noms vulgaires à ce que ses lames vertes et aigües, rigides, piquent comme les feuilles du Houx. Ce sont des cladodes ou rameaux aplatis, situés dans l'aisselle de feuilles peu visibles. Ces cladodes portent au milieu d'une de leurs faces une autre petite feuille dont l'aisselle renferme une cyme unipare de fleurs unisexuées. Les mâles ont, en dedans d'un périanthe à 6 divisions verdâtres, un androcée monadelphe, à 3 anthères extrorses. Dans les femelles, cet androcée est stérile; mais il y a un ovaire à 2 ovules ascendants. C'est lui qui deviendra en été une baie rouge et sphérique, à 1, 2 graines. C'est la forêt de Saint-Germain qui est la localité la plus rapprochée de cette curieuse plante qu'on ne saurait trop étudier; elle est rare à Montmorency, très commune à Fontainebleau; on la trouve aussi près de Melun, de Dreux, à Sénart, à Magny, à Marcoussis, aux Vaux-de-Cernay, à Villers-Cotterets et dans beaucoup d'autres bois, principalement sur les calcaires.

Le *Scilla bifolia* L. (*Adenoscilla bifolia* GR. et GODR. est une jolie petite Liliacée bulbeuse, à fleur d'un bleu clair, en forme d'étoile à 6 branches, avec 6 étamines hypogynes, unies à la base du périanthe, bleues comme l'ovaire supère, à 3 loges pluriovulées. On va généralement chercher cette petite herbe bulbeuse au bois de Vincennes, en face de la station de Fontenay-sous-Bois, où elle se trouve près de la Porte-Jaune, avec le Narcisse-Porion (p. 45). Elle se rencontre aussi dans d'autres parties du bois, et à

Sénart, aux Camaldules, à Fontainebleau, à Malesherbes, dans les forêts de l'Oise, etc.

Les *Muscari* sont d'autres Liliacées précoces, bulbeuses, à fleurs bleues en forme de grelot, réunies en grappes, avec des pédicelles très courts. L'un d'eux est commun dans les lieux cultivés ou sur le bord des chemins, sur les pelouses sablonneuses, dans les champs voisins de la Marne, par exemple, etc. C'est le *M. racemosum* MILL. que Linné nommait *Hyacinthus racemosus*. Ses fleurs ont une consistance charnue et une odeur de prune. L'autre espèce vernale est, au contraire, fort rare : c'est le *M. neglectum* GUSS. On va le chercher à Marissel, et on l'aurait quelquefois trouvé au Vésinet. Il se distingue du précédent par la portion nue de son inflorescence, plus courte **que les feuilles, et en ce que celles-ci sont canaliculées.**

Plus tard, en mai et juin, on trouvera très communé-

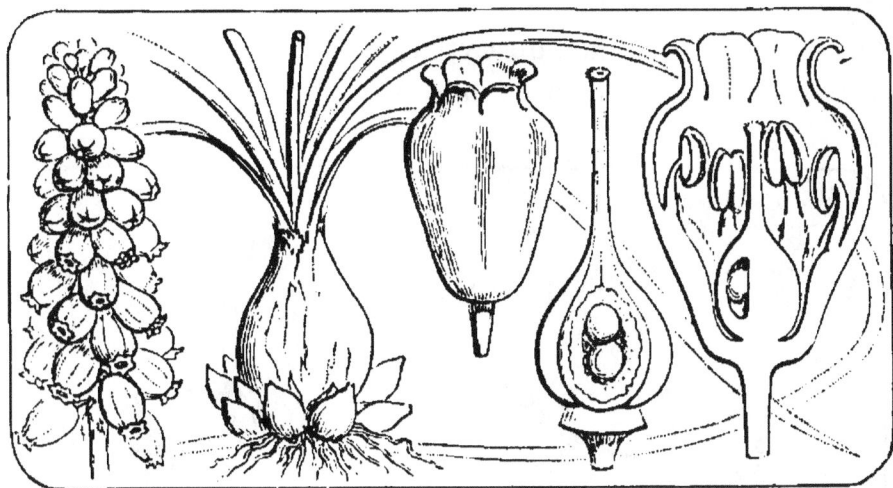

ment dans les cultures un autre grand *Muscari*, qui a des fleurs fertiles plus ou moins brunes, et en haut des fleurs stériles d'un beau bleu, les unes et les autres longuement pédicellées. C'est le *M. comosum* MILL. (Jacinthe à toupet).

Le *Ruscus aculeatus* (p. 80), Liliacée déjà si exceptionnelle, par ses organes de végétation, ne l'est pas moins par la coloration verdâtre des folioles de son périanthe. Les Luzules, rapportées d'ordinaire à la famille des Joncacées, ne diffèrent non plus des Liliacées vraies que par la consistance scarieuse et la coloration souvent verdâtre ou brune de leur périanthe. Ce caractère ne saurait conserver l'importance qu'on lui a accordée, et les Luzules ne peuvent être écartées de la famille des Liliacées. Il y en a une très commune sur toutes les pelouses dès les premiers jours du printemps. Elle a l'aspect et le feuillage d'une petite Graminée ou Cypéracée. C'est le *Luzula campestris* L. Son périanthe étoilé a 6 folioles, avec 6 éta-

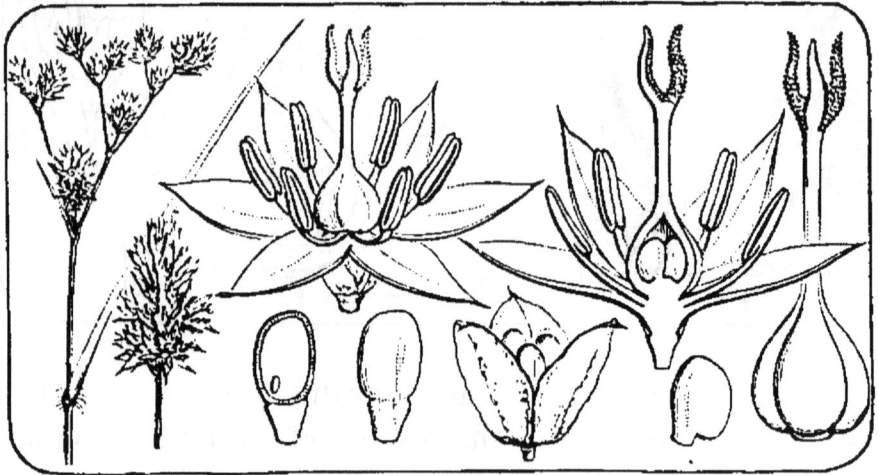

mines superposées. Son gynécée a un ovaire 3-carpellé, surmonté d'un style à 3 branches; et ses 3 loges ovariennes, très incomplètes, sont uniovulées. Son fruit est capsulaire, à 3 graines, albuminées. C'est une plante vivace. Il faut la distinguer d'une autre espèce précoce, aussi commune dans les bois ombreux, le *L. pilosa* W. (*L. vernalis* DC.). Toutes deux ont de longs poils sur les feuilles. Mais le *L. campestris* a une inflorescence formée d'épis compactes, et dans le *L. pilosa*, elle est lâche, à divisions inégales, réfractées. La graine du *L. campestris* porte un arille blanc qui occupe sa base; il est au contraire situé au sommet dans le *L. pilosa*. Ce caractère, un peu difficile à observer, est des plus utiles pour la distinction des autres Luzules qui fleuriront un peu plus tard (p. 434).

X. — LES PREMIERS ORCHIS

Les Orchidées intéressent toujours les botanistes par la singularité de leurs fleurs. Elles fleurissent presque toutes de mai à octobre. Il y en a cependant deux espèces précoces qu'il faut étudier avec soin : l'*Orchis Morio* L. et l'*O. mascula* L.

L'*O. Morio* est une plante très commune, sur les pelouses, dans les bruyères, les bois, qui n'a guère souvent qu'un décimètre de haut. Son axe dressé, simple, porte quelques feuilles alternes, puis un épi de fleurs très irrégulières, d'un pourpre violacé, parfois pâles, ou même blanches. Au-dessus d'un ovaire infère et tordu (qu'il ne faut pas prendre pour un pédicelle), situé dans l'aisselle d'une bractée d'un vert violacé, s'insère un périanthe à 3 folioles imbriquées, peu inégales, le calice ; puis, plus intérieurement, 3 pétales très inégaux. Deux d'entre eux se rapprochent du sépale postérieur et forment avec lui une sorte de casque arrondi. Le troisième, beaucoup plus grand, large, ponctué, pend au côté antérieur de la fleur. On lui distingue 3 lobes arrondis : un médian émarginé, et 2 latéraux finement crénelés. On remarque

aussi au-dessous de ce labelle un éperon un peu plus court
que l'ovaire, creux et renflé à son sommet. Le fruit de
cette plante sera une capsule, à graines nombreuses et
pariétales, comme étaient les ovules dans l'ovaire. En
arrachant avec soin les pieds entiers, on voit que leur
portion souterraine porte deux gros tubercules (orchido-
bulbes) qui sont entiers et à peu près globuleux.

L'*O. mascula*, plus rare que le précédent, dans les lieux

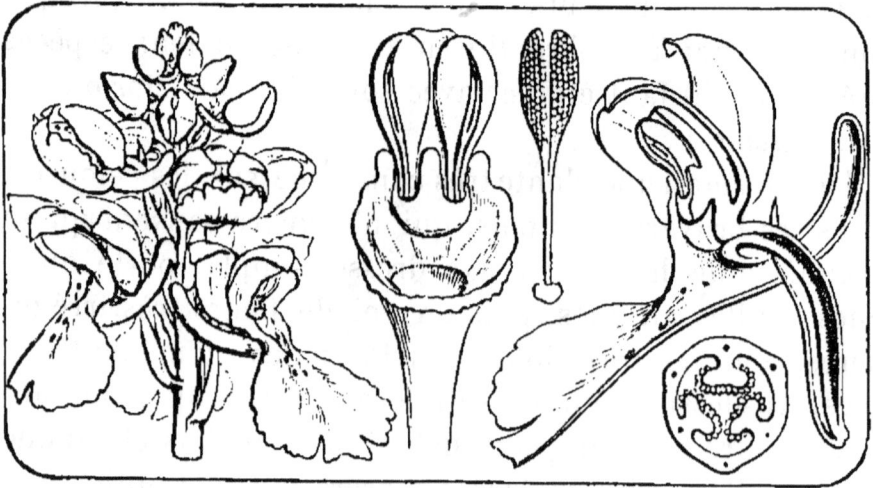

herbeux, est aussi beaucoup plus grand : il peut atteindre
près d'un demi-mètre. Il est encore plus précoce, a des
bulbes entiers, un peu plus allongés. Sa tige indivise porte
des feuilles plus larges, souvent tachées de noir. Ses fleurs
sont à peu près les mêmes, d'un beau pourpre violacé.
Leur labelle est très large, hérissé de petites papilles. Leur
éperon est ascendant ou horizontal, épais, de la lon-

gueur environ de l'ovaire et de la bractée qui est purpurine.
Il y aura plus tard beaucoup d'autres *Orchis* à distinguer
de ceux qui viennent d'être étudiés (p. 439).

Y. — L'ARUM

On trouve abondamment dès avril, dans les bois et
buissons ombragés, le Gouet ou Pied-de-Veau (*Arum maculatum* L.), qui a donné son nom à la famille des Aracées.

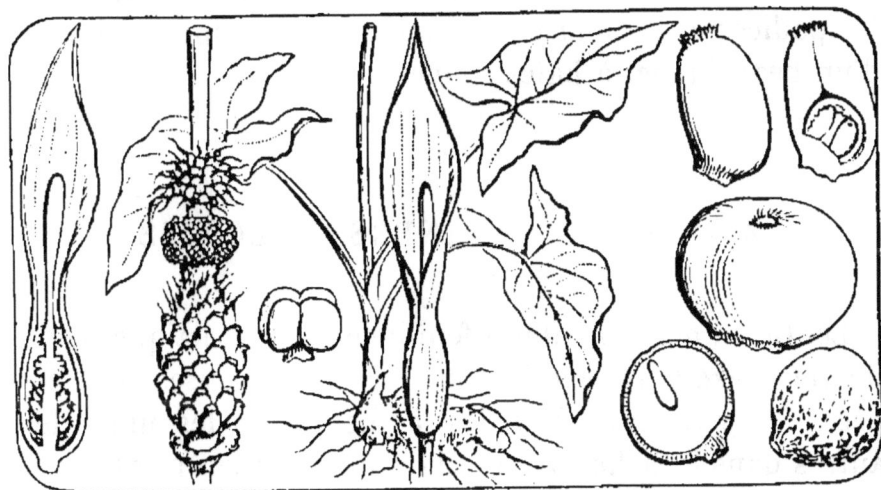

C'est une herbe vivace, à feuilles en forme de fer de flèche,
tachées ou non de noir, apparaissant au printemps, et à
inflorescence (qu'il ne faut pas prendre pour une fleur) en
spadice, c'est-à-dire en épi, enveloppée d'un grand cornet
jaunâtre qui est une bractée ou spathe très développée.

Au centre est une colonne qui porte de nombreuses fleurs femelles, plus haut des étamines, et tout à fait au sommet une baguette en massue, violacée. A la fin de l'été, les fruits formeront un gros épi de baies rouges.

Beaucoup plus rare est l'*A. italicum* MILL., espèce voisine, dont la massue est jaunâtre, et dont les feuilles, développées dès l'automne, sont veinées de blanc.

On trouve plantés dans quelques endroits, notamment à Marly et au bois de Vincennes, deux Aracées aquatiques non indigènes : l'*Acorus Calamus* L. (Roseau odorant), à spathe verte, semblable aux feuilles, n'enveloppant pas le spadice ; et le *Calla palustris* L., à large spathe étalée, d'un beau blanc, à baies rouges.

Z. — LES GRAMINÉES PRÉCOCES

Les Graminées, plantes à feuillage caractéristique, celui de nos gazons (*gramen*), sont très nombreuses (120 espèces) et par suite difficiles à distinguer les unes des autres dans la belle saison. Mais au premier printemps, leur nombre est encore très réduit, et leur étude assez peu compliquée. On peut même dire qu'en février il n'y en a que deux à récolter. La première, la plus simple, est relativement rare : c'est le *Mibora minima* DESVX. La deuxième est extrêmement commune, non seulement dans la campagne, mais encore dans tous les jardins ; et,

sauf les moments de grande gelée, elle est en fleurs tout
l'hiver : c'est le *Poa annua* L.

Le *Mibora minima* (*M. verna* ADANS. — *Agrostis minima*

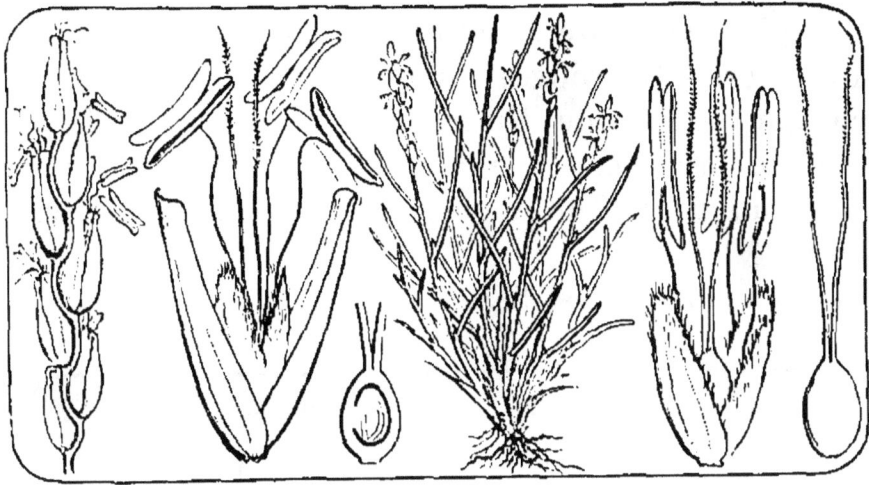

L. — *Chamagrostis minima* BORCKH. — *Sturmia verna* PERS.
— *Knappia agrostidea* SM.) abonde dans certains champs
sablonneux, notamment à Saint-Maur. On le rencontre
souvent aussi dans les chemins des bois siliceux, comme
à Fontainebleau, etc. Il est plus rare dans les environs
immédiats de Paris, comme à Meudon, etc. On le reconnaît à ses petites touffes de feuilles vertes, linéaires,
hautes de quelques centimètres et à ses petits épis rougeâtres ou violacés, dressés, indivis. Leur axe porte, à
droite et à gauche, des petites fleurs sessiles, qu'on ne
peut bien observer qu'à la loupe, et qui sont formées,
comme le plus ordinairement dans cette famille, d'un

gynécée qu'entourent trois étamines hypogynes. On voit,
au soleil, sortir de la fleur les anthères d'un blanc jaunâtre, pendantes du sommet de leur filet capillaire. En
dehors d'elles sont 2 très petites paléoles et 2 glumelles plus extérieures. Le tout est enveloppé par deux
écailles vertes ou rougeâtres qui sont des glumes; de
sorte que la fleur du *Mibora* constitue à elle seule un
épillet uniflore. Dans une couple de mois, l'ovaire sera
devenu un petit fruit monosperme qu'on nomme caryopse.

Plus compliquée est l'organisation du *Poa annua*. Ses

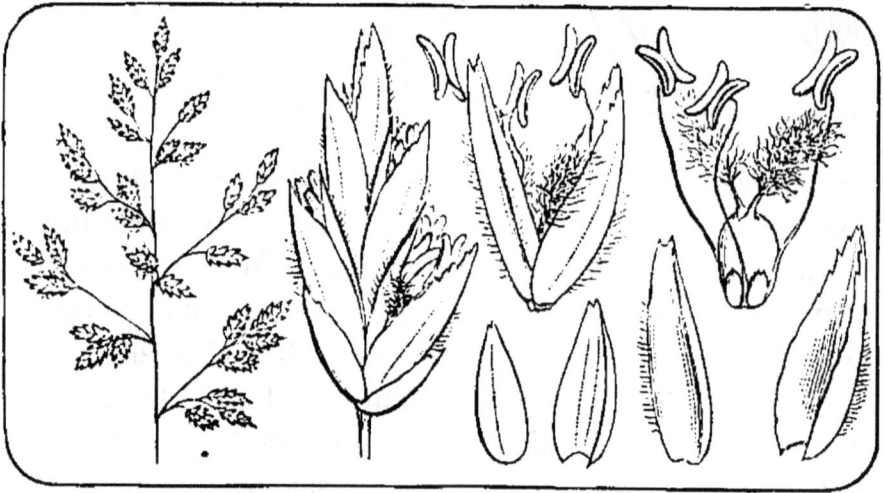

fleurs sont bien celles du *Mibora ;* mais ses inflorescences
sont composées. Leur axe principal, après avoir porté
quelques feuilles, se ramifie de telle façon, que ce sont
ses divisions secondaires et tertiaires, qui portent les

épillets. L'un de ceux-ci, ovale-aigu et comprimé latéralement, nous montrera (observé à la loupe) : un petit axe ; 2 bractées presque opposées, insérées à sa base et dont l'aisselle est vide : ce sont ses glumes ; puis, plus haut, à droite et à gauche, de 3 à 7 petites fleurs échelonnées. Les feuilles sont un peu plus larges que celles du *Mibora ;* en arrachant une d'elles, complète, on la verra pourvue en dedans, au point d'union de sa gaine et de son limbe, d'une écaille membraneuse (ligule), qui est ovale-oblongue. Cet organe fournit des caractères pour distinguer entre elles les espèces du genre *Poa* qui fleuriront en assez grand nombre en été (p. 401).

Il y a encore deux Graminées précoces à étudier. L'une d'elles est commune, c'est l'*Aira præcox* L., petite herbe annuelle qu'on trouve dans les champs sablonneux, dans les clairières des bois. Elle représente une petite touffe, un faisceau d'axes dressés, avec des feuilles alternes. L'inflorescence est dense, contractée, à petites rameaux rapprochés, dressés. Ils portent des épillets comprimés, d'un blanc jaunâtre. Les glumes sont aiguës, scarieuses, et l'une d'elles porte un arête qui sort longuement de l'épillet. Entre les 2 glumes, il y a 2 fleurs construites comme celles du *Poa,* sessiles et hermaphrodites toutes les deux.

L'autre est une plante rare, qu'il faut aller récolter sur les coteaux calaires, à Fontainebleau, à Moret ; sur les bords de la Seine, de Mantes aux Andelys ; aux environs de Beauvais, de Dreux, etc. Elle doit à sa teinte générale le nom de *Sesleria cærulea* Ard. Ses épis surtout sont glauques, blanchâtres ou un peu bleuâtres. Ses touffes sont gazonnantes; ses axes dressés; ses feuilles obtuses, légèrement rudes. L'inflorescence est un épi composé, dense, ovoïde, surmontant un long axe nu (et rappelant beaucoup celle de notre Flouve commune). Ses épillets pressés renferment chacun une couple de fleurs fertiles dont les glumelles sont découpées de dents inégales. Quand il y a 3 fleurs, la supérieure est ordinairement stérile ou rudimentaire.

Les *Mibora* appartiennent à la série des Agrostidées, les *Poa* à celle aussi des Agrostidées; les *Aira* à celle des Avenées; les *Sesleria* à celle des Festucées, dont on étudiera pendant l'été un grand nombre de représentants.

Les débutants confondent facilement avec les Graminées, dont elles ont souvent le port, les Cypéracées qui sont au printemps représentées par quelques espèces de Laiches (*Carex.*) Il suffit d'être prévenu que les feuilles des *Carex* n'ont pas la gaine fendue comme celles des Graminées, et que les *Carex* ont les fleurs unisexuées : les mâles formées de 2, 3 étamines nues, dans l'aisselle d'une bractée; les femelles formées d'un ovaire surmonté de 2, 3 branches stylaires, enveloppé étroitement dans une sorte de sac dont les branches stylaires traversent l'orifice, et qu'on nomme l'utricule. Il y a dès le mois d'avril, dans les marais un *C. stricta* Good., à fleurs mâles 3-andres et à 2 branches stylaires; dans les prés un *C. præcox* Jacq., un *C. pilulifera* L., espèces communes.

Dès le mois de mars, on trouve dans quelques bois les

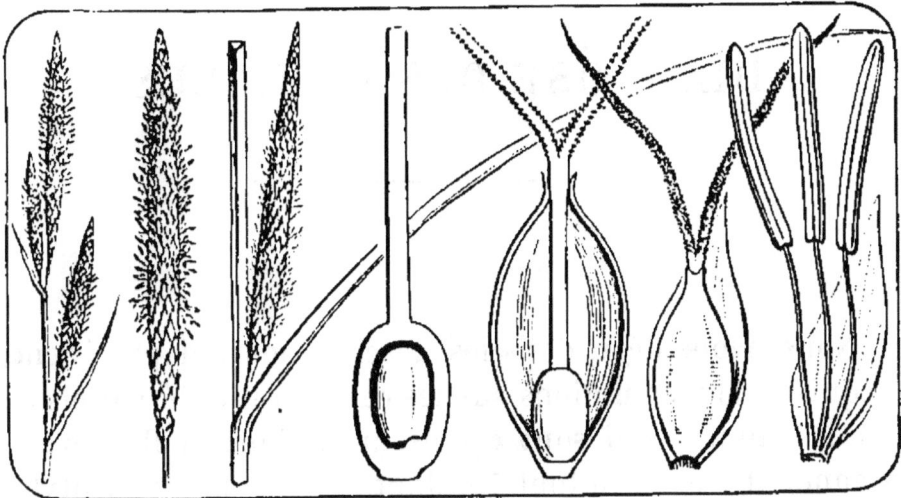

rares *C. cricetorum* POLL., *polyrrhiza* WALLR., *humilis*
LEYSS. et *montana* L., dont les caractères distinctifs seront
exposés dans l'étude d'ensemble de ce genre (p. 434).

DIAGNOSE DES FAMILLES

Nous avons déjà, dans les descriptions qui précèdent, acquis quelques notions sur les caractères différentiels de 32 des familles qui sont représentées dans la flore parisienne. Il y en a en tout 75, dont 12 pour la Monocotylédonie. Nous pouvons maintenant grouper ces familles, intercaler celles dont il n'a pas encore été question et exposer sommairement en quoi elles se distinguent les unes des autres. C'est un point qu'il faut établir avant de songer à entrer dans l'étude particulière de chacune d'elles.

Nous savons déjà que nous pouvons presque toujours, par le mode de nervation des feuilles (p. 11), reconnaitre si une plante appartient à la Dicotylédonie ou à la Monocotylédonie[1].

---

[1] Il y a, comme toujours, quelques exceptions. Certains Buplèvres (Dicotylédones) ont des feuilles dont la nervation rappelle celle des Graminées. La nervation des feuilles du *Tamus* (Amaryllidacée-Dioscorée) rappelle celle des Dicotylédones, etc., etc.

DICOTYLÉDONIE

On peut établir dans cet immense embranchement 3 catégories différentes de familles, catégories basées sur le caractère capital du gynécée[1], sur les rapports qu'affectent entre elles les feuilles carpellaires qui entrent dans sa constitution.

A. — Si, par exemple, nous examinons le gynécée d'une Renoncule (p. 21), nous le voyons formé d'un nombre variable de carpelles clos, indépendants les uns des autres. Dans certaines plantes de cette famille, comme le Pied-d'Alouette des moissons, l'Actée en épis, il n'y a qu'un carpelle; mais il est fermé et forme à lui seul un ovaire uniloculaire, comme dans le cas où les carpelles sont multiples. Désignons ce mode d'organisation sous le nom de :

I. Dialycarpellie

Et nous verrons qu'à ce groupe appartiennent les neuf familles suivantes de notre flore :

[1] Telle est la valeur prépondérante du gynécée, que dans une plante inconnue, si l'on n'a que des fleurs mâles, on ne sait le plus souvent où aller, surtout quand il s'agit de types exotiques avec lesquels l'habitude ne nous a pas familiarisés.

1. Renonculacées.	6. Urticacées.
2. Rosacées.	7. Thymélacées.
3. Légumineuses.	8. Apocynacées.
4. Berbéridacées.	9. Asclépiadacées.
5. Crassulacées.	

B. — Observant le gynécée de toutes les autres Dicotylédones de notre flore, nous voyons qu'il est formé de plusieurs feuilles carpellaires unies et que l'ensemble de ces plantes peut prendre le nom de :

II. Gamocarpellie

Mais dans ce cas, le placenta a trois manières différentes de se comporter relativement à l'enceinte que forment les feuilles carpellaires par leur réunion :

a. Ou bien il est central-libre, n'affectant aucun rapport avec la paroi carpellaire.

b. Ou bien le centre de l'ovaire est vide, et les placentas sont situés sur la paroi carpellaire (pariétaux).

c. Ou encore les placentas sont au centre, mais ils sont séparés les uns des autres par des cloisons formées par les rentrées des feuilles carpellaires (axiles)[1].

Et nous constituons de la sorte les trois groupes suivants de familles gamocarpellées :

[1] On voit donc qu'en *a* et *b*, l'ovaire est uniloculaire, et pluriloculaire en *c*.

a. *Gamocarpellie à placentation centrale.*

10. Primulacées.
11. Lentibulariées.
12. Plumbaginacées.
13. Composées.
14. Chénopodiacées.

15. Polygonacées.
16. Juglandacées.
19. Loranthacées.
18. Conifères.

b. *Gamocarpellie à placentation pariétale.*

19. Papavéracées.
20. Crucifères.
21. Résédacées.
22. Cistacées.
23. Violacées.
24. Droséracées.

25. Hypéricacées.
26. Saxitragacées.
27. Cucurbitacées.
28. Aristolochiacées.
29. Gentianacées.
30. Gesnériacées.

Gamocarpellie à placentation axile.

31. Nymphæacées.
32. Malvacées.
33. Tiliacées.
34. Géraniacées.
35. Linacées.
36. Polygalacées.
37. Euphorbiacées.
38. Sapindacées.
39. Célastracées.

40. Rhamnacées.
41. Ulmacées.
42. Castanéacées.
43. Lythrariacées.
44. Onagrariacées.
45. Cornacées.
46. Ombellifères
47. Rubiacées.
48. Valérianacées.

49. Dipsacacées.

50. Campanulacées.

51. Portulacacées.

52. Caryophyllacées.

53. Elatinacées.

54. Plantaginacées.

55. Solanacées.

56. Scrofulariacées.

57. Convolvulacées.

58. Boraginacées.

59. Labiées.

60. Verbénacées.

61. Ericacées.

62. Ilicacées.

63. Oléacées. [1]

DIALYCARPELLIE

Renonculacées. — Réceptacle convexe et hypogynie. 1-∞ carpelles. Dialypétalie ou apétalie.

Rosacées. — Réceptacle concave et périgynie. 1-∞ carpelles. Dialypétalie ou apétalie.

Légumineuses. — Réceptacle concave et périgynie. 1 carpelle. Dialypétalie ou gamopétalie.

[1] Comme dans tout mode de classement, quel qu'il soit, redisons qu'il y a des exceptions auxquelles il faut bien prendre garde lors des déterminations. Exemple : le *Myrica* (p. 66) a l'ovule central; nous ne l'éloignons cependant pas des Castanéacées à placentation axile. L'*Hippuris* n'a qu'une loge à l'ovaire et n'est cependant pas écarté des Onagrariacées. Les Valérianes, à un seul ovule fertile, demeurent parmi les Valérianacées qui sont pluriloculaires. L'*Adoxa* (p. 12) est jugé par nous voisin des Saxifrages, quoiqu'il n'ait pas leur placentration pariétale. L'*Astrocarpus*, quoique dialycarpellé, n'est pas rangé dans une autre famille que les *Reseda*, etc.

Berbéridacées. — Réceptacle convexe et hypogynie.
1 carpelle. Dialypétalie.

Crassulacées. — Réceptacle convexe et hypogynie. Carpelles ∞. Dialypétalie.

Urticacées. — Réceptacle convexe et hypogynie. Carpelle 1. Apétalie. Diclinie.

Thymélacées. — Réceptacle convexe et hypogynie. Carpelle 1. Apétalie. Hermaphroditisme.

Apocynacées. — 2 carpelles. Union du sommet des styles. Gamopétalie. Pollen pulvérulent (p. 6).

Asclépiadacées. — 2 carpelles. Union du sommet des styles. Gamopétalie. Pollen en masses.

a. GAMOCARPELLIE [1] CENTRALE

Primulacées. — Réceptacle convexe et hypogynie. Gamopétalie. Corolle régulière.

Lentibulariées. — Réceptacle convexe et hypogynie. Gamopétalie. Corolle irrégulière.

Plumbaginacées. — Réceptacle convexe et hypogynie. Gamopétalie. Corolle régulière. Ovule unique, suspendu à un long cordon filiforme.

Composées. — Réceptacle concave et épigynie. Corolle régulière ou irrégulière. Ovaire infère. Ovule ascendant.

[1] Par abréviation, pour Gamocarpellie avec placentation centrale.

Chénopodiacées. — Réceptacle convexe ou légèrement concave. Apétalie. Ovule 1, campylotrope.

Polygonacées. —Réceptacle légèrement concave et périgynie. Apétalie. Ovule 1, orthotrope.

Juglandacées. — Réceptacle (femelle) concave. Apétalie. Episépalie. Diclinie. Ovule orthotrope.

Loranthacées. — Réceptacle concave. Asépalie. Epipétalie. Ovules orthotropes 1-3.

Conifères. — Réceptacle femelle subconvexe. Apérianthie. Ovule orthotrope.

b. GAMOCARPELLIE PARIÉTALE

Papavéracées. — Réceptacle convexe et hypogynie. Dialypétalie. Etamines 4 ou ∞. Graine albuminée.

Crucifères. — Réceptacle convexe et hypogynie. Etamines 4-dynames. Graine sans albumen.

Résédacées. — Réceptacle convexe ou à peine concave. Dialypétalie. Anisostémonie. (Dialycarpellie dans l'*Astrocarpus.*)

Cistacées. —Réceptacle convexe. Corolle régulière. Dialypétalie. Hypogynie. Pleiostémonie. Placentation pariétale.

Violacées. — Réceptacle convexe. Dialypétalie. Corolle irrégulière. Isostémonie. Androcée irrégulier.

Salicacées. — Diclinie. Apétalie. Etamines 2, 3.

Droséracées. — Réceptacle convexe. Dialypétalie. Corolle régulière. Isostémonie. Androcée régulier.

Hypéricacées. — Réceptacle convexe. Dialypétalie. Corolle régulière. Etamines ∞, hypogynes. Androcée polyadelphe.

Saxifragacées. — Réceptacle concave et périgynie ou épigynie. Dialypétalie ou apétalie. Diplostémonie.

Cucurbitacées. — Réceptacle concave et épigynie ou périgynie. Dialypétalie ou gamopétalie. Etamines 3-adelphes (2-2-1). Diclinie.

Aristolochiacées. — Réceptacle concave. Apétalie. Gynandrie ou 3-plostémonie.

Gentianacées. — Réceptacle convexe et hypogynie. Gamopétalie. Corolle régulière. Isostémonie.

Gesnériacées. — Réceptacle convexe et hypogynie. Gamopétalie. Corolle irrrégulière. Didynamie.

C. GAMOCARPELLIE AXILE

Nymphæacées. — Réceptacle convexe ou concave. Dialypétalie. Pétales ∞. Etamines ∞. Carpelles ∞. Fruit charnu.

Malvacées. — Réceptacle convexe. Gamopétalie légère et union légère de l'androcée et de la corolle. Pétales 5. Etamines ∞. Carpelles ∞. Fruit formé d'achaines.

Tiliacées. — Réceptacle convexe. Dialypétalie. Etamines légèrement 5-adelphes. Etamines ∞. Ovaire 5-loculaire. Fruit sec, indéhiscent. Arbres.

Géraniacées. — Réceptacle convexe. Corolle régulière

ou irrégulière. Dialypétalie. Androcée iso- ou diplos-témoné. Monadelphie. Ovaire 5-loculaire. Loges 2-∞ -ovu-lées. Fruit sec, déhiscent.

Linacées. — Réceptacle convexe. Corolle régulière, 4, 5-mère. Dialypétalie. Androcée diplostémoné ; les pièces d'un verticille réduites à l'état de staminodes. Loges ovariennes 2-ovulées ; les 2 ovules séparés par une fausse cloison. Fruit déhiscent en 8-10 demi-loges.

Polygalacées. — Réceptacle convexe. Calice et corolle irréguliers. Sépales latéraux aliformes. Union légère des pétales entre eux et des étamines entre elles. Androcée 8-andre, diadelphe. Ovaire à 2 loges 1-ovulées. Ovule descendant. Fruit sec.

Euphorbiacées. — Fleurs apétales, unisexuées ou her-maphrodites, ∞-andres. Loges ovariennes uniovulées. Ovule descendant. Fruit sec, 2, 3-coque, déhiscent élas-tiquement. Graine descendante, albuminée, arillée.

Sapindacées. — Fleurs irrégulières, à corolle dialy-pétale, 5-mère. Etamines 7, 8. Ovaire 2, 3-loculaire, à loges 2,3-ovulées. Fruit sec, capsulaire ou ailé. Arbres.

Célastracées. — Fleurs régulières, 4, 5-mères, à corolle dialypétale. Androcée isostémoné, à pièces alternes aux pétales. Ovaires à 4, 5 loges, 2-∞ -ovulées. Arbustes.

Rhamnacées. — Fleurs régulières, 4, 5-mères, à récep-tacle concave. Pétales libres. Androcée isostémoné, à pièces oppositipétales. Ovaire en partie infère, à loges 2-ovulées. Ovule ascendant. Fruit drupacé. Arbustes.

Ulmacées. — Fleurs unisexuées, apétales, isostémonées. Ovaire libre, supère, à 1, 2 loges 1-ovulées. Ovules descendants. Fruits samaroïdes ou drupacés.

Castanéacées. — Fleurs unisexuées, amentacées, apétales, avec ou sans calice infère ou supère. Ovaire supère ou infère, à 2, 3 loges 2-ovulées. Ovules ord. descendants. Fruit sec, souvent enclos dans une cupule. Arbres.

Lythrariacées. — Fleurs régulières, hermaphrodites, à ovaire libre au fond du tube floral qui porte les pétales à sa gorge. Dialypétalie. Iso- ou diplostémonie. Loges ovariennes, 2-∞ -ovulées. Fruit sec. Herbes, à feuilles opposées.

Onagrariacées. — Fleurs régulières, à réceptacle concave. Ovaire infère, à 1, 2 loges 1-∞ -ovulées. Pétales supères, libres ou 0. Herbes vivaces.

Cornacées. — Réceptacle concave. Corolle dialypétale. Androcée isostémoné. Etamines alternipétales. Ovaire infère, à 2 loges 1-ovulées. Ovule descendant, à raphé dorsal. Fruit drupacé. Arbres.

Ombellifères. — Réceptacle concave. Pétales supères, égaux ou inégaux, libres. Androcée isostémoné. Ovaire infère, à 2 loges 1-ovulées. Ovule descendant, à raphé ventral. Diachaine ou rarement fruit charnu. Herbes ou rarement arbustes. Inflorescence ombelliforme.

Rubiacées. — Réceptacle concave. Corolle supère, gamopétale, régulière. Androcée isostémoné. Ovaire infère, 2-loculaire, à ovule ascendant; le raphé ventral, ou descendant; le raphé dorsal. Fruit sec ou charnu, 2-coque. Herbes à feuilles opposées, ord. avec stipules souvent **égales aux feuilles**.

Valérianacées. — Réceptacle concave. Corolle supère, gamopétale, irrégulière. Etamines 1-3. Fruit sec. Graine descendante, non albuminée.

Dipsacacées. — Réceptacle concave. Corolle supère, gamopétale, régulière ou peu irrégulière. Etamines 4, 5. Fruit sec. Graine descendante, albuminée.

Campanulacées. — Réceptacle concave. Corolle supère, gamopétale, régulière ou irrégulière. Anthères rapprochées. Ovaire infère, à loges ∞-ovulées. Fruit sec. Graines ∞, albuminées.

Portulacacées. — Réceptacle concave ou convexe. Sépales 2. Corolle ord. infère, dialypétale, 5-mère. Ovaire infère ou supère, à loges complètes ou incomplètes Ovules 1-∞, campylotropes, insérés sur un placenta basilaire et ascendants. Graines à embryon entourant l'albumen.

Caryophyllacées. — Réceptacle convexe. Sépales 4, 5, libres ou unis. Corolle supère, dialypétale ou nulle. Ovaire supère, à loges incomplètes par résorption des placentas (placentation axile, finalement fausse-centrale). Embryon entourant l'albumen (sauf dans les *Dianthus*).

Elatinacées. — Fleurs 3, 4-mères, à réceptacle convexe. Corolle infère, dialypétale. Androcée diplostémoné. Ovaire supère, à 3, 4 loges ∞-ovulées. Placentation axile. Fruit capsulaire. Graines sans albumen, à embryon droit.

Plantaginacées. — Fleurs 4-mères, à réceptacle convexe. Gamopétalie. Isostémonie. Ovaire supère, 2-loculaire. Ovules 1 ou peu nombreux. Placentation axile. Pyxide

Graines albuminées, à embryon droit ou un peu arqué.
Inflorescence en épi. Feuilles souvent en rosette.

Solanacées. — Fleurs régulières, 5-mères, à réceptacle
convexe. Gamopétalie. Isostémonie. Ovaire supère, 2-locu-
laire ou 4-locellé. Ovules ∞. Fruit charnu ou capsulaire. Graines réniformes, albuminées, à embryon arqué.
Feuilles alternes. Fleurs terminales ou latérales, solitaires ou en cymes.

Scrofulariacées. — Fleurs irrégulières, à réceptacle
convexe. Gamopétalie. Didynamie ou diandrie. Ovaire
supère, 2-loculaire, ∞-ovulé. Fruit capsulaire. Graines albuminées, à embryon droit. Feuilles alternes ou opposées.

Convolvulacées. — Fleurs régulières, à réceptacle convexe. Gamopétalie. Isostémonie. Ovaire supère, à 2, 3
loges, 2-ovulées. Ovules ascendants a micropyle extérieur. Fruit capsulaire. Embryon plissé. Plantes volubiles, à feuilles alternes ou nulles (*Cuscuta*).

Borraginacées. — Fleurs régulières ou irrégulières.
Gamopétalie. Isostémonie. Ovaire supère, à 2 loges,
2-ovulées, partagées en 2 logettes. Ovule à micropyle
supérieur. Style souvent gynobasique. Fruit formé de
1-4 achaines. Feuilles alternes. Cymes scorpioïdes.

Labiées. — Fleurs irrégulières. Corolle labiée. Androcée didyname. Ovaire supère. Style gynobasique. Logettes
ovariennes uniovulées. Ovule ascendant, à micropyle inférieur et extérieur. Fruit formé de 1-4 achaines. Herbes à
branches carrées, à feuilles opposées, à fleurs en glomérules axillaires (**verticillastres**).

Verbénacées. — Fleurs irrégulières. Corolle labiée. Androcée didyname. Ovaire biloculaire, à style apical, non gynobasique. Ovules 4, ascendants. Herbe à branches carrées, à feuilles opposées, à épis terminaux.

Ericacées. — Fleurs régulières, à réceptacle convexe ou concave (*Vaccinium*). Androcée diplostémoné. Ovaire 4-loculaire, à placentas axiles, ∞-ovulés. Fruit sec ou charnu. Petits arbustes ou herbes. Lobes stigmatiques septaux, entourés par le sommet du tube stylaire.

Ilicacées. — Fleurs polygames. Corolle infère, subdialypétale. Androcée isostémoné. Ovaire supère, pluriloculaire. Ovules descendants, à micropyle supérieur et interne. Fruit charnu, drupacé. Arbustes à feuilles coriaces.

Oléacées. — Fleurs régulières. Corolle supère, gamopétale, 4-mère, ou 0. Androcée diandre. Ovaire supère, à 2 loges 2-ovulées. Ovules descendants, à micropyle inférieur et extérieur. Fruit charnu. Arbustes ou arbres.

MONOCOTYLÉDONIE

I. DIALYCARPELLIE

Alismacées. — Fleurs régulières, à 2 périanthes trimères. Hypogynie. Ovules 1-∞. Fruit sec, multiple. Plantes aquatiques.

Naïadées. — Fleurs hermaphrodites ou unisexuées. Périanthe hexamère, tétramère ou nul. Hypogynie. Etamines 1-6. Carpelles 1-6, 1-ovulés. Plantes aquatiques.

Typhacées. — Fleurs unisexuées. Périanthe représenté par des fils ou des écailles hyalines. Carpelles solitaires. Ovule 1, descendant. Plantes aquatiques.

Graminées. — Fleurs hermaphrodites ou unisexuées, en épillets pourvus de glumes et glumelles, sans vrai périanthe. Etamines 2, 3. Ovaire 1-loculaire, surmonté en général de 2 styles plumeux. Ovule 1, ascendant, à micropyle inférieur et extérieur. Caryopse. Plantes généralement terrestres, à feuilles ligulées.

Aroïdées. — Fleurs unisexuées, en spadice, entouré d'une spathe. Ovaire 1-loculaire, pluriovulé. Placentation pariétale ou subbasilaire.

Lemnacées. — Fleurs monoïques, 2-nées, 1-andres. Ovaire 1-loculaire, 1-pauciovulé. Petites herbes aquatiques, réduites à une masse verte, homogène.

II. GAMOCARPELLIE

a. Placentation basilaire

Cypéracées. — Réceptacle convexe. Fleurs unisexuées. Périanthe nul. Etamines 2, 3. Styles 2, 3. Ovaire uniloculaire, à 1 ovule ascendant.

b. Placentation axile

Liliacées. — Réceptacle convexe. Périanthe infère, double. Diplostémonie ou rarement isostémonie.

Amaryllidacées. — Réceptacle concave. Périanthe supère, double. Diplostémonie.

Iridacées. — Réceptacle concave. Périanthe supère, double. Isostémonie.

Hydrocharidacées. — Fleurs unisexuées. Réceptacle concave. Ovaire infère. Périanthe double. Etamines 6-12, en partie stériles. Plantes aquatiques.

c. Placentation pariétale

Orchidacées. — Réceptacle concave. Périanthe supère, irrégulier. Gynandrie. Fruit infère, sec.

Nous allons maintenant donner les caractères distinctifs de tous les genres et espèces de la flore dont il n'a pas été raité dans la première partie.

———

ÉNUMÉRATON DES FAMILLES

Renonculacées

On connait déjà un peu cette famille par l'étude de quelques espèces précoces des genres Ellébore, Renoncule et Anémone (p. 18). Les autres genres communément représentés dans la flore sont les genres Clématite (*Clematis*), Pigamon (*Thalictrum*), Myosure (*Myosurus*), Ancolie (*Aquilegia*), Nigelle (*Nigella*), Populage (*Trollius*) et Dauphinelle (*Delphinium*).

1. CLEMATIS

On distingue de toutes les autres Renonculacées le *C. Vitalba* L. par ses tiges grimpantes, ses feuilles opposées, composées, et ses fleurs à 4 pétales valvaires, blancs, à étamines nombreuses et à carpelles nombreux, uniovulés. Cette liane ligneuse est très commune dans les bois et les haies. Ses fruits portent une longue queue plumeuse.

2. THALICTRUM

Les fleurs de ce genre se distinguent seulement de celles des Clématites par l'imbrication de leur calice pétaloïde, blanchâtre ou jaunâtre. Leurs carpelles renferment un ovule descendant et deviennent des achaines à côtes. Mais les organes de végétation sont très différents : ce sont des herbes vivaces, dressées, à feuilles alternes, divisées en un grand nombre de folioles et à fleurs disposées en grappes terminales, composées de cymes.

Il y en a une espèce commune au bord des eaux, dans les prés humides. C'est le *T. flavum* L., qui atteint près d'un mètre de haut. Son inflorescence est corymbiforme; et ses fleurs, portées par de courts pédicelles, sont jaunâtres, à anthères obtuses au sommet.

On ne trouve que beaucoup plus rarement trois autres espèces du genre qui ont des fleurs à longs pédicelles, lâchement disposées en inflorescence pyramidale ; les anthères apiculées. Ce sont :

Le *T. sylvaticum* Koch (*T. minus* Fl. par., non L.) qui a un long rhizome grêle, rampant, ramifié, stolonifère, et dont les feuilles triternatiséquées ont des folioles à 2, 3 dents généralement obtuses. Ses étamines sont pendantes et ses achaines sont le bord externe droit. Cette plante abonde à Champagne près l'Isle-Adam. On la trouve aussi à Fontainebleau, Malesherbes, Moret, dans la forêt de Hallatte. Elle a été plantée au bois de Boulogne. Elle commence à fleurir en juin.

Le *T. calcareum* Jord., plante plus grande, a un rhizome épais, sans stolons. Ses folioles sont 3-5-lobées, et ses fruits ovoïdes sont à peine atténués aux deux extrémités. On trouve cette espèce dans la forêt de Compiègne, fleurie de juillet à septembre ; et elle a quelquefois été plantée plus près de Paris ; mais sa rareté est extrême.

Le *T. medium* Jacq., analogue aux précédents, à rhizome assez épais, stolonifère ; la tige striée ; les feuilles tripinnatiséquées, plus longues que larges ; les folioles oblongues, cunéiformes ; les anthères dressées. C'est aussi une espèce très rare, qui se trouve à Malesherbes et qui avait été plantée aux bois de Vincennes et de Boulogne, mais qui n'y existe probablement plus.

3. MYOSURUS

Le *Myosorus minimus* L. est une toute petite herbe annuelle, à feuilles basilaires et linéaires, à fleurs verdâtres, pédonculées, qui sont construites comme celles d'une Renoncule (p. 22), mais dans lesquelles le réceptacle qui porte les carpelles est si allongé qu'il ressemble à un épi. Les pétales sont très étroits ; l'ovule descendant, et les achaines très nombreux. C'est dans les moissons qu'il faut chercher cette piante. Elle se trouve, par exemple, à

Trivaux en dehors du bois; elle est commune dans un grand nombre d'autres localités, en pleine floraison dès le mois de mai.

4. AQUILEGIA

L'Ancolie ou Aiglantine (*Aquilegia vulgaris* L.), une de nos plus belles Renonculacées, est remarquable par ses 5 pétales en forme de cornet, ordinairement bleus comme les sépales; ses étamines nombreuses, et ses 5 carpelles ∞-ovulés, qui deviennent des follicules à graines noires. C'est une herbe vivace, à feuilles bi-triternatiséquées; elle est assez commune dans les bois, dans les prés humides les marais. A Meudon, on la trouve en mai-juin près de l'ermitage de Villebon et dans les bas-fonds voisins du chemin qui va des Fonceaux au pavé de Meudon. Elle abonde à Montmorency, Mériel, Chantilly, etc.

5. NIGELLA

Nous n'avons qu'une Nigelle, le *N. arvensis* L., herbe annuelle des moissons. Ses feuilles sont très divisées, à segments linéaires. Ses fleurs, d'un bleu pâle, sont à peu près organisées comme celles des Ancolies. Leurs sépales sont pétaloïdes, et il y a en dedans d'eux de nombreuses étamines. Les plus extérieures sont transformées en staminodes, au nombre de 5-10, à forme singulière de petits cornets nectarifères, bilabiés. Les carpelles ne **sont pas indépendants, mais unis** entre eux dans une grande portion, en un sac qui devient globuleux et membraneux et au centre duquel on voit les graines.

6. TROLLIUS

Ce genre n'est représenté que par le Populage des marais (*T. palustris* H. Bn. — *Caltha palustris* L.), qui ressemble de loin à une Renoncule par sa fleur. Mais les folioles jaunes du périanthe sont les sépales, et il n'y a pas de pétales. De plus, le fruit est formé de follicules analogues à ceux des Ancolies. Le Populage se trouve à Trivaux, dans le marais contigu à l'école d'aérostation militaire. Assez rare aujourd'hui dans la vallée de la Bièvre, à Gentilly, au Plessis-Piquet, il est beaucoup plus commun dans tous les autres marais plus éloignés de Paris.

7. DELPHINIUM

Le Pied-d'alouette des moissons (*D. Consolida* L.) représente communément ce genre et se trouve dans les mêmes conditions que la Nigelle. Ses fleurs sont presque toujours bleues à l'état sauvage, rarement blanches ou roses ; mais elles sont irrégulières, pourvues d'un éperon aigu, et elles n'ont qu'un carpelle à ovules nombreux. C'est une herbe annuelle.

L'Aconit Napel est un autre représentant du même genre (*Delphinium Napellus* H. Bn. — *Aconitum Napellus* L.), vivace, à racine napiforme, et dont l'éperon floral est obtus, en forme de casque. Outre les étamines fertiles, on remarque, du côté du casque, 2 staminodes bleus en forme de bonnet phrygien supporté par une longue baguette. Les carpelles ∞-ovulés sont souvent au nombre de 3. Cette belle plante à fleurs bleues, en grappe, est parfois introduite dans nos bois très voisins de Paris. Spontanée, elle se trouve rarement dans les prés tourbeux, à Mareuil-sur-Ourcq, à Marines, aux environs de Villers-Cotterets, notamment au marais de Silly-la-Poterie.

Revenons maintenant au genre Renoncule et à ceux dont nous avons étudié (p. 18-25) quelques espèces printanières.

RANUNCULUS

On trouve partout, dès le mois de mai, 3 Boutons d'or ou Renoncules proprement dites, à pétales jaunes, qui sont vivaces, ont les feuilles profondément découpées et les fleurs printanières, construites comme celles du *R. auricomus* (p. 22, 23). Ce sont les *R. acris* L., *bulbosus* L. et *repens* L. Voici comment ils se distingueront les uns des autres :

Le *R. acris* a une tige dressée, creuse, des pédoncules floraux lisses, le réceptacle floral glabre et le calice relevé contre la corolle.

Le *R. bulbosus* a une tige dressée, avec portion souterraine renflée en bulbe, des pédoncules cannelés longitudinalement et les sépales réfléchis.

Le *R. repens* a des tiges et branches étalées, s'enraci-

nant sur le sol, des pédoncules cannelés et des sépales
étalés.

Le *R. Chærophyllos* L., espèce beaucoup plus rare que
les précédentes, et qu'on peut trouver cependant en assez
grande abondance sur les pelouses, dans les clairières, etc.,
notamment à Lardy, à Fontainebleau, à la Ferté-Aleps,
à Milly, etc., a les fleurs jaunes des *R. acris, repens* et
bulbosus, à pédoncules lisses, et se distingue surtout aux
nombreux renflements grumeleux de sa portion souterraine et à sa rosette de feuilles basilaires, souvent en
partie détruites au moment de la floraison.

Il y a un deuxième groupe d'espèces vivaces, à fleurs
jaunes, qui se distingue immédiatement du précédent par
des feuilles étroites, allongées, entières, rappelant un
peu celles des Graminées; il est formé des *R. Lingua* L.,
Flammula L. et *gramineus* L. Les deux premiers sont des
Douves, espèces des marais. Le *R. Flammula* (Petite-
Douve) est très commun; il a les pédoncules lisses et les
fleurs assez petites. Le *R. Lingua* (Grande-Douve) a des
pédoncules cannelés et des corolles beaucoup plus
grandes. Il est beaucoup plus rare, surtout aux environs
immédiats de Paris. Le *R. gramineus* est rare aussi. Il y
a des années où il abonde en mai dans la forêt de Fontainebleau, notamment au Mail d'Henri IV, près du
cimetière, entre le champ de courses et la Belle-Croix,
etc. On le trouve aussi à Milly, Malesherbes, Ermenonville, etc. Il croît dans les lieux secs. Son rhizome est
épais, couronné des débris d'anciennes feuilles. Les nou-

velles feuilles sont glauques; les fruits sont unis en masse ovoïde et irrégulièrement ridés.

Un petit groupe distinct est constitué par le seul *R. sceleratus* L., herbe vivace, aquatique. assez commune dans la vase des mares, même à Meudon. Sa tige est fistuleuse; ses feuilles, palmatipartites. Ses fleurs, très nombreuses et petites, ont un réceptacle globuleux, saillant, portant de nombreux achaines finement ridés.

Le *R. arvensis* L. est le type d'un autre petit groupe formé d'herbes annuelles. Ses fleurs sont d'un jaune pâle. Ses carpelles ne sont pas nombreux ; ils divergent en étoile et sont terminés par un long bec subulé et droit. Ils sont hérissés sur leurs faces d'aiguillons aigus. Cette plante est très commune dans les moissons. On en distinguera facilement une autre espèce annuelle, rarissime, le *R. parviflorus* L., qui a les mêmes caractères, mais dont les carpelles sont surmontés d'un bec triangulaire, aplati et arqué.

Le *R. sardous* Crantz (*R. philonotis* Ehrh.), également annuel et assez commun dans les champs et les lieux humides non calcaires, a des achaines petits et lenticulaires, disposés en assez grand nombre en tête; leurs bords sont garnis d'un ou quelques rangs de tubercules.

On n'observera que rarement les *R. nemorosus* DC. et *nodiflorus* L. Ce dernier se récolte ordinairement à Fontainebleau, dans les mares, les creux des roches siliceuses, à Franchart, à la Belle-Croix, etc. On le trouve aussi près de Nemours, à la Ferté-Aleps, etc. C'est une toute

petite herbe annuelle, très ramifiée, qui a des feuilles
entières ou dentelées, et dont les petites fleurs sont en
cymes dichotomes. Les achaines sont en petit nombre et
tuberculeux.

Le *R. nemorosus* DC. est au contraire une espèce vivace,
analogue aux *R. repens*, *bulbosus*, etc., avec un rhizome
épais, des feuilles palmatipartites et trilobées, dont les
divisions ne sont pas pétiolulées. Les achaines ont le bec
plus ou moins enroulé. Cette plante, très variable de
forme, se rencontre dans les bois, parfois dans les lieux
humides et herbeux.

On nomme *Batrachium* des Renoncules aquatiques,
à fleurs blanches, dont quelques-unes sont très communes
dans nos cours d'eaux, notamment les *R. aquatilis* L. et
fluitans L. Très variables de forme, elles sont cependant
faciles à distinguer l'une de l'autre. Le *R. aquatilis* a son
réceptacle floral hérissé de poils, tandis que celui du
R. fluitans est glabre. Le premier a deux sortes de feuilles ;
les inférieures découpées en lanières capillaires, et les
supérieures pétiolées, orbiculaires et réniformes.

Il y a deux autres *Batrachium* plus rares que les précédents, les *R. trichophyllos* CHAIX et *divaricatus* SCHRANCK.
Ils ont tous deux toutes les feuilles découpées en lanières
comme le *R. fluitans* ; mais le *R. trichophyllos* s'en distingue en ce que les gaines de ces feuilles adhèrent au
pétiole dans ses deux tiers inférieurs. Dans le *R. divaricatus*, les caractères floraux sont ceux du *R. aquatilis* ;
mais les **feuilles sont toutes sessiles, et elles ne se réunis-**

sent pas hors de l'eau en une sorte de pinceau, comme elles font dans le *R. aquatilis*.

Le *R. hederaceus* L. est une petite espèce des ruisseaux vaseux, qui n'a des feuilles que d'une sorte : toutes réniformes, largement 5-lobées. Ses pédoncules floraux sont très courts. C'est une plante rare, qu'on récolte à Saint-Léger, Marcoussis, Montfort-l'Amaury; dans l'Oise, etc.

Plus rare encore est le *R. tripartitus* DC. On le trouve, dès la fin d'avril, dans les mares de la forêt de Fontainebleau, notamment à Franchart. Il a des feuilles dimorphes, comme le *R. aquatilis* : son réceptacle est aussi hérissé de poils. Mais ses très petites fleurs n'ont que 5-10 carpelles, et ses gaines foliaires sont unies au pétiole dans son tiers inférieur seulement.

Le *R. hololeucos* LLOYD est aussi une des raretés des mares de Fontainebleau ; il a des feuilles dimorphes, les fleurs du *R. aquatilis*, à réceptacle hérissé; les pétales totalement blancs; tandis que le *R. confusus* GODR., très rare à Belle-Croix, dans la même forêt, a les pétales tachés de jaune à la base, avec tous les autres caractères du précédent, mais des pédoncules deux fois plus longs que les feuilles (ils ne les dépassent guère dans le *R. hololeucos*).

ANEMONE

Nous avons vu (p. 23) qu'on trouve au premier printemps **3 Anemone, qui sont les *A. nemorosa, ranunculoides* et**

Hepatica. Un peu plus tard, on rencontrera 2 *Anemone* proprement dits, vivaces, à plus grandes fleurs, les *A. Pulsatilla* L. et *sylvestris* L., et 3 espèces de la section *Adonis*, à fleurs petites et à tiges annuelles.

La Pulsatille est une espèce à belles fleurs violettes, dont le calice est pétaloïde et dont les étamines sont jaunes. En dehors d'elles sont des staminodes ténus. Les achaines sont nombreux et surmontés d'une longue queue plumeuse, comme ceux de la Clématite. Cette plante croit dans le sable et fleurit en mai ou un peu avant. Elle abonde à à Ermont contre la voie ferrée, à Fontainebleau et dans un grand nombre d'autres localités, mais elle est devenue très rare aux environs immédiats de Paris.

L'*A. sylvestris* L. est bien plus rare encore. C'est une espèce à grand calice blanc, soyeux en dehors, à achaines rapprochés en boule laineuse. Elle se trouve à Fontainebleau, entre le chemin de fer et le champ de courses, à Bouron, aux environs de Dreux, et à Saint-Sauveur près Compiègne.

Les *Adonis* de notre flore ont de 10 à 25 folioles au périanthe ; les intérieures rouges ou rarement jaunes ; les 5 extérieures plus ou moins verdâtres. Leurs achaines à bec court ont une graine souvent, mais non constamment, ascendante ; et c'est là surtout ce qui servait jadis à séparer ces plantes des Anémones. Une des trois espèces est commune dans nos moissons : c'est l'*A. æstivalis* L., d'un rouge orangé ou rarement jaune, qui a les folioles **extérieures du périanthe glabres, l'ensemble des** carpelles ovale-oblong, le bord supérieur du carpelle pourvu en haut de 2 dents, et l'inférieur d'une seule en bas. Les *A. flammea* Jacq. et *autumnalis* L. sont plus rares. Le premier a les folioles extérieures du périanthe velues ; et le dernier les a glabres, comme celles de l'*A. æstivalis* ; mais ses carpelles ont un bord supérieur gibbeux et dépourvu de dents.

Rosacées

POTENTILLA

Nous connaissons déjà les caractères de deux Potentilles vernales (p 25). Le genre en comprend 6 autres espèces, dont 4 sont communes. C'est d'abord le *P. Tormentilla* Sibth. (*Tormentilla erecta* L.), herbe vivace, grêle, très commune, à fleurs jaunes, rappelant celles du *P. verna*, mais normalement tétramères.

Le *P. reptans* L. a aussi des fleurs jaunes, analogues à celles du *P. verna*, et 5-mères comme les siennes. Ses feuilles sont digitées et 5-foliolées (Quintefeuille). Mais ses tiges flagelliformes s'étalent en rampant sur le sol et s'y enracinent, et le calice est entouré d'un calicule plus long que lui, tandis qu'il est plus court dans le *P. verna*.

Le *P. argentea* L. a les fleurs jaunes des *P. reptans* et *verna*, et leurs feuilles digitées à 5 folioles ; mais celles-ci **sont chargées en dessous d'un duvet argenté ; et les** pétales dépassent à peine le calice. Ils sont à peine échancrés au sommet, tandis que ceux du *P. verna* sont nettement échancrés au cœur. Les branches aériennes sont ascendantes, au lieu de ramper comme celles du *P. reptans.*

Le *P. anserina* L. (Herbe-aux-oies) a les fleurs jaunes du *P. reptans*, mais ses feuilles argentées sont longuement imparipennées.

Il y a dans ce genre 4 espèces rares :

Le *P. Comarum* Scop. (*Comarum palustre* L.), herbe vivace des marais, à 5-7 folioles, à pétales d'un rouge sombre. On le trouve à Saint-Léger, Rambouillet, Montfort-l'Amaury, etc.

Le *P. splendens* Ram., herbe vivace des bois sablonneux, qui a des feuilles 3-foliolées et des fleurs de Fraisier ou de *P. Fragaria*, à pétales blancs, une fois plus longs que les sépales. Il est devenu rare au Vésinet et se récolte encore à Sénart, à Ermenonville, à Fontainebleau, à Séguigny, etc.

Le *P. supina* L., qui a des feuilles pennées et des fleurs jaunes, comme celles du *P. anserina*, mais dont les feuilles n'ont que 7-11 folioles et sont vertes sur les deux faces. Les pétales égalent à peine les sépales. C'est une herbe annuelle du bord des eaux, aux étangs de Saint-Hubert, de Saint-Quentin, du Trou-Salé, etc.

Le *P. mixta* Nolte, qu'on croit être un hybride des *P. Tormentilla* et *reptans*. Il a le port de ce dernier et des feuilles 3-5-foliolées. Ses fleurs sont 4-ou-5-mères. Ses

tiges sont radicantes ; ses feuilles sont pétiolées et non
sessiles, comme celles du *P. Tormentilla*, et ses carpelles
sont tuberculeux. On l'a récolté à Rambouillet et à Villers-
Cotterets, dans les bois humides.

FRAGARIA

Un Fraisier a les caractères d'une Potentille, sinon que
le réceptacle qui porte les carpelles devient charnu au
lieu de demeurer sec. Il y a un F. sauvage très commun,
le *Fragaria vesca* L. Son calice persiste au-dessous du
réceptacle et s'étale ou se réfléchit. Ses feuilles ont 3 folioles, et les latérales sont sessiles. Ses fleurs sont supportées par des pédicelles sur lesquels s'appliquent les
poils dont ils sont chargés.

Le *F. elatior* Ehrh. (*F. magna* Thuill.) est bien plus rare :
il a les folioles latérales de ses feuilles supportées par un
pétiolule, et les poils de ses pédicelles sont étalés. Cette
plante abonde à Meudon, près de Villebon, à Viroflay, au
bois de Satory, à Saint-Germain, etc.

Le *F. collina* Ehrh., peu commun, à Saint-Germain, à
Fontainebleau, etc., a un calice qui se redresse et s'ap-
plique contre le réceptacle fructifère. C'est une plante
à stolons souvent plus développés que dans les espèces
précédentes. Ces stolons portent des écailles dans les
intervalles de leurs groupes de feuilles dans une variété
que l'on a nommée *F. Hagenbachiana*, et qui est rare à
Saint-Germain, Fontainebleau, etc.

GEUM

Les Benoîtes (*Geum*) ont les mêmes fleurs que les Fraisiers et les Potentilles, avec des pétales jaunes ou rougeâtres. Leur réceptacle fructifère est sec comme celui des Potentilles. Leur ovaire renferme un ovule descendant et non ascendant, et leur style s'allonge dans le fruit en arête plumeuse.

Il y a un *Geum* très commun tout l'été, dans les bois, les haies et les buissons, à petites fleurs d'un jaune clair; c'est le *G. urbanum* L. (Benoîte).

Le *G. rivale* L., beaucoup plus rare, a des fleurs plus grandes, à corolle plus rougeâtre, veinée. Elles sont penchées, et leurs pétales sont égaux au calice. On a observé cette espèce aux environs de l'Isle-Adam, près de Gisors, dans quelques localités de l'Oise, etc.

On considère comme un hybride des deux précédents le *G. aleppicum* Jacq. (*G. intermedium* Ehrh.), très rare, près de Gisors, et qui diffère du *G. urbanum* par des fleurs penchées et un calice rougeâtre, horizontal et non réfléchi.

RUBUS

Les fleurs des Ronces sont construites comme celles des Potentilles, Fraisiers et Benoîtes, sans calicule; les ovules descendants; et leur fruit est multiple, formé de drupes. Ce sont des plantes pourvues d'aiguillons, à feuilles 3-5-foliolées. On a beaucoup multiplié le nombre des espèces de ce genre ; nous les réduirons aux suivantes :

Presque partout on trouve le *R. cæsius* L., espèce peu élevée, à tige arrondie ou obtusément anguleuse. Ses feuilles ont des folioles latérales sessiles, et la terminale est cunéiforme. Le calice est glanduleux, et les pétales blancs sont chiffonnés. Les inflorescences sont pauvres, et le fruit est d'un noir bleuâtre, chargé d'une poussière glauque. D'où le nom de Ronce bleuâtre.

Le Framboisier (*R. idæus* L.) est un peu moins commun, abondant cependant dans les bois humides, Meudon, etc. Il est frutescent, traçant, et ses branches aériennes sont de deux sortes : ou stériles, à feuilles pennatiséquées, 5-mères ; ou fertiles, dressées, à feuilles palmatiséquées, 3-mères. Le fruit est rouge ou rarement jaune, et on le détache facilement du réceptacle central, blanc et dur.

Les autres Ronces de notre flore étaient jadis confondues sous le nom de *R. fruticosus* L. Aujourd'hui, cette ancienne espèce a été décomposée par plusieurs auteurs en plus de cent types secondaires. D'autres, au contraire, la maintiennent comme unique. Ceux-là même cependant ne peuvent se dispenser d'y distinguer des formes ou, à volonté, des variétés ou des espèces, peu rares en général, dont voici le tableau dichotomique :

Tiges { anguleuses à 5 faces. 3
{ cylindriques ou peu anguleuses 1

1. Folioles latérales { sessiles. . . *R. dumetorum* W. et N.
{ pétiolulées . . . 2.

2. {
  Pétiole canaliculé ; cyme assez dense, à axes dressés. Calice redressé autour du fruit.   *R. hirtus* W. et N.

  Pétiole arrondi ; cyme lâche, à axes étalés. Calice finalement réfléchi . . . .   *R. glandulosus* DELL.
}

3. {
  Feuilles vertes en dessous. Sépales bordés de blanc . .   *R. fastigiatus* W. et N.

  Feuilles blanches en dessous. Sépales non ou peu bordés.   4.
}

4. {
  Faces de la tige canaliculées. Pétiole canaliculé. Folioles oblongues-rhomboïdales . .   *R. tomentosus* BORCKH.

  Faces de la tige planes ou à peu près. Pétiole arrondi ou plan en dessus. Folioles ovales-arrondies. . . . . .   *R. rusticanus* MERC.
}

A Compiègne, au carrefour de Clavières, près les mares dites de Saint-Louis, on va chercher une petite espèce très rare, le *R. saxatilis* L., qui a une courte tige herbacée, avec des branches fertiles et stériles, des feuilles palmatiséquées, à 3 folioles rhomboïdales, avec des stipules caulinaires (et non foliaires), un réceptacle floral discoïde, portant 2-6 grosses drupes rouges qui se détachent facilement.

ROSA

Tout le monde connaît les Rosiers, arbustes à aiguillons, feuilles **composées-pennées**, avec stipules pétiolaires, et à fleurs dont le réceptacle, en forme de gourde, porte sur ses bords 5 sépales, 5 pétales, de nombreuses étamines ; et, dans sa cavité, de nombreux ovaires indépendants, à ovule fertile descendant, à style plus ou moins collé avec ceux des autres carpelles et sortant plus ou moins longuement de la poche réceptaculaire. Celle-ci devient charnue, rouge ou noire dans le fruit, et enveloppe de nombreux achaines.

Il y a dans notre flore deux *Rosa* très communs partout : le *R. arvensis* Huds. (*R. repens* Scop.) et le *R. canina* L., l'Églantier de nos haies. Le premier, très répandu dans les bois où il fleurit en juin-juillet, est grêle, à fleurs blanches, à peu près inodores, et se distingue surtout par ses styles qui sortent longuement entre les étamines, sous forme de colonne grêle à extrémité renflée. Le *R. canina*, plus grand, plus robuste, à aiguillons arqués et puissants, a des fleurs blanches ou roses, odorantes, des styles courts, qui ne se dégagent pas longuement du milieu des étamines et qui sont distincts, hérissés. Ses feuilles sont simplement dentées. Cette espèce a de nombreuses variétés, notamment le *R. sepium* Thuill., qui a aussi été distingué comme espèce et qui a des pétioles glanduleux, avec des glandes odorantes sur les folioles.

Un peu moins commun que les précédents est le *R. rubiginosa* L., qui doit son nom de Rosier-pomme à sa forte odeur de reinette. Ses corolles, un peu plus petites, sont d'un rose vif ; et ses styles, courts comme ceux du

R. canina, sont velus. Ses fruits rouges portent le plus souvent des poils glanduleux capités.

Il y a dans nos environs 4 autres espèces qui sont rares ou très rares.

Le *R. spinosissima* L. (*R. pimpinellifolia* DC.), petite plante chargée d'aiguillons grêles et sétacés, à feuilles glabres, avec 5-9 petites folioles ; à fleurs généralement blanches (rarement roses), odorantes, solitaires ; à fruits globuleux et déprimés, finalement bruns. Cette espèce abonde à Fontainebleau, notamment entre le champ de courses et la voie ferrée, et dans bien d'autres bois secs, à Malesherbes, Nemours, etc.

Le *R. micrantha* Sm. (*R. nemorosa* Lib.), qui a les folioles petites aussi, mais doublement dentées, et dont les tiges portent des aiguillons épais et arqués. Les feuilles ont des glandes odorantes nombreuses, de même que les sépales qui tombent de bonne heure. Les fruits ovoïdes sont souvent hérissés de glandes. On trouvait jadis cette rare espèce à Meudon ; il faut l'aller récolter à Malesherbes, Saint-Léger, etc. Sa corolle est d'un rose pâle.

Le *R. stylosa* Desvx (*R. systyla* Bast.) a des branches dressées, avec aiguillons épais et arqués, des feuilles simplement dentées, des fleurs blanches ou roses. Ses sépales sont pennatiséqués et caducs. Les styles sont unis en une colonne plus courte que les étamines. Cette rare espèce a été trouvée à Ville-d'Avray, Nanteuil, etc.

Le *R. tomentosa* Sm. a des tiges robustes, des aiguillons droits, subulés, grêles ; des feuilles tomenteuses, grisâtres en dessous, des fleurs d'un rose tendre, à pédoncules hérissés. Rare à Meudon, cette plante l'est moins à Fontainebleau, Villers-Cotterets, Nemours, Montereau, Compiègne, etc.

AGRIMONIA

Les fleurs, construites au fond comme celles des Rosiers, ont un réceptacle de même forme, mais qui demeure sec et est chargé d'aiguillons crochus. Il ne renferme que quelques carpelles.

L'espèce commune est l'*A. Eupatoria* L., vivace, à pétales jaunes, à inflorescence racémiforme, à feuilles obtuses, formées de 5-15 segments.

L'*A. odorata* MILL., bien plus rare que le précédent, et qui en est peut-être une variété, a un réceptacle floral hémisphérique-campanulé, tandis qu'il a la forme d'un cône renversé dans l'*A. Eupatoria*. Ses feuilles sont glanduleuses en dessous et exhalent une odeur térébenthinée. Dans l'*E. Eupatoria*, le parfum est celui de certains fruits. Il y a sur le réceptacle de ce dernier des sillons qui en occupent à peu près toute la hauteur, tandis qu'ils n'en atteignent que la moitié dans l'*A. odorata*.

CYDONIA

De la même série que les *Pyrus* (p. 29), ce genre en diffère par ses carpelles pluriovulés. Il n'est représenté que par un arbre cultivé, naturalisé, le *C. vulgaris* T. (*Pyrus Cydonia* L.), à grandes fleurs rosées, à gros frui-

odorant, jaune (Coing), surmonté des sépales persistants et dentelés.

CRATÆGUS

Ce genre, avec la fleur organisée comme celle des *Pyrus*, a un réceptacle plus ou moins turbiné et un fruit à œil large, entouré des sépales foliacés ou marcescents. Le drupe a un noyau pluriloculaire ou plusieurs noyaux (1-5) uniloculaires, très durs, osseux, monospermes. Notre Aubépine commune (*C. Oxyacantha* L.), en est le type. On connaît ses fleurs blanches ou rosées et ses fruits rouges. Ils ont 2, 3 noyaux, comme le gynécée avait 2, 3 styles. Le *C. monogyna* Jacq., qui n'en est peut-être qu'une variété, n'a qu'un style et qu'un noyau. Le Néflier, ou *C. germanica* H. Bn (*Mespilus germanica* L.) est une espèce à grandes fleurs; les sépales foliacés, et à grands fruits, pourvu d'un large œil et de cinq noyaux. C'est un arbuste commun dans nos bois, surtout à quelque distance de Paris. Son fruit, la Nèfle, se mange quand il est blet.

On a planté sur les bords de la Marne, entre la rivière et le canal latéral, une belle espèce américaine à longues épines un peu arquées, le *C. Crus-galli* L.

On rapporte ordinairement aujourd'hui aux genres *Pyrus* ou *Cratægus* les Sorbiers (*Sorbus*). Le S. des oiseleurs ou des oiseaux, dont on connaît les nombreux petits fruits rouges et globuleux, est le *Pyrus aucuparia* Gærtn. (*Sorbus aucuparia* L.). Il a l'endocarpe peu résistant et 2-4-loculaire. C'est un arbre fréquemment cultivé et qu'on trouve çà et là dans nos bois; à feuilles pennatiséquées et à bourgeons tomenteux.

Le Cormier est un autre *Pyrus* de la section *Sorbus*, le *P. Cormus* H. Bn (*Sorbus domestica* L. — *Cormus domestica* Spach). Il se distingue du précédent par ses gros fruits pyriformes, bruns et légèrement pruineux, qui sont comestibles; ce qui fait que ce bel arbre, à bourgeons glabres et glutineux, est assez souvent cultivé. Il paraît spontané dans nos bois.

L'Alisier de Fontainebleau, qui ne se trouve à l'état spontané que dans cette forêt, est le *Cratægus latifolia* Lamk et le *C. dentata* Thuill. C'est le *Pyrus latifolia* H. Bn (*P. intermedia* Ehrh.), petit arbre à feuilles ovales, incisées-lobulées, avec les divisions inférieures plus grandes que les supérieures, un duvet blanchâtre en dessous, et des fruits sphériques, orangés, sucrés et comestibles.

Il ne faut pas confondre cette espèce, comme on le fait souvent, avec le *P. torminalis* Ehrh. (*Sorbus torminalis* Crantz), qui se trouve dans la même forêt, mais aussi dans la plupart de nos autres bois et qui est un bien plus grand arbre, à feuilles ovales-rhomboïdales, vertes sur les deux faces, palmatilobées, avec les lobes inférieurs du limbe plus larges. Son fruit ovoïde est brun, taché de jaune, à saveur acidulée.

AMELANCHIER

Ce genre est voisin du précédent. Il s'en distingue en

ce que la paroi dorsale de ses ovaires s'avance entre les deux ovules collatéraux, de façon à former une logette incomplète pour chaque ovule et, par suite, pour chaque graine. Il en résulte que son fruit compte 10 compartiments membraneux et monospermes. Il est presque globuleux, gros comme un pois, d'un noir bleuâtre, avec un petit œil apical, dans l'*A. vulgaris* MŒNCH, petit arbuste à jeunes rameaux pubescents, à feuilles elliptiques, dentées ; à jolies fleurs blanches, qui s'épanouissent en mai. C'est à Fontainebleau surtout qu'on récolte cette jolie plante ; elle croit aussi dans les roches à Nemours, Malesherbes, Bonneville, Maisse, Dhuison, Beauregard, Compiègne, La Roche-Guyon, les Andelys, etc.

SPIRÆA

Ce genre se distingue de tous ceux de la famille des Rosacées par ses carpelles polyspermes. Ils sont libres, au nombre de 5 ou moins. Ce sont tantôt des arbustes, et tantôt des herbes vivaces, comme sont les véritables espèces indigènes de notre flore.

Le *S. hypericifolia* L., qui est suffrutescent, à souche traçante, avec des feuilles obovales et crénelées en haut, à fleurs blanches et à carpelles glabres, est, en effet, une plante introduite, et c'est à tort qu'on l'a longtemps indiqué comme spontané sur la Colline de la Justice à Malesherbes, sa localité classique. Il y a été planté, ainsi qu'à Saint-Germain, aux environs de Versailles, à Thury-en-Valois et bien ailleurs.

L'Ulmaire et la Filipendule, espèces vivaces, sont au contraire bien spontanées : la première (S. *Ulmaria* L.), est plus connue sous le nom de Reine-des-prés, abondante dans les marais, au bord des eaux. Elle atteint un mètre et plus, a des branches aériennes dressées, portant des feuilles pennatiséquées, souvent argentées en dessous, à larges segments irréguliers et dentés. Ses fleurs, blanches, odorantes, forment une grande cyme terminale, composée et corymbiforme. Ses fruits s'enroulent en spirale.

La Filipendule (S. *Filipendula* L.) est un peu moins commune. A Fontainebleau, les pelouses en sont souvent tachées de blanc, aux mois de juin et juillet. Ailleurs aussi elle abonde sur les coteaux secs. Son nom vient des renflements tubériformes que portent ses racines. Ses feuilles, presque toutes basilaires, sont pinnatifides-incisées, vertes des deux côtés. Ses cymes corymbiformes ne s'élèvent guère qu'à un demi-mètre au plus.

ALCHEMILLA

Ce sont des petites Rosacées herbacées, de la série des Agrimoniées. Elles ont des fleurs très petites, verdâtres, apétales. Leur réceptacle a la forme d'un sac sur les bords duquel se voit un petit périanthe double, 4-mère. Il représente les sépales et leurs stipules alternes, plus extérieures. A sa gorge aussi sont les étamines, au nombre de 1-4, superposées aux stipules. Au fond du réceptacle s'insèrent un ou quelques carpelles, uniovulés, à style gynobasique. Le fruit est sec.

Nous en avons deux espèces : l'une annuelle, très petite, à feuilles divisées en lobes étroits et 3-5-fides, à fleurs pourvues de 1, 2 étamines et 1, 2 carpelles. C'est l'*A. arvensis* Scop. (*Aphanes arvensis* L.), très commun dans nos moissons, sur nos pelouses, où il fleurit tout l'été. L'autre est rare, vivace, à feuilles réniformes, 5-9-lobées, dentées, à fleurs pourvues d'un seul carpelle et de 4 étamines à filet articulé. C'est l'*A. vulgaris* L. (Pied-de-Lion, P.-de-Griffon), qu'on va chercher à Villers-Cotterets, à Halincourt et qui se trouve çà et là dans les bois de l'Oise.

SANGUISORBA

Ce genre, également de la série des Agrimoniées, est représenté par deux herbes vivaces, à fleurs hermaphrodites ou polygames, tétramères, apétales, groupées en épis dentés, ovoïdes ou oblongs. Leurs feuilles sont alternes et composées-imparipennées. L'une d'elles est très commune et connue de tous : c'est la Pimprenelle (*Sanguisorba Poterium* H. Bn. — *Poterium Sanguisorba* L.), potagère, croissant partout sur les coteaux, dans les prairies. Ses feuilles ont jusqu'à 17 ou 18 folioles. Ses fleurs rougeâtres ont jusqu'à 30 étamines pendantes quand elles sont mâles; et les femelles n'ont que 2 carpelles uniovulés qui existent aussi au centre des fleurs hermaphrodites.

Le *S. officinalis* L. est une herbe fort rare des prairies marécageuses. On le recueille surtout sur les bords du Loing, à Nemours, Moret, Thurelles, près de Château-Landon, de Provins, etc. Ses fleurs, hermaphrodites en général, n'ont que 4 étamines courtes et un seul carpelle. Elles sont d'un pourpre foncé, en épis oblongs ou sub-globuleux ; et ses feuilles ont jusqu'à 15 folioles oblongues, dentées, coriaces, glauques en dessous.

Légumineuses

Nous connaissons déjà quelques plantes précoces de cette famille, caractérisées par leur corolle papilionacée et leur fruit en forme de gousse (p. 30). Toutes celles de notre flore, et il y en a beaucoup, sont dans le même cas.

Quelques-unes, comme l'Ajonc, qui nous est déjà connu, ont les étamines monadelphes. Quand ce ne sont pas des *Ulex*, ce sont des Genêts (*Genista*), des Bugranes (*Ononis*) ou des *Anthyllis*, genres de la série des Génis-tées ou de groupes voisins.

GENISTA

Dans tous nos bois non calcaires, dans les landes, les

bruyères, sur les coteaux arides, on voit fleurir dès l'été
le Genêt à balais (*Genista scoparia* Lamk. — *Spartium sco-*
parium L. — *Sarothamnus scoparius* Koch. — *S. vulgaris*
Wimm.). arbrisseau rameux, à rameaux grêles, à petites
feuilles : les inférieures 3-foliolées ; les supérieures 1-folio-
lées, avec des grappes lâches de belles fleurs d'un jaune
d'or ; à gousse noire et hérissée de poils. Il n'a pas de
piquants comme l'*Ulex*, mais il a, comme lui, un calice
à 2 lèvres, courtes : l'une à 2 et l'autre à 3 dents.

Les Genêts proprement dits n'ont que des feuilles
réduites à une foliole, et leur surface stigmatique ne
termine pas le style ; elle occupe son bord interne. Ils ont
tous des fleurs jaunes. L'un d'eux seul est assez commun :
le *G. tinctoria* L., à rameaux dressés, à pédicelle floral
plus court que le calice. Il se trouve au bord des bois,
dans les gazons et les friches, etc.

Le *G. anglica* L., dont il a déjà été question (p. 31),
est plus rare.

Le *G. pilosa* L., plus rare encore, a des feuilles repliées
en deux et canaliculées. Sa corolle est pubescente. Il y a
des coteaux arides qui en sont couverts, à Lardy, à Fontainebleau, à Nemours, à Malesherbes, etc. L'odeur de
ses fleurs est délicieuse.

Le *G. sagittalis* L. est plus commun dans les bois. Ses
branches sont dilatées en 2-4 ailes longitudinales foliacées.

Les *G. Halleri* Reyn. et *germanica* L. sont deux raretés.
Le premier se trouve à Mantes, aux Andelys, à la Roche-

Guyon, sur les coteaux calcaires; il a des tiges radicantes, des feuilles obovales-oblongues et des pédicelles trois fois égaux au calice. Le dernier se récolte près de Nemours, au Bois de l'Abbesse; il est épineux, comme le G. *anglica;* mais ses divers organes sont velus : branches, feuilles, corolle et fruit.

Les Genêts de la section *Cytisus* ont des feuilles 2-foliolées et une surface stigmatique reportée vers le bord externe du style. On connait de cette section le Faux-Ebénier (*G. Laburnum* H. BN. — *Cytisus Laburnum* L.), arbre d'ornement, vénéneux, planté dans nos parcs et jardins. La seule de nos espèces indigènes est le *G. supina* H. BN (*Cytisus supinus* L.), joli petit sous-arbrisseau couché, à 2-5 fleurs rapprochées au sommet des rameaux, qu'il faut aller cueillir à Malesherbes, à la Butte de la Justice, ou à Nemours. Provins, etc.

ONONIS

Ce genre se distingue à son calice gamosépale, campanulé, avec 5 divisions peu inégales. Son style est coudé, capité. Son fruit est court et renflé, à graines peu nombreuses.

Il y en a un très commun, à fleurs roses et à rameaux souvent épineux, qui pousse au bord des chemins, des champs, dans les prairies; c'est l'*O. repens* L., l'Arrête-bœuf ou Bugrane commune. Ses formes sont multiples.

Deux autres espèces plus rares ont des fleurs jaunes.

L'une est l'*O. Natrix* L., visqueux, à corolle dépassant le
calice, à fruit longuement exsert, à pédicelle égal au tube
calicinal. Il abondait à Saint-Maur, et on le trouve dans
les bois et sur les coteaux arides. L'autre est l'*O. Columnæ*
ALL., dont les pédicelles sont plus courts que le tube ; la
corolle et le fruit ne dépassent pas le calice. Il croit à
Lardy, Fontainebleau, Malesherbes, Etampes, Nemours,
Dreux, aux Andelys, etc.

ANTHYLLIS

L'*A. Vulneraria* L., plante qui fait partie des Thés
suisses, a un calice tubuleux, puis vésiculeux, à dents
courtes, des fleurs jaunes en épis courts, insymétriques,
une gousse courte à 1-2 graines. C'est une petite herbe à
feuilles imparipennées, des prés secs, des coteaux arides.
Elle se trouve à Vincennes, dans les gazons, en face la
Porte-Jaune et dans bien d'autres endroits.

Les autres Papilionacées, à étamines diadelphes, dont
9 unies en gouttières, et la dixième, petite et libre, au dos
de la fleur, sont des Viciées, Phaséolées, Galégées, Lotées, Trifoliées ou Hédysarées. Il faut d'abord se pénétrer
des caractères distinctifs de ces 6 séries.

Les *Viciées* sont des herbes à feuilles paripennées ; leur
nervure médiane terminée par une soie courte ou plus
souvent par une vrille ; les folioles souvent denticulées au
sommet. La gousse est bivalve. (Représentées dans notre
flore par les genres **Vicia, Lens, Lathyrus, Pisum.**)

Les *Phaséolées* sont des herbes à feuilles pennées, souvent 3-foliolées, souvent pourvues de stipelles : les tiges souvent volubiles ; les fleurs en grappes ou en fascicules ; l'androcée et le fruit comme dans les Viciées. A cette division appartiennent les Haricots (*Phaseolus*).

Les *Galégées*, ligneuses ou herbacées, dressés ou volubiles, ont des feuilles pennées, des fleurs en grappes, des étamines 2-adelphes, ou dans toute leur étendue ou, seulement à la base. Tels sont les *Robinia*, *Colutea* et *Astragalus*.

Les *Lotées* sont herbacées chez nous, à feuilles pennées, 3-∞-foliolées ; les fleurs à pédoncules généralement axillaires ; les étamines 1-2-adelphes. Chez nous, le groupe comprend les *Lotus* et aussi, pour beaucoup d'auteurs, les *Anthyllis* (p. 137).

Les *Trifoliées* sont herbacées, à feuilles pennées, rarement digitées, 3-foliolées ; les folioles souvent denticulées. Les fleurs sont en grappes, en épis, ou solitaires ; les pédoncules généralement axillaires. Cette série renferme les *Trifolium*, *Medicago*, *Melilotus*, *Trigonella* et, pour bien des auteurs, les *Ononis* (p. 136).

Les *Hédysarées* ont les caractères des 4 séries précédentes, dans la fleur et l'inflorescence. Mais leur gousse est en lomentacée, se séparant transversalement à la maturité en articles monospermes. C'est ce qui s'observe chez les *Onobrychis*, *Coronilla*, *Ornithopus* et *Hippocrepis*.

VICIA

Ce genre (p. 32) se distingue dans sa série par les ailes de la corolle adhérentes à la carène, par la gaine de l'androcée à orifice oblique, par le style grêle ou courtement comprimé en haut, portant au sommet un faisceau dorsal de poils ou poilu tout à l'entour. Ovules 2-8. Voici le tableau dichotomique qui permet de distinguer les uns des autres les divers *Vicia* de notre flore :

1 { Sépales à peu près aussi longs que les pétales . . . . 2 / Sépales longuement dépassés par les pétales 3

2 { Fruit velu. Graines subglobuleuses *V. hirsuta* KOCH. / Fruit glabre. Graines lenticulaires *V. Lens* COSS.

3 { Grappes ∞-flores, ou rarement fleurs solitaires ; le pédoncule commun bien plus long qu'une fleur . . . . 8 { Fleurs solitaires; ou 2-nées, rarement 3-9 en grappes, sur un pédoncule commun plus court qu'une fleur 8

4 { Fleurs 1-4 en haut du pédoncule *V. tetrasperma* MOENCH. / Fleurs en grappes, plus nombreuses que 4 5

5 { Étendard rétréci vers son quart inférieur. Fruit subrhomboïdal *V. villosa* ROTH. / Étendard rétréci au milieu ou plus bas. Fruit oblong 6

6	Rétrécissement de l'étendard au milieu	*V. Cracca* L.
	Rétrécissement de l'étendard vers son quart inférieur.	*V. tenuifolia* ROTH.
7	Fleurs solitaires ou 2-nées. . . .	8
	Fleurs en grappes sur un pédoncule très court	10
8	Gousse hérissée. Pétales jaunes .	*V. lutea* L.
	Gousse glabre ou pubescente. Pétales blancs ou purpurins .	9
9	Graine subcubique, tuberculeuse. Stipules très entières.	*V. lathyroides* L.
	Graine globuleuse, lisse. Stipules incisées ou dentées en bas . .	*V. sativa* L.
10	Gousse ciliée-épineuse	*V. narbonensis* L.
	Gousse à bords lisses.	11
11	Etendard velu, soyeux	*V. pannonica* JACQ.
	Etendard glabre	*V. sepium* L.

La Fève cultivée (*V. Faba* L.), à fleurs blanches, odorantes, tachées de noir, à graine grosse ou petite, espèce
annuelle et à tige anguleuse, a un péricarpe épais,
charnu, puis coriace et brun.

Les espèces du genre *Vicia* ci-dessus citées sont la
plupart des herbes communes. Il n'y a de rare que le
V. varia HOST, qui se trouve çà et là dans les moissons; le
V. purpurascens DC. qu'on récolte aussi dans les moissons, à Bicêtre, Ivry, Gentilly, etc.; le *V. narbonensis* L.,
dont la variété *serratifolia* croît aux environs de Dreux, au
Bois-Yon.

Le *V. Bobarti* FORST. est une variété commune du

V. angustifolia, dont les feuilles ont les folioles supérieures étroites, tronquées et mucronées au sommet.

LATHYRUS

Voisins des *Vicia*, les *Lathyrus* sont distingués par une gaine staminale à orifice régulier ; un style dilaté, à face inférieure longitudinalement barbue ; des ovules en nombre indéfini. Voici le tableau dichotomique qui permet de distinguer les espèces :

1	Feuilles sans folioles	2
	Feuilles à 1-6 paires de folioles .	3
2	Stipules dilatées, foliiformes . .	*L. Aphaca* L.
	Stipules étroites. Rachis dilaté .	*L. Nissolia* L.
3	Fleurs ∞ sur chaque pédoncule .	4
	Fleurs 1-3	7
4	Tiges ailées	5
	Tiges non ailées	6
5	Pétiole 2-foliolé, ailé. Fleur rosée.	*L. sylvestris* L.
	Pétiole 4-6-foliolé, non ailé. Fleur bleue	*L. palustris* L.
6	Portion souterraine fibreuse. Fleur jaune	*L. pratensis* L.
	Portion souterraine tubérifère. Fleur d'un rose vif..	*L. tuberosus* L.
7	Tige ailée	9
	Tige non ailée, anguleuse. . . .	8
8	Pédoncule 4, 5 fois égal au pétiole	*L. angulatus* L.
	Pédoncule égal au pétiole ou plus court	*L. sphæricus* Retz.

9 { Fleurs 1-3. Fruit hérissé . . . . . *L. hirsutus* L.
    { Fleurs solitaires. Fruit glabre. . 10

10 { Fleur purpurine. Fruit lisse et bordé d'un côté. . . . . *L. Cicera* L.
    { Fleur blanche, bleuâtre ou rosée. Fruit réticulé. . . . . *L. sativus* L.

11 { Rhizome grêle et rampant, portant des tubercules renflés. Feuilles à 2-6 folioles . . . . *L. macrorhizus* WIMM.
    { Rhizome sans tubercules. Feuilles à 6-12 folioles. . . . . *L. niger* WIMM.

La plupart se trouvent partout. Sont seuls rares :

Le *Nissolia* L. (Le Châtelet près Melun, Combreux, Saint-Germer, Bailly près Compiègne).

Le *L. palustris* (Gentilly, Moret ; très rare aujourd'hui autour du lac d'Enghien).

Le *L. angulatus* (moissons à Thurelles).

Le *L. sphæricus* (moissons à Saint-Maur).

Le *L. niger* (Bois de Sainte-Geneviève ; Malesherbes, derrière la station à Chateaugay ; Fontainebleau, Marcoussis).

Les *L. Cicera* (Jarosse) et *sativus* (Gesse) sont cultivés en grand.

PISUM

Caractères des *Lathyrus*, mais avec le style dilaté à bords repliés en gouttière, de façon à figurer une lame aplatie latéralement.

Le Petit-Pois (*P. sativum* L.). à fleurs blanches, à feuilles 4-6-foliolées, et la Pisaille (*P. arvense* L.), à fleurs d'un pourpre violacé ou bleuâtre, à feuilles 2-4 foliolées, sont fréquemment cultivés.

PHASEOLUS

Seuls représentants de la série des Phaséolées (p. 138), deux Haricots sont cultivés partout : le *P. vulgaris* L., à tige pubescente, dressée ou volubile, à fleurs blanches ou lilas ; et le *P. multiflorus* W. (Haricot d'Espagne), à tige glabrescente, volubile ; à fleurs rouges ou rouges et blanches, rarement entièrement blanches.

ROBINIA

Le Faux-Acacia (*R. Pseudo-Acacia* L.), le seul grand arbre parmi nos Papilionacées, introduit de l'Amérique du Nord, cultivé partout et naturalisé, a de grandes grappes de fleurs blanches, odorantes. Plus rarement planté, le *R. hispida* a des fleurs roses, et ses aiguillons sont plus grêles et bien plus nombreux.

COLUTEA

Le *C. arborescens* L. (Baguenaudier), arbuste à fleurs papilionacées, jaunes, à gousses enflées, vésiculeuses,

pleines de gaz et éclatant par la pression, est planté et
naturalisé, notamment à Meudon, au pied du château,
et dans beaucoup d'autres endroits, surtout dans les bois,
sur le bord des chemins, etc.

ASTRAGALUS

Ce genre de Papilionacées est le seul dont l'ovaire et le
fruit soient partagés longitudinalement en deux fausses
loges, par suite de l'introflexion de leur bord dorsal.
De là deux séries parallèles d'ovules ou de graines, dans
deux cavités distinctes. Il n'y en a chez nous que deux
espèces :

Une, commune partout, vivace, à branches étalées sur
le sol. C'est l'*A. glycyphyllos* L. ou Fausse-Réglisse,
sucrée comme la Réglisse, à fleurs d'un jaune verdâtre, à
feuilles 9-15-foliolées.

Une autre, rare, ligneuse à la base, à fleurs roses et à
feuilles 16-41-foliolées ; le fruit pubescent. C'est l'*A. mons-
pessulanus* L. On va le chercher au-dessus de Limay, près
Mantes, et autour de l'Ermitage, plus à l'ouest, sur les
coteaux calcaires qui bordent la Seine, ou encore à Vernon et La Roche-Guyon.

LOTUS

Notre seul genre de Lotées est le genre *Lotus*. (L'*An-

thyllis (p. 137) a aussi été rapporté à ce groupe.) Ce sont des herbes à fleurs jaunes, à fruit dont les valves se tordent en spirale après la déhiscence. Le *L. corniculatus* L. est la plus commune peut-être de nos Papilionacées, sur les pelouses et dans les bois herbeux. Il est polymorphe. Un peu plus rare est le *L. major* Scop. (*L. uliginosus* Schkr.), espèce des endroits humides, bien plus grande, à tiges fistuleuses; les feuilles glauques, souvent velues; la carène longuement atténuée en bec, tandis qu'elle l'est brusquement dans le *L. corniculatus*.

Sous le nom de *Tetragonolobus*, on a distingué le *L. Tetragonolobus* L., herbe à feuilles glaucescentes, à corolle d'un jaune clair, à gousse munie de 4 ailes longitudinales; assez commune dans les prés humides.

TRIFOLIUM

Tout le monde connaît notre Trèfle communément cultivé en grand, le *T. pratense* L., avec ses inflorescenses courtes, en capitules de fleurs ordinairement roses, à corolle gamopétale, persistante ou marcescente. Son petit fruit est court, droit, monosperme. Ses feuilles sont trifoliolées. Ces caractères se rencontrent dans une quinzaine d'espèces qui ont les fleurs rouges, blanches ou d'un blanc un peu jaunâtre, et que l'on distinguera les unes des autres à l'aide du tableau suivant:

10

1 {
Inflorescences pauciflores, entourées d'appendices crochus et s'enfonçant sous terre lors de la fructification . . . . .   *T. subterraneum* L.
Inflorescences multiflores sans crocs . . . .   2.

2 {
Calice vésiculeux, réticulé, accru autour du fruit. . . . .   3.
Calice non accru, non vésiculeux. . . . .   4.

3 {
Divisions du calice glabres ou à peu près. . . . .   5.
Divisions du calice velues . .   8.

4 {
Pédicelles finalement réfléchis   6.
Pédicelles non réfléchis . . .   7.

Branches couchées, radicantes.

6 {
Sépales lancéolés . . . . .   *T. repens* L.
Branches non radicantes. Sépales subulés . . . . . .   *T. elegans* Sav.

7 {
Stipules ovales, denticulées. Fruit dépassant le calice . .   *T. strictum* L.
Stipules aristées, entières. Fruit inclus dans le calice.   *T. glomeratum* L.

8 {
Fleurs blanchâtres, à dents du calice subglabres . . . . .   *T. montanum* L.
Fleurs rouges ou roses, rarement jaunâtres, à dents du calice ciliées. . . . . . .   9.

Fleurs jaunâtres, en inflorescences subglobuleuses . . .   *T. ochroleucum* L.
Fleurs rouges ou rosées, en inflorescences subglobuleuses ou allongées; rarement d'un blanc jaunâtre, en inflorescences allongées . . . .   10.

Fleurs rosées-purpurines, en inflorescences subglobuleuses. Divisions du calice égales ou plus courtes que la moitié de la corolle . . . . 11.

10 Fleurs rosées, purpurines ou blanches, en inflorescences ovoïdes, oblongues ou allongées. Divisions du calice plus longues, la plupart, que la moitié de la corolle . . . . 14.

11 Rhizome traçant. Stipules à portion libre longuement atténuée. . . . . *T. medium* L.
Rhizome cespiteux. Stipules à portion libre triangulaire et aristée . . . . *T. pratense* L.

12 Plante glabre. Sépale inférieur deux fois plus long que les autres . . . . *T. rubens* L.
Plante pubescente ou velue. Sépale inférieur égal ou à peu près aux autres . . . . 13.

13 Inflorescences solitaires, à longs pédoncules, sans feuilles florales à la base . . . . 14.
Inflorescences généralement 2-nées, sessiles ou à peu près, avec ou sans feuilles florales à la base . . . . . . 15.

14 Sépales linéaires-subulés, plus courts que la corolle . . . . *T. incarnatum* L.
Sépales subulés-sétacés, plus longs que la corolle . . . . *T. arvense* L.

15 {
Fruit entouré d'un tube subglo-
buleux-urcéolé ; les pétales linéaires-subulés . . . . . .   *T. striatum* L.
Fruit entouré d'un calice cylin-
lindrique-campanulé ; les sé-
pales subépineux, divergents.   *T. scabrum* L.

Il y a un groupe très particulier de *Trifolium* à fleurs jaunes, petites, dont le fruit est stipité (section *Chronosemium*), et qu'il ne faut pas confondre avec des Luzernes. Voici comment ces espèces se distinguent entre elles :

1 {
Folioles toutes sessiles. Sti-
pules linéaires-lancéolées. .   *T. agrarium* L.
Folioles sessiles, ou la moyenne
pétiolulée. Stipules ovales,
oblongues, aiguës ou acuminées. . . . .   4.

2 {
Fleurs jaune d'or. Style à peu
près égal en longueur au
fruit. . . . .   *T. patens* SCHREB.
Fleurs d'un jaune plus ou moins
foncé. Style égal au tiers du
fruit.   3

3 {
Etendard fortement strié autour du fruit, étalé et dépas-
sant bien les ailes. . . . .   *T. procumbens* L.
Etendard lisse ou à peine strié
autour du fruit, plié en carène, appliqué sur le fruit,
à peine plus long que les
ailes. . . . .   4.

Inflorescences ∞-flores, à pédoncules droits, très grêles.
Pédicelles plus courts que le
tube calicinal. . . . . . . *T. filiforme* L.

4 Inflorescences 2-6-flores, lâches, à pédoncules flexueux,
capillaires. Pédicelles grêles,
plus longs que le tube cali-
cinal . . . . *T. micranthum* Viv.

La plupart de ces Trèfles sont communs. Les espèces
rares sont :

T. strictum (Fontainebleau, notamment à la Belle-Croix;
Nemours, Bois-le-Roi).

T. elegans (Satory près Versailles, Saint-Germain,
Poissy, Armainvilliers, Fontainebleau, Villers-Cotterets,
Malesherbes).

T. glomeratum (Mennecy, Etrechy).

T. agrarium (Fontainebleau, à la côte de Champagne;
Compiègne, Villers-Cotterets, Provins).

T. filiforme (Versailles, Trappes, Montfort-l'Amaury).

T. subterraneum (Ville-d'Avray, route de Versailles;
Jouy, Mennecy, Orsay, Fontainebleau).

Les *T. pratense, repens, incarnatum* se cultivent en grand.

MEDICAGO

Notre Luzerne commune (*M. sativa* L.), dont les cultures couvrent une partie de la France, donne une idée
de l'organisation de ce genre de Trifoliées, dont la corolle est caduque, et dont le fruit, arqué, falciforme ou

spiralé, dépasse en général de beaucoup le calice. Les feuilles sont trifoliolées. Tantôt, elles sont violacées ou rarement blanches. Ailleurs elles sont jaunes. Voici le tableau distinctif des huit *Medicago* de notre flore :

1 — Fruit (gousse) sans épines . . 2.
— Fruit chargé d'épines . . . . 5.

2 — Fruit court, arqué, 1-sperme. *M. Lupulina* L.
— Fruit contourné en hélice ou falciforme. . . . . 3.

3 — Fruit en hélice déprimée, disciforme, sans ouverture centrale . . . . *M. orbicularis* ALL.
— Fruit en faulx ou à 2, 3 tours de spire, avec ouverture centrale . . . . 4.

4 — Fruit falciforme. Pédicelles dépassant bien les bractées . . *M. falcata* L.
— Fruit à 2, 3 tours de spire. Pédicelles n'atteignant pas les bractées . . . . *M. sativa* L.

5 — Fruit duveteux, à aiguillons subconiques, courts, espacés. . . . . *M. Gerardi* W.
— Fruit glabre, à aiguillons subulés nombreux . . . . 6.

6 — Fruit spiralé, subglobuleux. Feuilles pubescentes. . . . *M. minima* L.
— Fruit spiralé, subglobuleux. Feuilles glabres ou à quelques longs poils . . . . . . 7 ou 8.

7 — Stipules à dents courtes. Pédoncules 1-4-flores . . . . *M. arabica* ALL.

8 { Stipules à longues dents séta-
cées. Pédoncules 5-10-flores   *M. polycarpa* W.

Tous ces *Medicago* sont communs, sauf le *M. orbicu-*
laris, des environs de Malesherbes et de Pithiviers, et le
M. Gerardi, qu'on trouve à Saint-Germain, au Vésinet, à
Poissy, à Croisy, etc. Il abondait jadis et se retrouvera
peut-être sur les bords de la Seine, au Point-du-Jour.

MELILOTUS

Ce genre de Trifoliées se distingue à son fruit oblong,
indéhiscent, à 1-4 graines. Ses fleurs sont en grappes
spiciformes ; blanches dans le *M. alba* DESR., espèce assez
rare, des prairies, des talus des voies ferrées, etc. Dans les
deux autres espèces, elles sont jaunes, odorantes. Ce sont
le *M. officinalis* W. (*M. altissima* THUILL.), à fruit pubescent, atténué au sommet ; et le *M. arvensis* WALR., à fruit
glabre, subobtus au sommet. Tous deux sont communs.

TRIGONELLA

On distingue ce genre à son fruit arqué, comprimé,
linéaire et polysperme. Nous n'avons que le *T. monspe-*
liaca L., petite herbe pubescente, odorante, à inflorescences ombelliformes, 5-15-flores ; rare au bord des chemins et dans les lieux herbeux secs, notamment à Bouray, près le parc du Mesnil, derrière la station ; à Lardy,
Etampes, l'Isle-Adam, Poissy, Malesherbes, etc.

On a rapporté souvent à cette série, non sans raison,
les *Ononis* (p. 136).

ONOBRYCHIS

L'Esparcette (*O. sativa* LAMK), cultivée en grand, représente seule ce genre d'Hédysarées, dont le fruit est réduit à un seul article, irrégulier, réticulé, fovéolé, caréné-épineux sur le bord externe, et dont les fleurs roses forment un long épi.

CORONILLA

C'est encore un genre d'Hédysarées, mais à fruit allongé, droit ou arqué, formé d'une série d'articles oblongs et renflés. Nous en avons 2 espèces vivaces :

Le *C. varia* L., qui est commun et qui a des fleurs roses et des feuilles à 16-24 folioles.

Le *C. minima* DC., qui est rare et croît sur les coteaux calcaires. Ses fleurs sont jaunes, et ses feuilles n'ont que 4-8 folioles.

ORNITHOPUS

L'*O. perpusillus* L., seule espèce, est une très petite herbe annuelle, la plus petite de nos Légumineuses. Son fruit est celui d'une Hédysarée, linéaire, arqué, à articles oblongs et comprimés. Ses très petites fleurs sont blanchâtres, tachées de jaune et de rougeâtre. La plante est commune dans les gazons secs et sablonneux.

HIPPOCREPIS

L'*H. comosa* L. est une petite herbe, souvent suffrutes-
cente. Ses fleurs jaunes rappellent de loin celles du *Lotus
corniculatus*. Mais c'est une Hédysarée : son fruit, linéaire, sinué, est composé d'une série d'articles semi-
lunaires, et ses feuilles composées-pennées ont de
nombreuses folioles. La plante est assez commune sur les
coteaux arides et dans les bois herbeux.

Berbéridacées

Un seul arbuste représente cette famille autour de
Paris : c'est l'Epine-Vinette (*Berberis vulgaris* L.), souvent
cultivée en haies et qui se trouve dans les bois et les buissons, sur les cotaux calcaires. Ses fleurs jaunes, disposées
en grappes, ont un périanthe construit sur le type 3 ré-
pété et 6 étamines hypogynes, remarquables par leur
filet irritable et mobile et leur anthère déhiscente par
deux panneaux. Il n'y a qu'un carpelle dont l'ovaire uniloculaire renferme quelques ovules ascendants et devient
une baie rouge et acidule. Les feuilles sont alternes,
simples et naissent sur de jeunes rameaux qui occupent
eux-mêmes l'aisselle d'une feuille modifiée dont les nervures digitées sont durcies et spinescentes.

Crassulacées

Sur 14 plantes de cette famille qu'on trouve dans notre flore, il y a 11 *Sedum* ou Grassettes; nom qui vient de la consistance charnue de leurs petites feuilles. Ce sont des « plantes grasses », difficiles à sécher, herbacées, de petite taille (les plus élevées n'ont guère qu'un pied). Les *Sedum* ont généralement les fleurs 5-mères, avec les sépales et les pétales libres, insérés sur un réceptacle convexe, et un nombre double d'étamines hypogynes. Leurs 5 carpelles sont libres aussi, pluriovulés; et leur fruit multiple est formé de 5 follicules à graines albuminées. Les inflorescences sont des cymes, souvent en partie scorpioïdes. Le *S. acre* L. (Trique-Madame), si commun sur les murs, vivace et à corolle jaune, avec des feuilles petites, obovales et gibbeuses, doit être étudié d'abord pour donner une idée des caractères de ce genre. Les autres espèces en seront ensuite distinguées à l'aide du tableau suivant :

1 — Fleurs jaunes. . . . . 2.
— Fleurs blanches ou roses. . . 5.

2 — Feuilles décurrentes en éperon au-dessous de leur point d'insertion . . . . 3.
— Feuilles non décurrentes. . . *S. acre* L.

3 — Feuilles aiguës ou mucronées. 4.
— **Feuilles obtuses** . . . . **S. *sexangulare* L.**

4 {	Feuilles alternes sur les branches ou rejets stériles . . .	S. reflexum L.
	Feuilles (des rejets stériles) rapprochées en rosette. . .	S. pruinatum Brot.
5 {	Feuilles ovoïdes ou subcylindriques	S. elegans Lej. 7.
	Feuilles planes.	6.
6 {	Feuilles entières. Tige annuelle	S. Cepæa L.
	Feuilles dentées. Rhizome vivace.	S. Telephium L.
7 {	Androcée diplostémoné . . .	8.
	Androcée exceptionnellement isostémoné	S. rubens L.
8 {	Feuilles glabres	9.
	Feuilles duvetées	10.
	Feuilles oblongues-linéaires .	S. album L.
9 {	Feuilles ovoïdes. Branches glanduleuses pubescentes au sommet.	S. dasyphyllum L.
10 {	Pétales aristés. Plante vivace.	S. hirsutum All.
	Pétales non aristés. Plante annuelle.	S. villosum L.

La plupart de ces *Sedum* sont communs.

Le *S. rubens* l'est un peu moins : on le trouvera çà et là dans les vignes, les champs secs, sur les vieux murs.

Le *S. sexangulare* est plus rare, dans les lieux secs, sur les murs, notamment à Charenton, Cormeilles, Fontainebleau, etc.

Le *S. pruinatum* est assez rare aussi, et il ne faut pas confondre avec lui le *S. reflexum* (Saint-Germain, Lardy, Fontainebleau, **Maisse, Provins, surtout sur la silice**).

Le *S. villosum* est rare, sauf à Fontainebleau, surtout en certaines années, au bord des mares siliceuses, notamment à la Belle-Croix. On le trouve aussi à Ballancourt, Nemours, etc.

Le *S. hirsutum* est bien plus rare encore. On va le chercher ordinairement sur les rochers d'Itteville, au delà de Lardy, ou à la Ferté-Aleps.

SEMPERVIVUM

Ce sont les Joubarbes, dont la fleur est construite comme celle des *Sedum*, mais avec des verticilles 6-20-mères. Sur les vieux murs, les toits de chaume, etc., s'est souvent naturalisé le *S. tectorum* L., à épaisses feuilles disposées en rosette et à fleurs roses.

CRASSULA

Les plus petites de nos Crassulacées, n'ayant souvent qu'un ou quelques centimètres, avec des fleurs de *Sedum*, mais 2-4-mères. Nous en avons deux espèces rares, qu'il faut chercher avec soin, sur les rochers, près des petites mares des chemins sablonneux, etc.

L'une est isostémonée, 4-andre; c'est le *C. Vaillantii* H. Bn (*Bulliarda Vaillantii* DC. — *Tillæa aquatica* L.). Elle se trouve à Lardy, au pied de la tour de Poquancy; à Itteville, la Ferté-Aleps, Fontainebleau. etc.

L'autre, iso-ou diplostémonée, à fleurs 2-4-mères, est

le *C. muscosa* H. Bn (*Tillæa muscosa* L.), des sables et des rochers siliceux. Ses feuilles sont souvent rouges.

Urticacées

Les Orties vraies (*Urtica*), dont les feuilles opposées sont piquantes, ont donné leur nom à cette famille et ont des fleurs peu visibles, apétales et unisexuées : les mâles à 4 étamines; les femelles à un carpelle, avec un ovule orthotrope presque basilaire. Nous en avons deux espèces très communes, près des habitations, au bord des chemins, etc. L'une est vivace, plus grande : c'est l'*U. dioica* L. L'autre est annuelle, plus petite : c'est l'*U. urens* L.

La Pariétaire (*Parietaria officinalis* L.), vivace et croissant généralement sur les vieux murs, est rude, velue, mais non brûlante, polymorphe. Ses fleurs sont polygames, et son fruit est lisse, luisant.

C'est ici, croyons-nous, le lieu de parler des Cornilles (*Ceratophyllum*), qui appartiennent comme type anormal à la famille voisine des Pipéracées. Ce sont des herbes submergées, assez communes dans nos rivières, étangs et fossés. Leurs feuilles sont verticillées, et leurs fleurs sont monoïques, axillaires et solitaires, sans périanthe. Les mâles sont formés de 10-30 anthères sessiles; et les femelles, d'un ovaire uniovulé, surmonté d'un style persistant et accrescent. Nous en avons 2 espèces : le **C.** *demersum* L. et le *C. submersum* L. Le premier a des feuilles forte-

ment denticulées, et son fruit (achaine) est pourvu au-
dessus de sa base de 2 épines obliques. L'autre a les
feuilles légèrement dentelées, et son fruit est dépourvu
d'épines basilaires.

Asclépiadacées

L'organisation florale est la même dans ces plantes
que dans les Apocynacées (p. 6). On les en distingue seulement par la consistance de leur pollen qui
est chez elles en masses solides ou pollinies. Leurs fleurs
sont d'ailleurs 5-mères, 5-andres, avec un gynécée à 2
carpelles. C'est ce qui s'observe dans les deux seules Asclépiadacées de nos campagnes. L'une d'elles est indigène : c'est le *Cynanchum Vincetoxicum* ou *Vincetoxicum
officinale* Mœnch (Dompte-Venin), à petites fleurs blanches, commun sur nos coteaux et dans nos bois. L'autre
a été introduite et a des fleurs bien plus grandes, roses.
C'est l'*Asclepias syriaca* L., qu'on a nommé *A. Cornuti*
quand on a connu son origine américaine. Il est herbacé,
fort traçant et s'est répandu dans les champs cultivés,
notamment à Château-Laffitte, l'Isle-Adam, Bouray, Claye,
Malesherbes, Fontainebleau, Verberie, etc. Ses feuilles
opposées sont tomenteuses, tandis que celles du Dompte-
Venin sont glabres. **Tous deux ont pour fruits des follicules, et leurs graines sont aigrettées.**

Primulacées

Nous connaissons les *Primula* (p. 49) qui ont donné leur nom à cette famille. Elle comprend, dans notre flore, 4 autres genres qui se distinguent de la façon suivante :

Les *Samolus* ont l'ovaire infère.

Les *Anagallis* ont l'ovaire supère des *Primula ;* mais leur corolle 5-mère est très profondément divisée, et leur fruit est une pyxide.

Les *Centunculus* ont le fruit en pyxide et la fleur des *Anagallis*, mais avec une corolle 4-mère et à tube subglobuleux.

Les *Lysimachia* ont la fleur 5-mère des *Anagallis*, mais un fruit qui s'ouvre en long, comme celui des *Primula*.

SAMOLUS

Le S. *Valerandi* L., commun dans les marais, les prés humides, etc., a des corolles blanches qui portent 5 petits appendices alternes acvc les étamines.

ANAGALLIS

Le plus commun est le Mouron rouge de nos champs, l'*A. arvensis* L., herbe annuelle, à feuilles sessiles, ovales-lancéolées. Sa corolle est rouge, plus rarement rose ou même bleue (var. *cærulea*). Plus rare est l'*A. tenella* L., à tiges filiformes, à feuilles courtement pétiolées et subarrondies, à petites corolles roses, qui croît dans les marais, dans les allées des bois humides, etc.

CENTUNCULUS

Le *C. minimus* L. est une toute petite herbe glabre, des lieux humides, qui a des feuilles inférieures opposées, et les autres alternes, toutes ovales-aiguës. Ses fleurs, petites et blanches ou roses, sont subsessiles

LYSIMACHIA

Nous avons trois espèces vivaces de ce genre, toutes à fleurs jaunes. Deux sont communes dans les marais, les prairies humides. Ce sont les *L. vulgaris* L. et *Nummularia* L. L'un est une plante dressée, rameuse, haute d'au moins un demi-mètre, à feuilles opposées ou verticillées (var. *verticillata*), ovales ou oblongues-lancéolées, et à fleurs en grappe composée terminale. L'autre est couché, radicant, à feuilles orbiculaires et à fleurs plus grandes, axillaires, solitaires ou géminées.

Le *L. nemorum* L. est beaucoup plus rare. Il abonde cependant, en certaines années, dans les chemins de la forêt de Montmorency, et on le trouve de même à Compiègne, Villers-Cotterets, etc. C'est une plante radicante à la base;

mais ses tiges grêles se relèvent. Ses feuilles sont ovales-aiguës, et ses fleurs axillaires, solitaires, rappellent assez bien celles de l'*Anagallis arvensis* (p. 158).

On admet encore dans cette famille un autre genre, l'*Hottonia*, souvent placé dans une tribu spéciale, parce que sa graine est complètement anatrope. Ce n'est cependant qu'un *Primula* (les graines de ceux-ci sont moins complètement anatropes); et nous nommerons *P. palustris* l'*Hottonia palustris* L. qui a un port tout particulier, parce que c'est une plante aquatique, à feuilles submergées. Celles-ci sont, par suite, pectinées, pinnatipartites, et l'*Hottonia* est par là aux *Primula* ce que les *Batrachium* sont aux Renoncules terrestres (p. 117). Les fleurs sont roses dans cette plante assez rare, qui se trouve dans quelques mares du bois de Meudon, où on l'a plantée, dans le canal de l'Ourcq, dans les étangs et marais, etc.

Pinguiculées.

Cette petite famille, encore nommée *Lentibulariées*, est représentée par un *Pinguicula* et quelques *Utricularia*. Ce sont des plantes qui ont le gynécée des Primulacées, avec un placenta central-libre et ∞-ovulé, mais dont la corolle est irrégulière et ne porte que deux étamines.

PINGUICULA

Notre unique espèce, le *P. vulgaris* L., a une corolle

violette, éperonnée, qui rappelle beaucoup celle du *Viola odorata*. Seulement, elle est gamopétale. Ses fleurs sont pédonculées et solitaires; elles surmontent une rosette de feuilles ovales-oblongues, collée sur le sol des marécages. Cette petite herbe est rare aujourd'hui au bord des ruisselets de la forêt de Montmorency. Elle est plus abondante dans les bas-fonds marécageux de Chantilly, et dans beaucoup d'autres localités humides ou tourbeuses.

UTRICULARIA

Ces plantes ont à peu près la fleur des *Pinguicula*, mais à corolle jaune, et avec des organes végétatifs tout à fait spéciaux à ces plantes submergées, c'est-à-dire des feuilles multiséquées et souvent garnies de petites poches operculées. Leurs fleurs en grappes viennent s'épanouir dans l'air. Il y en a une espèce très commune dans les mares, étangs, cours d'eau, et trois autres espèces (ou formes) bien plus rares. On les distinguera les unes des autres de la façon suivante :

1.
   - Feuilles toutes semblables, avec poches étalées en tous sens . . . . 2.
   - Feuilles dimorphes : ou palmatiséquées, sans poches, le contour réniforme ; ou réduites à 1-3 segments terminés par une grosse poche . . . *U. intermedia* HAYN.

Fleurs d'un jaune vif, grandes,
à éperon 3, 4 fois plus long
que large, à lèvre supérieure
entière . . . . 3.

2

Fleurs d'un jaune pâle, petites,
à éperon aussi long que
large, à lèvre supérieure
émarginée. . . . . *U. minor* L.

Lèvre inférieure égale au palais
de la corolle ou un peu plus
longue. Bords de la lèvre in-
férieure réfléchis. . . . . . *U. vulgaris* L.

3

Lèvre supérieure une fois plus
longue que le palais. Bords
de la lèvre inférieure étalés. *U. neglecta* LEHM.

L'*U. minor* est bien moins commun que l'*U. vulgaris*.
Les *U. intermedia* et *neglecta* sont très rares. Le premier
se trouve dans les fossés qui bordent le marais de Buthiers près de Malesherbes ; le dernier, dans les trous à
meulière remplis d'eau du bois de Meudon, près des habitations, à gauche du Pavé des gardes.

Plumbaginacées.

Cette famille n'est représentée aux environs de Paris
que par une seule plante, l'*Armeria plantaginea* L. Ses
fleurs roses sont groupées en sphères pédonculées qui
simulent des capitules et qui sont en réalité formées de
cymes contractées. Elles ont un calice gamosépale, une

corolle régulière, gamopétale à la base, et un androcée isostémoné. Mais leur gynécée est caractéristique. Son ovaire uniloculaire est surmonté de 5 branches stylaires, et de la base de sa loge se dresse un long funicule au sommet duquel est suspendu l'ovule unique, à micropyle supère. La plante est vivace ; elle a de nombreuses feuilles linéaires, rapprochées en rosette sur le sol. Elle est commune à la fin de l'été dans les terrains sablonneux. A Saint-Maur, par exemple, elle forme dans les endroits arides de véritables tapis roses au mois d'août.

Composées.

On a déjà observé au printemps quelques plantes de cette famille (p. 59), et la plupart avaient dans leurs capitules deux sortes de fleurs : fleurons réguliers au centre, et demi-fleurons irréguliers à la périphérie. Or il peut arriver que le capitule d'une Composée (ou Synanthérée) ne renferme que les unes ou les autres de ces fleurs. D'autre part, le fruit (achaine) peut être couronné ou non d'une aigrette qui sert à sa dissémination ; et cet organe a pris, dans nos classifications actuelles, une grande importance pour la distinction des genres. Il faut donc s'attacher à observer et à récolter ces plantes en fruits et en fleurs, et pour arriver à savoir à quel genre appartient une Composée, avoir recours au tableau classique que nous reproduisons ici :

Fleurs des capitules toutes
pourvues d'une corolle tubu-
leuse, régulière ou peu irrégulière (fleuron). . . . . . 2.

Fleurs des capitules de deux
sortes : celles du centre régulières (fleurons) et celles
de la périphérie irrégulières
(ligulées), à limbe unilatéral (demi-fleurons). . . . 31.

Fleurs des capitules toutes à
corolle ligulée (demi-fleuron) 49.

Tête globuleuse de capitules
réduits à un seul fleuron . *Echinops.*

Tête de ∞ capitules. . . . . 3.

Réceptacle portant dans toute
son étendue des soies ou
paillettes . . . . 4.

Réceptacle sans soies ni paillettes, ou n'en portant qu'à
la circonférence, et glabre
ou rarement pubescent . . 16.

Fruit (achaine) couronné de
2-5 arêtes aiguës, épineuses *Bidens.*

Fruit couronné d'une aigrette
de soies ou sans aigrette ;
le sommet parfois pourvu
d'un rebord . . . . 5.

Fruit sans aigrette . . . . . 6.

Fruit aigretté. . . . . 7.

Fruit inséré par sa base. Capitules minimes, en grappes
ou épis, simples ou compo-
sés . . . . *Artemisia.*

6 Fruit inséré latéralement au-
dessus de sa base. Capitules
assez volumineux, termi-
naux ou en cymes . . . . .   *Centaurea.*

7 Fruit surmonté de soies qui,
avant de s'unir en anneau à
leur base, se groupent en
faisceaux par 3-5. Involucre
à bractées intérieures plus
longues que les fleurons et
scarieuses-colorées , rayon-
nantes . . . .   *Carlina.*

Soies de l'aigrette libres jusqu'à leur base ou jusqu'à
leur union en anneau. Bractées intérieures de l'involucre non rayonnantes. . .   8.

8 Soies de l'aigrette libres jusqu'en bas. . . . .   9.
Soies de l'aigrette unies en
anneau à la base. . . . . .   12.

9 Involucre à bractées linéaires-
subulées et uncinées(en croc)   *Arctium.*
Involucre à bractées non recourbées . . . .   10.

10 Fleurons égaux. Soies extérieures de l'aigrette plus
courtes que les intérieures.   *Carduus* § *Serratula.*
Fleurons inégaux : les exté-
rieurs stériles, en entonnoir
et plus grands que les intérieurs ; ou fleurons à peu
près tous égaux ; les soies
extérieures de l'aigrette plus
longues que les intérieures   11.

11 { Bractées extérieures de l'involucre foliacées et découpées de lobes épineux . . . . *Carthamus* § *Kentrophyllum.*

Bractées extérieures de l'involucre non foliacées, avec bordure denticulée-ciliée ou avec un appendice terminal scarieux, ou, rarement, avec une épine palmati- ou pinnatipartite . . . . *Centaurea.*

12 { Bractées extérieures de l'involucre foliacées ou surmontées d'un appendice à lobes épineux . . . . 13.

Bractées de l'involucre non foliacées, sans appendice lobé-épineux, mais à sommet ordinairement atténué en épine . . . . 14.

13 { Folioles extérieures de l'involucre foliacées. Fruit à insertion latérale . . . . . . *Carthamus* § *Carduncellus.*

Folioles extérieures de l'involucre terminées par un appendice étalé, lobé-épineux. Fruit à insertion basilaire . *Centaurea* § *Carbeni.*

14 { Soies de l'aigrette scabres . . *Carduus* § *Eucarduus.*
Soies de l'aigrette plumeuses. 15.

15 { Fruit à insertion basilaire. Corolle blanche, jaunâtre ou purpurine . . . . *Carduus* § *Cirsium.*

Fruit à insertion latérale. Corolle et style bleuâtres. . . *Carduus* § *Cinara.*.

16 {
Bractées de l'involucre terminées en pointe. Soies de l'aigrette unies à la base en
anneau . . . .   *Carduus* § *Onopordon.*
Bractées de l'involucre non
terminées en pointe. Soies
de l'aigrette libres ou nulles.   17.

17 {
Capitules portés sur tiges
feuillées. . . . .   19.
Capitules portés sur des axes
squamifères et paraissant
avant les feuilles (larges).   18.

18 {
Capitule en grappe simple ou
composée . . . .   *Petasites.*
Capitules solitaires au som-
met des axes. . . . .   *Petasites* § *Tussilago.*

19 {
Feuilles opposées, à 3-5 segments lancéolés. Fleurons
roses. . . . .   *Eupatorium.*
Feuilles alternes. Fleurs jau-
nes, jaunâtres, ou rarement
blanches ou rosées . . . .   20.

20 {
Fruit sans aigrette. . . . . .   21.
Fruit aigretté . . . .   24.

21 {
Fruits sur un seul rang, enveloppés des bractées de l'involucre. Herbe blanchâtre,
à feuilles entières. . . . .   *Filago* § *Micropus.*
Fruits sur plusieurs rangs, non
enveloppés. Herbe à feuilles
pinnatiséquées ou pinnatipartites, souvent glabre,
rarement pubescente. . . .   22.

Fleurons intérieurs et exté-
   rieurs semblables . . . . .   *Chrysanthemum*
                     § *Pyrethrum.*

22 Fleurons intérieurs beaucoup
   plus larges que les extérieurs
   qui sont subfiliformes . . . **23.**

Fruits anguleux, à sommet en
   large disque. Capitules en
   cymes terminales corymbi-
   formes et compactes. . . .   *Chrysanthemum*
                     § *Tanacetum.*

23 Fruits cylindriques, sans angles
   ni côtes, à sommet ou disque
   étroit. Capitules en épis ou
   grappes simples ou compo-
   sés. . . . .   *Artemisia.*

Bractées de l'involucre dispo-
24   sées sur plusieurs rangées . **25.**
   Bractées de l'involucre unisériées . . . . *Senecio.*

Fleurons tous hermaphrodites.
   Anthères inappendiculées à
   la base. Herbe glabre. . . . *Aster.*
25 Fleurons 4-5-dentés ou un
   peu fendus; ceux de la circonférence femelles. Anthères appendiculées. Herbe
   duveteuse . . . . . . **26.**

Fleurons de la circonférence
26   femelles, 1-sériés, fendus en
   dedans. Plante pubescente,
   glanduleuse, non blanchâtre. *Inula.*

26
(s.)

Fleurons de la circonférence femelles, 3-5-sériés, à tube subcapillaire, non fendu en dedans. Herbe à duvet plus ou moins épais, blanchâtre. 27.

27

Herbe dioïque. Fleurons roses ou blanchâtres. Aigrette des fleurons mâles à soies épaisses au sommet . . . . . . *Gnaphalium* § *Antennaria.*
Plante non dioïque. Fleurons d'un blanc sale ou jaunes. Aigrette à soies capillaires . 28.

28

Fleurons extérieurs entremêlés aux bractées intérieures de l'involucre conique ou pyramidal, plus ou moins tomenteux . . . . 30.
Fleurons extérieurs non entremêlés aux bractées intérieures de l'involucre hémisphérique ou subglobuleux, à bractées glabres et scarieuses . . . . 29.

29

Capitules en glomérules disposés en faux corymbes. Aigrette de soies libres, se détachant à la maturité . . *Gnaphalium* § *Eugnaphalium.*
Capitules en glomérules disposés en grappe composée spiciforme. Aigrette de soies unies à la base en un anneau et ne se détachant pas à la maturité . . . . *Gnaphalium* § *Gamochœta.*

30 { Fruits du rang extérieur enveloppés des folioles de l'in-
volucre . . . . *Filago § Logfia.*
Fruits non enveloppés. . . . *Filago § Eufilago.*

31 { Réceptacle sans paillettes . . 36.
Réceptacle pourvu de pail-
lettes . . . . 32.

32 { Fruit couronné de 2-3 arêtes
épineuses ou de 2-4 écailles
caduques. . . . . 33.
Fruit à sommet tronqué ou
couronné d'un rebord circulaire . . . . 34.

33 { Fruit couronné de 2-3 arêtes
épineuses, persistantes. . . *Bidens.*
Fruit couronné de 2-4 écailles
caduques. . . . . *Helianthus.*

34 { Fleurons tous de même couleur
(blancs ou roses); les ligulés
à limbe suborbiculaire. . . *Santolina § Achillea.*
Fleurons du centre jaunes; ceux
de la périphérie blancs ou tachés de jaune à la base ; ces
derniers ligulés , à limbe
oblong. . . . . 35.

35 { Fleurons tubuleux, à tube prolongé au-dessous du sommet
de l'ovaire (ou du fruit) en
une couronne complète ou
une coiffe unilatérale. . . . *Matricaria § Ormenis.*
Fleurons tubuleux, à base non
prolongée sur le fruit. . . . *Matricaria § Anthemis.*

36 {
Fruit pourvu d'une aigrette de
soies capillaires . . . . . . 41.
Fruit sans aigrette de soies
capillaires. . . . . 37.
}

37 {
Fleurons jaunes; demi-fleurons blancs ou rosés . . . . 38.
Fleurons et demi - fleurons
jaunes. . . . . 40.
}

38 {
Fruits obovales - comprimés,
entourés d'une bordure saillante obtuse. Herbe suba-
caule. . . . . *Bellis.*
Fruits sub-4-gones ou subcylin-
driques. Herbe caulescente. . 39.
}

39 {
Feuilles bi-tripinnatiséquées;
les segments linéaires.
Fruits non costés en dehors
et à 3-5 côtes en dedans . . *Matricaria.*
Feuilles entières ou crénelées,
incisées ou pinnatiséquées;
les segments non linéaires.
Fruits costés tout autour . . *Chrysanthemum*
§ *Pyrethrum.*
}

40 {
Fruits sans pointes épineuses;
ceux de la périphérie ailés et
ceux du centre subcylindri-
ques, 10-costés . . . . . . *Chrysanthemum*
§ *Euchrysanthemum.*
Fruits arqués, en faulx ou en
anneau; les extérieurs épi-
neux sur le dos . . . . . . *Calendula.*
}

41 {
Fruits comprimés. Fleurs de
la périphérie d'un blanc jau-
nàtre, bleues ou violacées . 42.
Fruits cylindriques ou 4-gones.
Fleurs toutes jaunes . . . . 43.
}

Demi-fleurons de la circonférence à limbe oblong-li-
néaire, 1-sériés. Aigrette
de soies plurisériées. . . . **Aster.**

42

Demi-fleurons de la circonférence à limbe linéaire, très
étroit, plurisériées. Aigrette
de soies unisériées. . . . **Erigeron.**

Demi-fleurons femelles étroitement ligulés, plurisériés.
Capitules solitaires au sommet d'un axe squamifère et
paraissant avec les feuilles **Petasites § Tussilago.**

43

Demi-fleurons femelles 1-sé-
riés. Capitules portés sur
des axes feuillés. . . . . . 44.

Bractées de l'involucre égales,
1, 2-sériées, avec parfois à
la base des folioles accessoires, petites . . . . 45.

44

Bractées de l'involucre inégales, plurisériées et imbriquées. . . . . 47.

Bractées de l'involucre 2-sé-
riées. Fruits de la péri-
phérie sans aigrette ou à
aigrette de 1-3 soies. . . . **Doronicum.**

45

Bractées de l'involucre 1-sé-
riées, avec ou sans petites
folioles accessoires à la
base. Fruits de la périphérie aigrettés. . . . . 46.

46 {
Avec petites folioles accessoires . . . . *Senecio.*
Sans petites folioles acces-
soires. . . . . *Senecio* § *Cineraria.*
}

47 {
Fleurs ligulées en petit nombre.
(4-9) Anthères non appen-
diculées en bas . . . . . . *Solidago.*
Fleurs ligulées nombreuses.
Anthères appendiculées en
bas. . . . . 48.
}

48 {
Aigrette du fruit entourée à
sa base d'une couronne
dentée . . . . *Pulicaria.*
Aigrette du fruit sans cou-
ronne. . . . . *Inula.*
}

49 {
Fruit sans aigrette ou à aigrette de paillettes mem-
braneuses. . . . . 50.
Aigrette à soies capillaires,
souvent plumeuses, au
moins sur les fruits du
centre . . . . 52.
}

50 {
Aigrette très courte de nombreuses paillettes. . . . . *Cichorium.*
Aigrette nulle. Fruit parfois
couronné d'un rebord . . . 51.
}

51 {
Fruit terminé par un rebord
court, 5-gone. Feuilles basi-
laires . . . . *Hyoseris* § *Arnoseris.*
Fruit sans rebord terminal.
Tige feuillée. . . . . *Lapsana.*
}

52 {
Réceptacle à paillettes aussi
longues que les fruits, linéaires, membraneuses et
caduques . . . .   *Leontodon § Hypochœris.*
Réceptacle sans paillettes . .   53.

53 {
Aigrette de soies lisses ou
scabres. . . . .   60.
Aigrette de soies plumeuses,
au moins sur les fruits du
centre. . . . .   54.

54 {
Couronne membraneuse re-
présentant l'aigrette des
fruits de la périphérie. . .   *Leontodon § Thrincia.*
Pas de couronne membra-
neuse. . . . .   55.

55 {
Bractées extérieures de l'involucre foliacées, ovales, cordées, terminées par une
épine . . . .   *Picris § Helminthia.*
Bractées extérieures de l'invo-
lucre ni cordées, ni spinescentes . . . .   56.

56 {
Soies de l'aigrette caduque
unies à la base en anneau.   *Picris § Eupicris.*
Soies de l'aigrette persistante
non unies à la base . . . .   57.

57 {
Soies de l'aigrette à barbes
non entrecroisées. . . . .   *Leontodon § Euleontodon.*
Soies de l'aigrette à barbes
entre-croisées . . . .   58.

58 {
Fruits à pied creux et renflé.   *Scorzonera*
                                 § Podospermum.
Fruits sans pied creux. . . . . 59.

59 {
Folioles de l'involucre nom-
breuses, inégales, 1-∞ -sériées — *Scorzonera* § *Euscorzonera.*
Folioles de l'involucre égales,
sub-1-sériées, unies en bas. — *Scorzonera* §*Tragopogon.*

60 {
Fruits sans bec, tronqués ou
légèrement aigus au som-
met . . . . 65.
Fruits allongés en bec, ordinairement grêle, supportant
l'aigrette, au moins dans
ceux du centre. . . . . . 61.

61 {
Capitules solitaires, supportés
par un pédoncule né de la
base de la plante. Fruits en
tête globuleues. . . . . . — *Leontodon* § *Taraxacum.*
Capitules en nombre variable
portés sur des axes feuillés.
Fruits non en tête globu-
leuse. . . . . 62.

62 {
Capitules de 5 fleurs 1-sériées.
Involucre d'environ 5 fo-
lioles subégales . . . . . — *Lactuca* § *Phœnopus.*
Capitules pluri-ou multiflores,
à fleurs plurisériées. Involucre de ∞-folioles . . . . 63.

63 {
Fruit sans dents squamiformes
au sommet . . . . 64.
Fruit couronné de 5 dents
squamiformes entourant le
bec. . . . . — *Lactuca* § *Chondrilla.*

64 {
Fruit comprimé, terminé brusquement en un bec subca-
pillaire. Soies de l'aigrette
unisériées. . . . . — *Lactuca* § *Eulactuca.*

64
(s.)
> Fruit cylindrique, atténué en
bec plus ou moins allongé.
Soies de l'aigrette plurisériées   *Picris* § *Barkhausia*.

65
> Aigrette roussàtre ou d'un
blanc sale à la maturité, à
soies 1-sériées, très fra-
giles . . . .   *Hieracium*.

Aigrette d'un beau blanc, à
soies plurisériées, non fragiles, fines . . . .   66.

66
> Fruit subcylindrique, légère-
ment atténué dans sa por-
tion supérieure. Aigrette de
soies libres . . . .   *Picris* § *Crepis*.

Fruit comprimé, tronqué. Aigrette de soies fines, unies
à leur base en plusieurs
faisceaux. . . . .   *Lactuca* § *Sonchus*.

CARDUUS

Les *Carduus* proprement dits, au nombre de 4, se
distinguent de la façon suivante :

1
> Capitules sphériques ou ovoï-
des, pédonculés . . . . . .   3.

Capitules oblongs - cylindriques, sessiles . . . .   2.

2
> Capitules plus ou moins
nombreux et agglomérés.
Tige largement ailée-épi-
neuse . . . .   *C. tenuiflorus* Sm.

12

$\left.\begin{array}{c} 2 \\ (s.) \end{array}\right\{$ Capitules solitaires ou 2, 3-nés. Tige à ailes étroites et interrompues . . . . *C. pycnocephalus* L.

$\left.\begin{array}{c} 3 \end{array}\right\{$ Pédoncules pubescents, à décurrences épineuses. Bractées de l'involucre toutes dressées . . . . *C. crispus* L.

Pédoncules submus, tomenteux. Bractées de l'involucre réfractées au milieu. . . . . *C. nutans* L.

Cette dernière espèce a beaucoup de variétés.

Le seul *Carduus* de la section *Onopordon* est le *C. Acanthium*, commun dans les lieux incultes.

Le seul *Carduus* de la section *Silybum* est le *C. Marianus* L. (*Silybum Marianum* Gærtn.) qu'on trouve rarement dans les lieux incultes et les décombres.

Ceux de la section *Serratula* sont le *C. arvensis*, si commun dans les moissons et au bord des chemins et dont les fleurs d'un rose lilacé ont le soir une odeur vanillée; et le *C. tinctorius* (*Serratula tinctoria* L.), assez commun en automne dans les prés et les bois humides, et qui se distingue par des feuilles basilaires grandes et pétiolées, des feuilles supérieures sessiles et généralement pennatifides; des fleurs purpurines ou rarement blanches.

C'est la section *Cirsium* de ce genre qui comprend le plus d'espèces, sans compter les hybrides qu'elles peuvent produire entre elles. On les distingue les unes des autres à l'aide du tableau suivant:

1 {

Feuilles décurrentes sur la tige qui en est ailée et épineuse 2.

Feuilles non ou à peine décurrentes, et tige, par suite, non ailée . . . . 3.

2 {

Capitules médiocres. Bractées de l'involucre dressées, ovales-lancéolées et à sommet à peine épineux . . . . *C. palustris* L.
(Cirsium palustre Scop.*)*

Capitules plus gros. Bractées de l'involucre étalées, lancéolées, à sommet fortement épineux . . . . *C. lanceolatus* L.
(Cirsium lanceolatum Scop.*)*

3 {

Feuilles glabres ou velues en dessus. Bractées de l'involucre à peine épineuses au sommet qui n'est pas élargi 4.

Feuilles épineuses en dessus. Bractées de l'involucre à épine terminale au-dessous de laquelle elles sont dilatées-spatulées . . . . *C. eriophorus* L.
(Cirsium eriophorum Scop.*)*

4 {

Corolles jaunes ou verdâtres . 7.

Corolles roses ou purpurines, rarement blanches . . . . . 5.

5 {

Tige très courte ou subnulle, feuillée dans toute son étendue. . . . . *C. acaulis* L.
(Cirsium acaule All.*)*

Tige haute de 3-10 décimètres, nue dans sa portion supérieure . . . . 6.

6 {
Feuilles basilaires sinuées, à lobes 3-angulaires ou obtusément 2-3-fides . . . . . .   *C. anglicus* LAMK.
      (*Cirsium anglicum* LOB.)

Feuilles basilaires pinnatifides ou pinnatipartites, à lobes 2-3-fides ; leurs divisions lancéolées . . . .   *C. bulbosus* LAMK.
      (*Cirsium bulbosum* DC.)

7 {
Bractées entourant le capitule larges, ovales et pâles-décolorées . . . .   *C. oleraceus.*
      (*Cirsium oleraceum*
        SCOP.)

Plusieurs de ces diverses espèces produisent assez souvent entre elles des hybrides, surtout dans les bois marécageux (Meudon, Montmorency, Villers-Cotterets, etc.). On a distingué des *C. oleraceo-acaulis, palustri-oleraceus*, etc.

Le *C. eriophorus* est assez rare, sur le bord des chemins et dans les lieux incultes.

Le *C. bulbosus* est plus rare encore (Souppes, Thurelle, Dordives).

Les autres *Carduus* de la section *Cirsium* sont communs.

On cultive et on trouve parfois subspontané le Cardon (*C. Cardunculus.* — *Cinara Carduncellus* L.) et l'Artichaut (*C. Scolymus* — *Cinara Scolymus* L.).

ARCTIUM

Ce genre est représenté par la Bardane (**A.** *Lappa* L.— *Lappa officinalis* ALL.), herbe vivace, qui croit dans les décombres, les lieux incultes, au bord des chemins, et qui est très variable comme taille et comme pubescence.

CARLINA

Le *C. vulgaris* L. est la seule espèce de notre flore. C'est une herbe dicarpienne, très commune dans les lieux incultes, sur les coteaux arides, etc. Ses fleurs sont jaunâtres, et ses capitules fructifères persistent, sur la plante desséchée, d'une année à l'autre

CENTAUREA

On peut en distinguer 8 dans la flore, dont une est une espèce introduite. On les reconnaîtra à l'aide du tableau ci-dessous :

1	Involucre à bractées épineuses.	2.
	Involucre à bractées non épineuses, bordées-ciliées ou surmontées d'un appendice scarieux lacinié-cilié	3.
2	Fleurs roses ou purpurines, rarement blanches. Feuilles non décurrentes sur la tige	*C. Calcitrapa.* L.
	Fleurs jaunes. Feuilles décurrentes.	*C. solstitialis* L.
3	Feuilles entières, lancéolées. Fleurs non bleues	4.
	Feuilles linéaires. Fleurs généralement bleues.. . . .	*C. Cyanus* L.

4 {
Feuilles pinnatipartites. Involucre à folioles marginées,
ciliées supérieurement. . . *C. Scabiosa* L.

Feuilles entières, sinuées ou
rarement pinnatifides. Bractées de l'involucre surmontées brusquement d'un ap-
pendice scarieux et acinié-
cilié . . . . 5.

5 {
Appendice des bractées de
l'involucre ovale ou suborbiculaire, subentier ou irrégulièrement incisé . . . . . . *C. Jacea* L.

Appendice des bractées de l'involucre ovale-lancéolé, pec-
tiné-cilié, à cils généralement
une fois plus longs que la
largeur de l'appendice . . . *C. nigra* L.

Ces deux espèces ont beaucoup de variétés et de sous-
variétés qui les unissent l'une à l'autre. Le *C. nigra* est assez
rare; les autres sont tous communs, sauf le *C. solstitialis* qui
est une plante introduite et qui se rencontre généralement
dans les cultures, surtout dans les luzernes.

CARTHAMUS

Nous en avons 2 espèces : l'une de la section *Kentrophyllum*, qui est le *C lanatus* L., à feuilles pinnatipartites, glanduleuses-visqueuses, et à fleurs jaunes, assez
commun dans les lieux incultes; l'autre de la section
Curduncellus, qui est le *C. mitissimus* L. et qui se trouve

sur les coteaux herbeux et arides du calcaire. Ses feuilles pinnatipartites sont presque toutes ou toutes basilaires, et ses fleurs à odeur douce sont bleues. On va généralement chercher cette plante à Bouray et à Lardy, sur le bord des cultures, notamment à gauche de la route qui descend de l'un à l'autre de ces villages. Elle se trouve aussi à Malesherbes, Etampes, etc.

On trouve quelquefois encore à Malesherbes l'*Echinops sphærocephalus* L., Carduée introduite.

CICHORIUM

Il n'y a de ce genre qu'une espèce, le *C. Intybus* L. (Chicorée sauvage), herbe vivace, commune au bord des chemins et dans les lieux incultes, à fleurs bleues, rarement blanches ou roses, souvent cultivée comme légume ou comme médicament.

HYOSERIS

Une seule espèce, de la section *Arnoseris*, l'*H. minima* (*A. pusilla* Gærtn.), herbe annuelle, à fleurs jaunes, assez commune dans les champs siliceux.

PICRIS

Nous avons un *Picris* proprement dit, le *P. hieracioides*

L., plante bisannuelle, assez commune dans les prés, sur les coteaux incultes, etc.

Dans la section *Helminthia*, nous n'avons qu'une espèce, le *P. echioides* (*H. echioides* G.ERTN.), herbe annuelle, assez rare, des champs et des prairies artificielles, qui a des fleurs jaunes; les capitules disposés en cimus corynbiformes.

La section *Crepis* est représentée par 7 espèces dont voici le tableau :

1. { Fruits, au moins ceux du centre, prolongés en long bec . . . . 2.
   { Fruits atténués en haut, mais sans bec. . . . . 4.

2. { Fruits à becs tous égaux. Capitules dressés avant l'épanouissement des fleurs. . . 3.
   { Fruits du centre à bec deux fois plus long que ceux de la périphérie. Capitules penchés avant l'épanouissement . . . . *P. fœtida* (*Crepis fœtida* L.— *Barkhausia fœtida* DC.).

3. { Involucre à longues soies jaunâtres, non glanduleuses. Fruit surmonté d'un bec plus court que lui, à côtes spinulescentes . . . . . . *P. setosa* (*Barkhausia setosa* DC.).
   { Involucre à duvet blanchâtre, avec quelques poils glanduleux. Fruit surmonté d'un bec plus long que lui, à côtes rugueuses. . . . . *P. taraxacifolia* (*Barkhausia taraxacifolia* DC.)

Involucre glabre. Feuilles basilaires hérissées-glandu-
leuses. . . . . *P. pulchra.*

4   Involucre à duvet blanchâtre,
avec quelques poils glanduleux. Feuilles basilaires
glabres ou hérissées, non
glanduleuses. . . . . 5.

Fruit non atténué en bec, à
côtes faiblement rugueuses,
jaunâtre ou olivâtre. Feuilles
5   caulinaires planes. . . .. . 6.

Fruit atténué en bec, à côtes
fortement rugueuses, brun.
Feuilles caulinaires à bords
révolutés. . . . . *P. tectorum.*

Involucre à bractées glabres
en dedans ; les extérieures
appliquées. Feuilles sagit-
6   tées. . . . . *P. virens.*

Involucre à bractées velues en
dedans ; les extérieures
étalées. Feuilles caulinaires
non sagittées . . . . *P. biennis.*

La plupart de ces espèces sont communes. Seuls les
P. pulchra et *tectorum* sont assez rares.

HIERACIUM

Ce genre, dont on a beaucoup multiplié les espèces, en
comprend dans notre flore 5 bien distinctes, qu'on déter-
minera à l'aide des tableaux suivants :

a. — *Euhieracium.* Plantes sans stolons. Tige en général

feuillée. Fruit moyen, à aigrette de poils 2-sériés et roussâtres.

b.— *Pilosella*. Plante à stolons feuillés. Tige en général non feuillée. Fruit petit, à aigrette de poils 1-sériés et blanchâtres.

Espèces de la section *Euhieracium*.

1
- Rosette basilaire de feuilles persistant lors de la floraison . . . 4.
- Rosette desséchée ou détruite lors de la floraison . . . . 2.

2
- Involucre à folioles réfléchies au sommet. Style jaune. Inflorescence en cyme ombelliforme . . . . *P. umbellatum* L.
- Involucre à folioles dressées. Style brun. Inflorescence corymbiforme ou allongée. . 3.

3
- Tige pleine, dure et rude. Feuilles inférieures à court pétiole. . . . . *H. boreale* Fr.
- Tige creuse, molle et lisse. Feuilles inférieures à long pétiole. . . . . *H. tridentatum* Fr.

4
- Inflorescence à branches étalées-dressées et non arquées. Feuilles basilaires à bec atténué. . . . . *H. vulgatum* Fr.
  (*H. sylvaticum* Lamk, non L.)
- Inflorescence à branches très étalées, arquées. Feuilles basilaires à base arrondie ou cordée . . . . *H. murorum* L.

Espèces de la section *Pilosella*.

L'une d'elles est partout des plus communes, l'*H. Pilosella* L. Son rhizome est rampant, avec des feuilles oblongues-ovales, blanchâtres, et ses capitules sont solitaires au sommet d'un axe dressé. L'autre, moins commune, est l'*H. Auricula* L. Ses capitules sont groupés, au nombre de 2-5, au sommet d'un axe scapiforme.

L'*H. Peleterianum* Mér., qui est très rare et a été trouvé à Etampes, est souvent considéré comme une variété de l'*H. Pilosella*. Il en diffère par ses stolons courts et par son duvet, formé de poils roux et longs.

Les espèces indiquées ci-dessus dans la section *Euhieracuium* sont toutes communes.

LEONTODON

On trouve assez fréquemment deux espèces de *Leontodon* proprement dits; une de la section *Thrincia*; trois de la section *Hypochœris* et trois de la section *Taraxacum* dont nous avons (p. 61), mentionné déjà une espèce vernale, le Pissenlit.

Des deux *Euleontodon*, l'un est le *L. hispidus* L., qui croit au bord des chemins, dans les lieux herbeux, et qui a une rosette de feuilles basilaires, oblongues-lancéolées, pennatifides ou roncinées, généralement hérissées. Le *L. hastilis* L. est une forme de la plante qui a les feuilles glabres. Du centre s'élève un axe simple, ter-

miné par le capitule, assez grand et jaune. Le *L. autumnale* L. a les feuilles de sa rosette sinuées ou pinnatifides ; mais ses axes capitulifères sont ramifiés.

Le *L. hirtum* L. est le type de la section *Thrincia*. C'est
une petite herbe vivace, fort vulgaire, à petits capitules
solitaires. Leurs fleurs sont jaunes; celles de la périphérie livides en dehors.

Dans la section *Hypochœris*, il n'y a qu'une espèce très
commune, le *L. radicatum*, vivace, à souche épaisse et rameuse, à rosette de feuilles basilaires étalées, oblongues,
sinuées ou roncinées, hérissées. Les capitules sont solitaires au sommet d'un long pédoncule nu. Le *L. glabrum*
se distingue du précédent en ce qu'il est annuel, à racine
glabre. Ses feuilles sont glabres ou à peu près; et l'involucre de ses capitules est à peu près de la longueur des
fleurs, tandis qu'il est plus court dans le *L. radicatum*.
La troisième espèce, le *L. maculatum*, est rare; on la
trouve à Fontainebleau, Bois-le-Roi, Nemours. Saint-
Léger, dans les bois et les prés herbeux. Ses axes sont
velus-hérissés et non glabres comme dans les deux précédents et portent 1, 2 feuilles. Leur fruit a toutes les
soies de l'aigrette plumeuses, tandis que les extérieures
ne le sont pas dans les deux espèces précédentes. Les
taches brunes des feuilles qui ont valu son nom à cette
espèce ne sont pas constantes.

Dans la section *Taraxacum*, nous connaissons le Pissenlit (*L. Taraxacum*). Les *L. palustre* et *lævigatum* sont,
suivant les opinions, ou deux espèces voisines, ou deux

variétés de la première. Le *L. palustre*, assez rare dans les lieux humides, a des feuilles subentières ou sinuées-dentées. Le *L. lævigatum* les a profondément roncinées, à lobes étroits ou incisés-pinnatifides. Ses fruits sont d'un rouge brique, tandis que ceux du *L. palustre* sont brunâtres ou jaunâtres.

LAPSANA

Notre seule espèce, est le *L. communis* L., annuel, rameux, à feuilles lyrées ; les supérieures dentées. Il a des petits capitules jaunes, à involucres de 8-10 folioles unisériées, et des fruits sans aigrette. Il est très commun dans les bois, au bord des chemins, etc.

SCORZONERA

Il y a deux *Scorzonera* proprement dits, à bractées de l'involucre plurisériées. Ce sont le *S. humilis* L. et le *S. austriaca* W.; puis deux espèces de la section *Tragopogon*, à involucre formé de 8-12 bractées 1-sériées.

Le *S. (Euscorzonera) humilis*, commun dans les marais et les herbages humides, est une herbe vivace, à rhizome nu en haut ou surmonté d'écailles entières. Le *S. austriaca*, rare, à un rhizome surmonté des nervures persistantes des feuilles détruites. On le trouve à Fontainebleau, sur les coteaux secs, notamment au Mont-Merle ; à Nanteau près Malesherbes, à Maisse, etc. Le *S. (Tragopogon) pra-*

tensis ou Salsifis sauvage est très commun dans les lieux herbeux. Ses fleurs sont jaunes, et ses capitules sont supportés par un pédoncule qui est à peine renflé au-dessous d'eux; tandis que le S. (*Tragopogon*) *dubius* (ou *major*), bien plus rare, a des pédoncules qui, sous le capitule, se renflent fortement en massue.

Il y a aussi une section *Podospermum*, représentée par le S. *laciniata* L., herbe bisannuelle, répandue dans les lieux incultes. Sa tige rameuse a des feuilles pennatiséquées, à segments linéaires, et ses capitules sont supportés par un pédoncule creux.

LACTUCA

Il y a d'abord quatre *Lactuca* proprement dits (*Eulactuca*), dont voici le tableau :

1. { Fleurs bleues ou lilacées, rarement blanches. . . . . *L. perennis* L.
   Fleurs jaunes plus petites . . 2.

2. { Capitules stipités. Feuilles caulinaires à bord dorsal spinulescent, à oreillettes sagittées. . . . . 3.
   Capitules subsessiles. Feuilles caulinaires à nervure dorsale généralement non spinulescente, à oreillettes aiguës et étroites. . . . . . . *L. saligna* L.

Fruits moyens (5, 6 millimètres
   de long), nettement marginés, comprimés, glabres
   au sommet, d'un brun foncé.   *L. virosa* L.
3   Fruits petits (environ 3 milli-
      mètres de long), à peine
      marginés, à peine compri-
      més, hérissés au sommet,
      grisàtres ou fauves . . . .   *L. Scariola* L.

Toutes ces espèces sont assez communes, sauf le
L. virosa, au bord des chemins et dans les décombres; et
le *L. perennis*, sur les coteaux secs et calcaires, comme à
Bouray, et dans les champs voisins.

Dans la section *Sonchus*, il y a aussi 4 espèces
distinguées de la façon suivante :

Involucre et pédoncule à poils
      glanduleux-visqueux. . . .   2.
1   Involucre et pédoncule coton-
      neux ou glabres . . . . . .   3.
Fruit subprismatique, fauve.
   Feuilles de la tige à 2 oreillettes allongées, lancéolées,
2   acuminées. . . . .   *L. palustris.*
Fruit elliptique, brun. Feuilles
   de la tige à 2 oreillettes
   courtes, arrondies . . . . .   *L. arvensis.*
Fruit à rides transversales.
   Oreillettes des feuilles acuminées, étalées. . . . . . .   *L. oleracea.*
3   Fruit lisse. Oreillettes des
   feuilles arrondies et en
   hélice . . . .   *L. aspera.*

Toutes ces espèces sont communes. Le *L. palustris* l'est moins, assez abondant à Montmorency, Enghien, dans les marais des environs de Corbeil, etc.

La section *Chondrilla* est représentée par le seul *L. juncea*, à capitules jaunes, 6-12-flores; assez commun au bord des chemins et dans les lieux arides, pierreux.

La section *Prenanthes* ne comprend aussi qu'une espèce, le *L. muralis* L., à petits capitules jaunes, commun sur les rochers et les vieux murs, dans les bois sombres, etc.

EUPATORIUM

La seule espèce de ce genre est l'*E. cannabinum* L., grande plante vivace, très commune au bord des eaux et qui a des feuilles opposées, palmatilobées, avec de très nombreux et petits capitules roses, rarement blancs, groupés en grappes de cymes très composées et corymbiformes.

ASTER

On trouve très rarement un véritable *Aster*, l'*A. Amellus* L., dans le bois de Villiers, près Nemours. C'est une herbe vivace, à feuilles ovales-lancéolées, à cymes corymbiformes de capitules dont les demi-fleurons sont bleus. Sa floraison est automnale. Il y a aussi un *A*. de la section *Linosyris*, l'*A. Linosyris* (*Crinitaria Linosyris* Less. — *Linosyris vulgaris* DC.). C'est une herbe vivace, à floraison également automnale, qui a des tiges simples, grêles et de nombreuses feuilles linéaires. Ses capitules jaunes forment une cyme corymbiforme terminale. On la trouve rarement encore au Vésinet, mais elle est plus abondante à Fontainebleau et Nemours, près de Marines, à Dreux, à Mantes, à Vernon et aux Andelys.

ERIGERON

L'*E. acre* L. est commun au bord des chemins, dans les lieux herbeux. C'est une petite herbe bisannuelle, rameuse ou non au sommet, à feuilles caulinaires linéaires-lancéolées, à capitules solitaires ou 2, 3 en cyme, roses ou blanchâtres. Bien plus commun est encore, surtout dans les décombres, même à l'intérieur de Paris, l'*E. canadense* L., introduit depuis des siècles d'Amérique, et qui est annuel, avec de nombreuses feuilles linéaires-lancéolées et une inflorescence pyramidale, allongée, de très nombreux petits capitules blanchâtres.

BELLIS

Notre seule espèce est la Pâquerette (*Bellis perennis* L.) qui fleurit toute l'année (p. 60).

SOLIDAGO

La Verge-d'or (*S. Virga-aurea* L.) est la seule plante de

ce genre qu'on trouve aux environs de Paris; elle y est
très commune dans les bois, remarquable en automne
par ses tiges dressées, ses feuilles caulinaires lancéolées
et ses capitules petits et jaunes, groupés en longues inflorescences.

INULA

La seule espèce vraiment commune de ce genre est
l'*I. squarrosa* (*I. Conyza* DC. — *Conyza squarrosa* L.). Elle
fleurit à la fin de l'été, au bord des bois, dans les lieux
arides, etc. Ses capitules sont assez petits, nombreux,
d'un jaune pâle, disposés en grappes corymbiformes de
cymes. Voici, d'ailleurs, comment on en distingue les
trois autres espèces de la section *Euinula* :

1	Fleurs de la périphérie des capitules à corolle tubuleuse, à peine fendue, ne dépassant pas l'involucre	*I. squarrosa* L.
	Fleurs de la périphérie à corolle longuement ligulée. .	2.
2	Bractées de l'involucre linéaires, molles, soyeuses. Fruit velu. Feuilles molles	*I. britannica* L.
	Bractées de l'involucre lancéolées, ciliées ou hispides. Fruit glabre. Feuilles coriaces	3.

3

/ Feuilles caulinaires sessiles,
hérissées . . . . *I. hirta* **L.**
Feuilles caulinaires semi-amplexicaules, glabres ou à
peu près. . . . . *I. salicina* L.

Les *I. britannica* et *salicina* ne sont pas rares. L'*I. hirta*, plante des coteaux secs, se récolte à Malesherbes sur la Butte de la Justice, ou à Nemours, Fontainebleau, Maisse, Montigny-sur-Loing, etc.

L'*I. Helenium* L. (Grande-Aunée), type d'une section *Corvisartia*, est une grande et belle plante à larges capitules jaunes, terminaux et solitaires. Ses grandes feuilles sont tomenteuses-blanchâtres. Elle est fort rare, se trouvant parfois dans les haies, au bord des fossés, près des habitations. Elle a existé à Montmorency, dans le Trou de Tonnerre.

L'*I. graveolens* Desf. (*Erigeron graveolens* L.) représente seul chez nous la section *Cupularia*. C'est une herbe annuelle, glanduleuse, très odorante, à feuilles linéaires-oblongues, à petits capitules nombreux, jaunes et violacés, rapprochés en grappe de cymes allongée. On la récolte dans les lieux sablonneux et humides, à Marcoussis, Orsay, Marly, Rueil, Chevreuse. Elle était jadis répandue dans le parc de Buzenval.

PULICARIA

On confond souvent ces plantes avec les *Inula*. Il y en a deux espèces très communes : le *P. dysenterica* Gærtn.

(Herbe de Saint-Roch) et le *P. vulgaris* Gærtn. Le premier est vivace, blanchâtre, à feuilles oblongues-lancéolées, sessiles; les supérieures auriculées et embrassantes. Le dernier est annuel, grisâtre, et a les feuilles inférieures atténuées en pétiole. Dans l'un et l'autre, les capitules sont jaunes. Mais les fleurs de la périphérie sont longuement ligulées dans le *P. dysenterica;* très courtes et dressées dans le *P. vulgaris.*

GNAPHALIUM

Nos *Gnaphalium* proprement dits (section *Eugnaphalium*) sont au nombre de 2, annuels l'un et l'autre :

1. Le *G. uliginosum* L., très commun dans les champs humides, variable, très ramifié, à branches étalées, feuillées dans toute leur longueur. Ses feuilles sont atténuées à la base, et ses petits capitules sont groupés en glomérules et entremêlés de feuilles plus longues qu'eux ;

2. Le *G. luteo-album* L., un peu moins commun, abondant cependant dans les champs et les bois humides, plus grand, à tige simple ou rameuse, ascendante; les feuilles caulinaires semi-amplexicaules et les glomérules de capitules non feuillés.

La section *Gamochæta* est représentée par une espèce commune de nos bois, bien développée en automne : le *G. sylvaticum* L., vivace, à branches aériennes dressées, rigides, feuillées dans toute leur hauteur; les feuilles linéaires-lancéolées ; les inflorescenses allongées, feuillées, composées et formées de très nombreux capitules.

La section *Antennaria* n'a également qu'une espèce, le *G. dioicum* L. (Pied-de-chat). C'est une jolie petite herbe vivace, à rhizome rampant, émettant des rosettes stériles et des branches florifères dressées, à feuilles basilaires spatulées. Les capitules, en cyme corymbiforme, sont unisexués : les mâles blancs et les femelles rosés. On trouve cette plante en été à Lardy, sur les coteaux, ou à Fontainebleau, etc. Elle est plus rare aujourd'hui à Jouy, rarissime à Meudon, etc.

FILAGO

Ce genre, si voisin des *Gnaphalium*, comprend, dans la flore parisienne, 4 *Eufilago*, une espèce de la section *Logfia*, et une de la section *Micropus*. Les *Eufilago* se distinguent à l'aide du tableau qui suit :

1. Glomérules globuleux et compactes, comprenant plus de 7 capitules sessiles, à bractées de l'involucre cuspidées 2.

   Glomérules comprenant 1-7 capitules courtement stipités ou subsessiles, à bractées de l'involucre non cuspidées. . . . . 3.

2. Glomérules pourvus de 1, 2 feuilles involucrales, très courtes ou nulles. Capitules très obtusément 5-angulés . ***F. germanica* L.**

2
(s.)

Glomérules pourvus de 3, 4 feuilles involucrales plus longues que les capitules pourvus de 5 angles très aigus et saillants . . . . . *F. spathulata* Presl.

3

Involucre laineux dans toute son étendue. Capitules obtusément 8-costés . . . . . . *F. arvensis* L.

Involucre soyeux en bas, glabre et jaune en haut. Capitules à 5 angles obtus, mais saillants. . . . . *F. minima* Fr.

Toutes ces plantes sont communes ou assez communes dans les champs sablonneux, les lieux cultivés. Le F. *germanica* est très variable. On a nommé F. *apiculata* une de ses variétés à duvet jaunâtre ou verdâtre et à sommet de l'involucre rougeâtre.

Dans la section *Logfia*, nous avons le F. *gallica* L., à tige simple ou ramifiée, à glomérules de 3-8 capitules, avec feuilles florales les dépassant beaucoup et des involucres à 5 angles saillants. C'est une herbe annuelle, commune dans les champs sablonneux.

Dans la section *Micropus*, le F. *erecta*, petite herbe à tiges dichotomes, nombreuses, à glomérules de capitules disposés en épis interrompus. L'involucre a 5-7 angles proéminents. Cette petite herbe annuelle est assez rare, dans les champs calcaires arides, à Lardy, Fontainebleau, Malesherbes, la Genevraye, Étampes, etc.

CALENDULA

Le Souci des vignes (*C. arvensis* L.) a été étudié page 63. Le S. des jardins (*C. officinalis* L.), plus grand, s'échappe quelquefois des jardins.

HELIANTHUS

Ce genre, également échappé des cultures, est représenté par deux grandes plantes très connues :

Le Topinambour (*H. tuberosus* L.), vivace, à tubercules souterrains, à capitules moyens, se développant à l'arrière-saison.

Le Grand-Soleil (*H. annuus* L.), annuel, à tige simple, à grands capitules penchés, se développant dès l'été.

BIDENS

Notre flore en comprend une espèce très commune, des lieux aquatiques, le *B. tripartita* L. Ses feuilles sont triséquées ou tripartites, et ses fruits ont 2, 3 arêtes.

Il faut en distinguer 2 autres, également du bord des eaux, et également à fleurs jaunes, mais bien plus rares, savoir :

Le *B. cernua* L., dont les feuilles sessiles sont lancéolées et dentées, et dont les fruits ont 4, 5 arêtes. Dans les fleurs de la circonférence, les corolles ligulées peuvent çà et là se développer; mais c'est le cas le plus rare.

Le *B. radiata* Thuill., dont les feuilles pétiolées sont
3-5-partites ou 3-5-séquées, avec d'assez gros capitules
de 2 centimètres de diamètre, en cyme, et des fruits
triangulaires, de moitié plus petits que ceux du *B. tripartita*. On trouve cette espèce au Perray, à l'étang de
Saint-Hubert près Rambouillet, à celui de Saint-Quentin
près Trappes, etc.; mais elle est ordinairement d'une
grande rareté.

SENECIO

Nous savons, que même en hiver, le *S. vulgaris* L. est
très commun dans les endroits cultivés (p. 60). Nous
connaissons ses caractères, et nous pouvons le distinguer
des autres espèces du genre avec le tableau suivant :

1 { Fleurs de la périphérie du capitule à ligule bien développée et étalée . . . . . . 4.

Fleurs de la périphérie à ligule très courte ou involutée . . 2.

2 { Herbe annuelle, fortement glanduleuse, à involucre accompagné de bractées extérieures égales au tiers environ de sa longueur. Fruit glabre . . . . *S. viscosus* L.

Herbe glabre ou légèrement pubescente, à involucre accompagné de bractées extérieures égales au plus au quart de sa hauteur. Fruit pubescent . . . . 3.

Lobes des feuilles égaux. In-
voluere à peu près glabre . . S. *vulgaris* L.
3 Lobes des feuilles inégaux.
Involucre pubescent-glan-
duleux . . . . S. *sylvaticus* L.

4 Feuilles dentées. . . . . . . 5.
Feuilles pinnatifides ou pinnatilobées. . . . . 6.

Feuilles pétiolées, glabres ou
pubescentes, vertes en dessous. Involucre de 8-10
5 bractées, cylindrique. . . . S. *nemorensis* L.
Feuilles sessiles, aranéeuses
en dessous. Involucre de
18-20 bractées, hémisphé-
rique. . . . . S. *paludosus*.

Feuilles bi-tripinnatiséquées;
les segments étroits, li-
6 néaires. . . . . S. *adonidifolius* L.
Feuilles pinnatilobées ou pin-
natipartites; les segments
non linéaires. . . . . 7.

Rhizome court et tronqué.
Bractées extérieures à l'involucre très courtes. . . . 8.
7 Rhizome rampant. Bractées
extérieures à l'involucre
égales à son tiers ou à sa
moitié. . . . . S. *erucæfolius* L.

Feuilles caulinaires pinnati-
8 partites; les divisions subégales. Rameaux de l'inflo-
rescence dressés. . . . . . S. *Jacobæa* L.

8
(s.)

Feuilles caulinaires lyrées ; le
lobe terminal bien plus
grand. Rameaux de l'inflorescence étalés . . . .   9.

9

Feuilles basilaires en rosette ;
les lobes latéraux des caulinaires étalés à angle droit ;
toutes d'un vert foncé. Rameaux de l'inflorescence
divariqués. . . . .   *S. barbareæfolius* Koch.

Feuilles basilaires non en rosette ; les lobes latéraux des
caulinaires obliques. Ra-
meaux de l'inflorescence
étalés . . . .   *S. aquaticus* Huds.

Le *S. lanceolatus* DC. a été rapporté au genre *Cineraria*,
parce que ses capitules n'ont pas de bractées basilaires
distinctes de celles de son involucre. C'est une herbe
vivace de nos marais et de nos prairies tourbeuses, assez
abondante à Montmorency, etc.

Les autres Seneçons sont communs, sauf les *S. aquaticus*
et *barbareæfolius*, assez rares dans les prés humides ; le
le *S. adonidifolius* qu'on va chercher à Chevreuse et à
Marcoussis, et surtout le *S. nemorensis*, relégué près de la
Ferté-Milon, dans le bois de Montigny-Lallier.

DORONICUM

Notre seule espèce est le *D. plantagineum* L., herbe
vivace, à grands capitules jaunes et qui fleurit au com-

mencement de l'été. Il est fort rare aujourd'hui au Bois de Boulogne, mais il abonde au Buisson de Verrières, à Mériel, etc.

PETASITES

Il a été traité (p. 62) des *P. vulgaris* et *Farfara*.

MATRICARIA

Il y a dans la flore parisiennne 2 espèces annuelles de la section *Eumatricaria*, toutes deux à demi-fleurons blancs. La plus commune de beaucoup est le *M. inodora* L., qui couvre souvent les champs et les moissons. C'est une herbe inodore ou peu s'en faut; le réceptacle de son capitule est plein. L'autre, moins commune, est le *M. Chamomilla* L. Son capitule est creux et toutes ses parties sont odorantes. C'est une plante des moissons, des décombres, des lieux sablonneux.

La section *Ormenis* a 2 espèces odorantes. L'une d'elles est annuelle et très rare : c'est le *M. mixta* (*Anthemis mixta* L.). Ses tiges sont rougeâtres et ses feuilles pinnatiséquées, à segments courts et cuspidés. Le tube de ses corolles régulières se prolonge en appendice sur le bord interne de l'ovaire. On trouve cette espèce à Thurelles près Dordives, et elle se voit çà et là semée sur les berges de la Seine. L'autre espèce de cette section est la Camomille romaine (*M. nobilis.* — *Anthemis nobilis* L.).

C'est une plante vivace, des lieux herbeux, des carrefours des bois, des coteaux, à duvet grisâtre, à feuilles bipinnatiséquées; les segments capillaires. Le tube de ses fleurons est inappendiculé. Son odeur est très forte, et sa saveur très amère.

La section *Anthemis* a aussi 2 espèces, annuelles et communes dans les moissons : l'*A. arvensis* L. et l'*A. Cotula* L. (Maroute puante). La première a les paillettes de ses capitules oblongues-linéaires et brusquement rétrécies en pointe. La dernière les a linéaires et graduellement atténuées de la base au sommet.

CHRYSANTHEMUM

Très voisin des *Matricaria*, ce genre ne renferme, dans la flore, qu'une espèce de la section *Euchrysanthemum*, C'est une herbe des moissons, annuelle, assez commune, à beaux capitules jaune d'or, le *C. Segetum* L.

Dans la section *Pyrethrum*, il y a 2 espèces : la Grande-Marguerite de nos champs, connue de tous et qui est le *C. Leucanthemum* L. (*Leucanthemum vulgare* Lamk), espèce vivace; et le *C. Parthenium* (*Pyrethrum Parthenium* Sm.), vivace aussi, échappé des jardins, souvent très rameux, à feuilles pennatiséquées. Souvent les fleurons jaunes du centre y sont transformés en demi-fleurons blancs.

La section *Tanacetum* est représentée par la Tanaisie (*C. Tanacetum. — Tanacetum vulgare* L.), grande herbe **vivace, commune, à odeur forte, anisée, non désagréable,**

à feuilles bipinnatipartites, à cymes très serrées et corymbiformes de capitules jaunes, dont les fleurons périphériques sont courts et 3-dentés.

SANTOLINA

Ce genre n'est représenté que par 2 espèces de la section *Achillea,* à capitules blancs ou rosés, en cyme
corymbiforme. L'une d'elles, extrêmement commune
partout, est la Millefeuille (*S. Millefolium* H. Bn. — *Achillea
Millefolium* L.), à feuilles bipinnatiséquées ; les segments
linéaires et nombreux. L'autre, moins commune, est le
S. Ptarmica H. Bn (*Achillea Ptarmica* L.), à feuilles
linéaires-lancéolées, dentées en scie, à capitules plus gros
que ceux de l'espèce précédente.

ARTEMISIA

Le type du genre est notre Armoise commune (*A. vulgaris* L.), un peu odorante, très commune au bord des
chemins et dans les lieux incultes. C'est une grande
herbe vivace, à feuilles pinnatipartites, blanches et tomenteuses en dessous ; les segments oblongs-lancéolés, glabres
en dessus à l'état adulte. Ses capitules ont un involucre
tomenteux.

L'*A. campestris* L. est moins commun, abondant cependant sur les coteaux arides et siliceux. Il est fort peu
odorant et a des feuilles divisées en segments linéaires,

très étroits. L'involucre de ses capitules est lisse et luisant.

On trouve quelquefois encore, près des fabriques de lainages, le *Xanthium spinosum* L., plante piquante, introduite, de la série des Ambrosiées.

Chénopodiacées

Cette famille renferme, dans la flore, quatre genres indigènes : *Chenopodium, Atriplex, Amarantus* et *Polyc-nemum.* Pour se faire une idée de leur organisation, il suffit d'examiner de près un des *Chenopodium* à feuillage blanchâtre qui sont si communs tout l'été sur le bord des chemins, dans les lieux incultes, les décombres. On y verra des fleurs très nombreuses et très petites, sans corolle (apétales), avec un calice vert, de 5 (rarement 3, 4) sépales imbriqués, avec un même nombre d'étamines superposées; un ovaire libre, uniloculaire, surmonté de 2, 3 branches stylaires, avec un ovule basilaire, campylotrope. Le fruit, sec et indéhiscent, renferme une graine dont l'embryon courbe entoure un albumen amylacé.

L'organisation florale est la même dans les *Amarantus* qui sont souvent aussi des herbes très communes des décombres et des lieux incultes. Mais leur fruit est une pyxide (s'ouvre en travers).

Il y a aussi chez nous deux genres de Chénopodées

représentés par des plantes introduites et cultivées, les Betterave (*Beta*) et Épinard (*Spinacia*). Ceci posé, voici comment on distinguera les uns des autres les divers genres de la famille et leurs sections :

1 Fleurs hermaphrodites, rarement polygames. Calice à 2-5 sépales, indépendants ou unis à la base, parfois unis hautement en un sac enveloppant le fruit . . . . 2.

Fleurs unisexuées, monoïques ou dioïques ; les femelles ou la plupart d'entre elles sans périanthe et à 2 bractées valvaires (ou s'accroissant en valves autour du fruit). . . . . *Atriplex.*

2 Fleurs hermaphrodites ou très rarement polygames. Calice induré ou devenant charnu autour du fruit ; les sépales non unis en un sac capsulaire. . . . . 3.

Fleurs dioïques ; les sépales unis en un sac capsulaire, enveloppant le fruit et souvent épineux. . . . . *Spinacia.*

3 Calice fructifère herbacé ou charnu, non uni au péricarpe. Testa de la graine crustacé. . . . . 4.

3
(s.)
- Calice fructifère à tube ligneux ou drupacé. Fruit à péricarpe induré et uni au calice inférieurement. Testa de la graine membraneux . . . . . *Beta.*

4
- Graines toutes ou presque toutes horizontales, déprimées. Calice fructifère herbacé. . . . . *Chenopodium.*
- Graines toutes ou presque toutes verticales, comprimées. Calice fructifère herbacé ou charnu . . . . . . *Chenopodium § Blitum.*

CHENOPODIUM

Les espèces de la section *Euchenopodium* se distinguent les unes des autres par le tableau suivant :

1
- Sépales persistant autour du fruit, rapprochés de lui et appliqués étroitement sur lui. . . . . 2.
- Sépales plus ou moins étalés autour du fruit dont on aperçoit toute une face . . *C. polyspermum* L.

2
- Herbe non fétide, à feuilles non entières ou rarement entières. . . . . 3.
- Herbe à odeur fétide (de poisson pourri), à feuilles entières, subrhomboïdales . . *C. Vulvaria* L.

3 {
Feuilles à base cordée, à sommet longuement acuminé, latéralement largement 3, 4-dentées . . . . . *C. hybridum* L.

Feuilles à base atténuée ou tronquée, entières ou sinuées-dentées, à sommet aigu . . . . 4.
}

4 {
Feuilles oblongues, obtuses, glauques en dessous. . . . *C. glaucum* L.

Feuilles rhomboïdales - triangulaires, ovales ou lancéolées, entières ou sinuées, à face inférieure verte ou pubérulente-blanchâtre . . 5.
}

5 {
Glomérules floraux disposés au sommet de chaque rameau en groupe corymbiforme lâche. Graine non luisante, à bord tranchant. *C. murale* L.

Glomérules floraux disposés en grappe terminale composée, spiciforme. Graine luisante, à bord non tranchant. . . . . 6.
}

6 {
Sépales carénés autour du fruit. Glomérules floraux en grappes étalées ou dressées et non appliquées contre la tige. Feuilles ovales-rhomboïdales ; les inférieures généralement obtuses. . . 7.
}

14.

6
(s.)

Sépales non carénés autour du fruit. Glomérules floraux en grappes appliquées contre la tige. Feuilles triangulaires, aiguës ou acuminées. . . . . *C. intermedium* M. et K.

7

Feuilles supérieures oblongues ou lancéolées, entières, généralement aiguës. . . . . *C. album* L.

Feuilles toutes ovales-rhomboïdales, subtrilobées; le lobe moyen généralement tronqué. . . . . *C. opulifolium* Schrad.

Ces plantes sont communes dans les lieux cultivés, les décombres. Seuls les *C. intermedium* et *opulifolium* sont rares : le premier près de Charenton, à Versailles et à Étampes; le dernier à Arcueil, Choisy, Saint-Maur, Saint-Cloud.

Le *C. intermedium* est souvent considéré comme une variété du *C. urbicum* L., étranger à la flore.

Le *C. viride* des auteurs des flores parisiennes (non L.) est une variété du *C. album*, dont les feuilles ovales-lancéolées sont toutes entières, à peine pubérulentes, vertes en dessous comme dessus, et dont les glomérules sont disposés en grappes lâches.

Les espèces de la section *Blitum* sont au nombre de deux :

Le *C. Bonus Henricus* L. (*Agathophytum Bonus Henricus* Moq.), assez commun au voisinage des habitations, vivace, à feuilles légèrement pubérulentes, à glomérules **floraux disposés en grappes non feuillées.**

Le *C. rubrum* L. (*Blitum rubrum* Rcnb.), annuel, à calice plus ou moins charnu à la maturité. Il est assez commun près des habitations et dans les décombres.

ATRIPLEX

Dans ces plantes, les fruits peuvent avoir les graines, soit horizontales, soit verticales ; et les bractées qui enclosent le fruit comme une coquille, peuvent être libres, membraneuses et réticulées. C'est ce qui caractérise l'*A. hortensis* L., plante potagère, parfois échappée des cultures. Dans l'*A. patula* L., au contraire, tous les fruits sont verticaux, comme leur graine, et les bractées qui entourent le fruit sont unies et herbacées. C'est une herbe commune, dans les décombres, dans les champs incultes. Elle a beaucoup de variétés, notamment les *A. latifolia* et *hastata*, parfois considérés comme espèces.

Les Chénopodiacées de la série des Amarantées sont représentées par deux *Amarantus* proprements dits, par une espèce de la section *Euxolus* du genre Amarante ; et celles de la série des Polycnémées, par le *Polycnemum arvense* L. Voici comment ces trois groupes se distinguent :

Fruit déhiscent en pyxide vers son milieu	*Euamarantus.*
Fruit irrégulièrement déchiré .	*Amarantus* § *Euxolus.*
Etamines monadelphes, à anthère uniloculaire. Feuilles sessiles et linéaires-subulées.	***Polycnemum.***

AMARANTUS

Les deux espèces de la section *Euamaranthus* sont introduites chez nous, très communes : l'*A. retroflexus* L. et l'*A. sylvestris* L. On les trouve dans les lieux incultes et les décombres. Le premier a des bractées bien plus longues que les sépales, rigides et piquantes, avec généralement cinq étamines. L'autre espèce n'a que trois étamines et des bractées à peu près égales aux sépales.

L'*A. Blitum* L. est la seule espèce de la section *Euxolus* (*E. viridis* Moq.). C'est une plante annuelle, à tige glabre, à feuilles souvent tachées de brun ou de blanc. Il est très commun dans les décombres et également introduit.

POLYCNEMUM

Nous n'avons que le *P. arvense* L., petite plante très rameuse, des terrains sablonneux, qu'on trouve parfois abondamment à Saint-Maur et dans beaucoup d'autres endroits arides.

Polygonacées

L'étude d'un des nombreux *Rumex* de notre pays donnera une bonne idée de l'organisation générale de ces plantes, et permettra de les reconnaître ensuite facilement. La fleur est à peu près celle des *Chenopodium* ; mais elle a un réceptacle un peu concave, et les folioles de son périanthe sont au nombre de 6, 2-sériées. L'an-

drocée est formé de 6 étamines ; et le gynécée, d'un
ovaire libre, surmonté de trois branches stylaires à sommet stigmatique dilaté et multifide. Il y a dans l'ovaire
un placenta basilaire qui porte un seul ovule, dressé et
orthotrope. Le fruit est un achaine 3-gone, avec une
seule graine dressée, dont l'embryon est entouré d'un
albumen farineux. Autour du fruit persiste le périanthe
dont les folioles intérieures sont plus ou moins accrues et
peuvent s'épaissir en une sorte de perle sur leur ligne
médiane. Les *Rumex* ont des feuilles alternes et dont la
base se dilate en une sorte de gaine entourant la tige et
qui a reçu le nom d'*Ocrea*.

Il n'y a de cette famille, dans la flore, outre les *Rumex*, que des *Polygonum*, qui ont cinq folioles au périanthe ;
sept ou huit étamines, et le même gynécée.

RUMEX

La flore parisienne en possède une douzaine d'espèces,
vivaces ou bisannuelles, qu'on distinguera à l'aide du tableau suivant :

1 {
Herbes à feuilles sagittées ou hastées, à saveur acide. Fleurs polygames-dioïques. Styles unis
aux angles de l'ovaire. . . . . 2.
Herbes à feuilles atténuées, arrondies ou tronquées à la base, à
saveur herbacée. Fleurs généralement hermaphrodites. Styles
libres . . . . 4.
}

2 {
Feuilles toutes pétiolées, ovales, triangulaires ou suborbiculaires, à peu près aussi larges que longues, glauques sur les deux faces. Fleurs polygames. . . . *R. scutatus* L.

Feuilles pétiolées, ou les supérieures sessiles et amplexicaules, vertes sur les deux faces ou glaucescentes en dessous. Fleurs dioïques. . . . . 3.

3 {
Feuilles à oreillettes étalées horizontalement ou divergentes. Calice ne dépassant pas le fruit et cohérent avec lui ; les sépales extérieurs appliqués sur les valves (grands sépales). . . *R. Acetosella* L.

Feuilles à oreillettes parallèles ou légèrement convergentes. Calice à valves plus amples en tous sens que le fruit ; les sépales extérieurs réfractés sur le pédicelle du fruit. . . . . *R. Acetosa* L.

4 {
Valves du calice fructifère entières ou denticulées à la base . . . 5.

Valves du calice fructifère pourvues de chaque côté de deux dents subulées-sétacées ou plus, parfois 3-angulaires, acuminées. 11.

5 {
Valves suborbiculaires ou orbiculaires-ovales . . . . 6.

Valves oblongues - lancéolées, oblongues - 3 - angulaires ou ovales-3-angulaires . . . . . . 7.

6 {
Feuilles planes, amples . . . . . *R. Patientia* L.

Feuilles crépues ou ondulées . . *R. crispus* L.

7 {
Feuilles moindres que 40 centimètres. Valves oblongues-lancéolées . . . .   9.

Feuilles, au moins les basilaires,
très longues (40 à 80 cent.).
Valves ovales-triangulaires. .   8.

8 {
Feuilles basilaires à base tron-
quée ou cordée. . . . .   *R. maximus* SCHREB.

Feuilles tout atténuées en bas et
en haut . . . . R. *Hydrolapathum* HUDS.

9 {
Valves portant toutes une perle
ovoïde. Feuille bractéale accompagnant tous les faux-verti-
cilles floraux. . . . .   R. *conglomeratus* MURR.

Valves 2 sans perle ou à très petite perle. Faux-verticilles tous
ou la plupart sans feuille brac-
téale. . . . .   R. *sanguineus* L.

10 {
Feuilles étroites, lancéolées, à
base atténuée. Valves à deux
dents de chaque côté . . . . .   11.

Feuilles ovales, suborbiculaires
ou oblongues, parfois panduri-
formes (en violon), à base arrondie ou cordée. Valves à plus
de deux dents de chaque côté.   12.

11 {
Faux-verticilles rapprochés ou
confluents à la maturité. Dents
des valves plus longues que le
diamètre longitudinal de la
valve. . . . .   R. *maritimus* L.

Faux-verticilles plus ou moins
espacés à la maturité. Dents
des valves plus courtes que le
diamètre longitudinal de la valve   R. *palustris* SM.

12 — Tige droite. Rameaux généralement dressés. Faux-verticilles
rapprochés ; la plupart sans
feuille bractéale . . . . *R. obtusifolius* L.
Tige arquée. Rameaux divergents
ou divariqués. Faux-verticilles
à feuille bractéale peu déve-
loppée. . . . . *R. pulcher* L.

Le *R. sanguineus* a la tige et les nervures des feuilles d'un rouge sang ; mais il a une var. *nemorosus* où ces parties sont vertes.

La plupart des espèces précédentes sont communes. Seuls, les *R. maximus, palustris* et *scutatus* sont des plantes rares. Le premier se trouve aux environs de Dreux et de Gisors, au bord des eaux. Le deuxième est aussi une plante du bord des eaux ; on le récolte à Trappes, à l'Etang de Trou-Salé et à Marcuil. Le troisième croît sur les rochers et les vieux murs, notamment près de Dreux, à Etré ; près de Marines, à Bellay ; dans les environs de Compiègne et de Beauvais, etc.

POLYGONUM

Le Sarrasin ou Blé noir (*P. Fagopyrum* L.), si fréquemment cultivé, peut donner une bonne idée de l'organisation de ce genre. Il appartient cependant à une section particulière (*Fagopyrum*), distinguée par un fruit bien plus long que le calice et par un embryon à larges cotylédons plissés. Cultivé également, le **P.** *tataricum* **L.** est aussi de

cette section. Il se distingue surtout du précédent par ses
fleurs d'un blanc verdâtre et les angles de ses fruits si-
nués-dentés. Mais nos espèces indigènes sont des *Polygo-*
num proprement dits, et voici comment elles se distinguent les unes des autres :

1
- Tiges grêles, ordinairement volubiles. Feuilles cordées-sagittées.   2.
- Tiges dressées. Feuilles non cordées - sagittées . . . .   3.

2
- Tiges anguleuses. Sépales persistant autour du fruit ; les extérieurs à carène non membra-
  neuse . . . .   *P. Convolvulus* L.
- Tiges arrondies. Sépales persis-
  tant autour du fruit, à carène
  ailée-membraneuse . . . . . .   *P. dumetorum* L.

3
- Fleurs axillaires, solitaires ou par
  2-4 . . . .   4.
- Fleurs en épis ou en grappes
  ∞-flores . . . .   5.

4
- Rameaux à portion supérieure
  non feuillée. Fruits luisants . .   *P. Bellardi* ALL.
- Rameaux feuillés jusqu'au som-
  met. Fruits non luisants, fine-
  ment striés. . . . .   *P. aviculare* L.

5
- Plante annuelle, à étamines incluses . . . .   7.
- Plante vivace à rhizome, à étamines exsertes . . . .   6.

6
- Limbe des feuilles non décurrent
  sur leur pétiole. Fruit comprimé.   *P. amphibium* L.
- Limbe des feuilles décurrent sur
  leur pétiole. Fruit 3-gone . . .   *P. Bistorta* L.

7 { Epis denses, cylindriques-oblongs.   8.
{ Epis lâches, interrompus, grêles.   9.

8 { Ocrea courtement cilié ou sans cils. Fruit comprimé, suborbiculaire . . . .   *P. lapathifolium* L.
Ocrea longuement cilié. Fruits les uns comprimés, à faces convexes ou subplanes; les autres 3-gones.   *P. Persicaria* L.

9 { Herbe fortement poivrée, à calice glanduleux-ponctué. . . . . .   *P. Hydropiper* L.
Herbe non poivrée, à calice non glanduleux-ponctué. . . . . .   *P. mite* Schr.

Cette dernière espèce a une var. (*P. minus*) à épis dressés.

Le *P. Bistorta*, rare chez nous, est probablement une plante introduite. On le trouve dans le bois de Meudon, dans les bas-fonds voisins de la route qui va des Fonceux au pavé de Meudon; à Ermenonville, Senlis, et surtout en abondance à Combreux près Tournan.

Le *P. Bellardi* est très rare, dans les champs arides (Malesherbes, Marines, etc.).

Juglandacées

Cette famille n'est représentée que par le Noyer (*Juglans regia* L.), arbre introduit de l'Orient, à feuilles composées-pennées, à fleurs monoïques : les mâles en chatons, formées de nombreuses étamines ; les femelles solitaires ou en petit nombre, avec un ovaire infère, à un

seul ovule dressé et orthotrope ; le fruit drupacé, à noyau
2-valve et à graine non albuminée ; les cotylédons fortement corrugués-plissés.

Loranthacées

Cette famille comprend d'abord le Gui (p. 17), dans la
série des Loranthées ; puis, dans celle des Santalées, le
Thesium humifusum DC., petite herbe vivace et parasite,
dont les fleurs sont hermaphrodites, asépales, avec une
corolle supère, valvaire, blanche, à 4, 5 lobes ; un même
nombre d'étamines superposées aux lobes de la corolle,
et un ovaire infère. Sa loge unique renferme un placenta
central-libre qui supporte 2-4 ovules descendants. Les
feuilles sont linéaires, alternes, et les fleurs forment une
grappe de petites cymes. Il y a une variété *divaricatum* de
cette plante, à rhizome épais et ligneux et à branches ascendantes, qui est très rare (Moret, Nemours). Mais le type
est assez commun sur les pelouses arides. On le trouve
au bois de Boulogne, dans le fossé du côté de Boulogne,
et dans un grand nombre d'autres localités plus éloignées
(Saint-Germain, Bouray, Fontainebleau, etc., etc.).

Conifères

Nous connaissons de cette famille le Genévrier (p. 47), le
Mélèze (p. 74), et l'If (p. 74). Ces derniers sont plantés, et il
en est de même des autres arbres verts de cette famille
qu'on voit si fréquemment dans nos environs. Ce sont des

Pins, et leurs fleurs sont organisées conme celles du *Pinus Larix*.

Les Pins proprement dits ont des feuilles géminées, c'est-à-dire placées au nombre de deux au même niveau dans une petite gaine basilaire. Dans le *P. sylvestris* L., l'espèce la plus commune de nos bois et parcs, les fleurs mâles forment un long chaton d'étamines, sans enveloppes. Les fleurs femelles sont rapprochées en cônes, de même que les fruits, et l'axe du cône porte des bractées disposées en spirale et ayant chacune dans leur aisselle une écaillé épaisse qui porte deux petites fleurs femelles en forme de gourde renversée. Les feuilles aciculaires n'ont que 5, 6 centimètres de long, et les cônes fructifères, groupés par 1 - 3, sont réfléchis. Dans le *P. austriaca* HŒSS, plus rarement planté chez nous, les feuilles atteignent 1 décimètre de long, et les cônes sont étalés presque horizontalement. Le sommet des écailles est ici ombiliqué au centre, tandis qu'il y est mamelonné dans l'espèce précédente. Dans le *P. Pinaster* SOLAND. (*P. maritima* LAMK), les feuilles ont 10-15 centimètres de long; les cônes ovoïdes-oblongs, beaucoup plus grands que dans les deux espèces précédentes, sont réfléchis; et leurs écailles sont surmontées d'un écusson pyramidal, avec un épais et court mamelon central. Les achaines sont, comme dans les deux premières espèces, surmontés d'une aile membraneuse; mais son sommet est obliquement tronqué dans le *P. Pinaster*, tandis qu'il est arrondi dans les **P. sylvestris** et **austriaca**.

Le *P. Abies* L. (*Abies excelsa* DC.) est un bel arbre à rameaux pendants, fréquemment aussi planté. Il appartient
à la section des Sapins dans laquelle les feuilles sont alternes et non géminées. Les cônes pendants, allongés,
ont des écailles rhomboïdales, tronquées ou échancrées
au sommet.

Papavéracées

On connaît déjà (p. 13) une des plantes de cette famille appartenant au groupe des Fumariées, groupe ca-
ractérisé par des étamines en nombre défini. Il y dans la
flore plusieurs autres *Fumaria* qu'on pourra distinguer
spécifiquement à l'aide du tableau dichotomique suivant.
Il faut, pour l'employer, avoir soin de conserver les deux
sépales qui tombent vite, et d'observer le fruit :

1
  Sépales larges, débordant nette-
  ment la base des pétales . . . *F. micrantha* LAG.
  Sépales étroits, linéaires ou ova-
  les-lancéolés, ne débordant que
  peu ou pas la base des pétales. 2.

2
  Sépales plus courts que le tiers
  des pétales . . . . 3.
  Sépales plus longs ou égaux au
  tiers de la corolle . . . . . . 4.

3
  Sépales plus larges que le pédicelle. Pétales blanchâtres. Fruit
  terminé en pointe. . . . . . *F. parviflora* LAMK.
  Sépales plus étroits que le pédi-
  celle. Pétales purpurins. Fruit
  non terminé en pointe. . . . . *F. Vaillantii* LOIS.

$$
4 \left\{
\begin{array}{l}
\text{Fruit moins long que large, subé-} \\
\quad \text{marginé au sommet . . . . .} \quad \textit{F. officinalis} \text{ L.} \\
\text{Fruit subglobuleux . . . .} \quad \textit{F. capreolata} \text{ L.}
\end{array}
\right.
$$

Cette dernière espèce, à fleurs blanches, a une variété à fleurs le plus souvent purpurines, le *F. Bastardi* Bor.

Le *F. Boræi* Jord., à fleurs roses, se distingue du *F. Bastardi* en ce que la base étroite de son fruit ne déborde pas le sommet du pédicelle. C'est une plante rare, récoltée aux Vaux-de-Cernay.

Les *F. micrantha* et *Bastardi* sont seuls assez rares ; ils se trouvent généralement dans les cultures.

CORYDALIS

Ce genre de Papavéracées-Fumariées diffère des *Fumaria* en ce que ses fleurs à un pétale éperonné, roses ou jaunes, donnent des fruits secs et polyspermes, qui, sont déhiscents. Nous en avons deux espèces qui sont assez rares l'une et l'autre :

Le *C. lutea* DC., qui a des fleurs jaunes et qui se trouve sur les vieux murs, à Versailles, Jouy-en-Josas, Vincennes, Fontainebleau, etc.

Le *C. solida* Sm., qui a les fleurs roses et des tubercules souterrains. Il est souvent planté, comme à Saint-Germain, dans le parc, à Ivry, etc. On le trouve aussi à Chantilly, à Compiègne, Villers-Cotterets, Nemours, etc.

Mais les Papavéracées proprement dites, à fleurs régu-

lières et à étamines en nombre indéfini, sont des *Papaver* et des *Chelidonium*.

PAPAVER

Tout le monde connait le *P. Rhœas* L., le Coquelicot commun de nos moissons. Il a 2 sépales fugaces, 2 pétales rouges, 2 autres pétales alternes, ∞ étamines et un ovaire à plusieurs placentas pariétaux, très proéminents, ∞-ovulés ; surmonté d'une dilatation du style en bouclier avec des rayons stigmatifères en même nombre que les placentas. Le fruit est une capsule qui s'ouvre sous la dilatation stylaire par des petits panneaux triangulaires.

Il y a trois autres Coquelicots que le *P. Rhœas*, plus rares que lui et croissant, comme lui, dans nos moissons ; et voici comment ils s'en distinguent :

Le *P. Rhœas* a un fruit obové, lisse, à base arrondie.

Le *P. dubium* L. a un fruit allongé, claviforme, lisse, à base atténuée.

Le *P. hybridum* L. a un fruit ovoïde-globuleux, arrondi à la base, hérissé d'aiguillons rigides.

Le *P. Argemone* L. a un fruit allongé et claviforme atténué à sa base et hérissé d'aiguillons.

CHELIDONIUM

La fleur régulière est celle d'un *Papaver* ; mais l'ovaire allongé n'a que 2 placentas pariétaux, et le fruit est allongé-étroit, siliquiforme, avec des graines arillées. Le

C. majus L. est une herbe vivace, à feuilles très dé-coupées, à latex d'un jaune orangé, à pétales jaune d'or.

Crucifères

Dans une dizaine de Crucifères précoces dont nous avons déjà parlé (p. 32), nous avons remarqué que le fruit est tantôt étroit et allongé (silique) et tantôt court relative-ment à sa longueur, parfois même plus large que long (silicule). Le tableau suivant nous montre que c'est à ce caractère-là qu'on a tout d'abord recours pour la distinc-tion des genres ; de sorte qu'il faut, autant que possible, étudier et préparer pour l'herbier les Crucifères non seu-lement en fleurs, mais surtout en fruits, avec des graines mûres :

1 {
Fruit allongé (silique) . . . . . 2.
Fruit court (silicule). . . . . . 24.

2 {
Graines unisériées de chaque côté. . . . . 7.
Graines bisériées de chaque côté. . . . . 3.

3 {
Silique comprimée ; ses valves convexes. Feuilles basilaires dentées ou plus ou moins pro-fondément découpées, mais non amplexicaules ou sagit-tées . . . . 4.
Silique fortement comprimée ; ses valves planes. Feuilles basi-laires entières et sagittées-amplexicaules. . . . . *Arabis* § *Turritis.*

4 {
Corolle blanche ou jaune, non veinée. Silique à bec court ou nul. . . . . 5.

Corolle veinée de violet ou de brun. Fruit surmonté d'un bec comprimé, presque égal aux valves. . . . . *Eruca.*

5 {
Grappe sans bractées. Embryon à radicule appliquée contre les bords des cotylédons ou incluse en eux. . . . . 6.

Grappe feuillée. Radicule appliquée contre le dos d'un des cotylédons . . . . *Braya.*

6 {
Silique cylindrique ou renflée. Embryon à radicule répondant aux bords des cotylédons. Pétales blancs ou jaunes . . . *Nasturtium.*

Silique comprimée. Embryon à radicule enveloppée par les cotylédons. Pétales jaunes. . . . *Brassica § Diplotaxis.*

7 {
Sommet stigmatifère du style à deux lames dressées. Pétales blancs ou lilas . . . . *Hesperis.*

Sommet stigmatifère du style presque entier ou à deux lobes épais ou obtus, plus ou moins étalés. Pétales blancs, roses ou jaunes. . . . . 8.

8 {
Fruit bivalve . . . . 9.

Fruit spongieux, indéhiscent ou partagé transversalement en articles . . . . *Raphanus.*

9 {
Pétales jaunes . . . . **14.**
Pétales blancs, blanchâtres ou roses . . . . **10.**

10 {
Feuilles basilaires glabres, glauques, entières ou à peine sinuées . . . . **11.**
Feuilles basilaires glabres ou velues, non glauques, rarement entières, généralement dentées, pinnatifides ou pinnatiséquées . . . . **12.**

11 {
Silique cylindrique. Graines sphériques. Feuilles sessiles ou subembrassantes. . . . . *Brassica* § *Eubrassica.*
Silique tétragone. Graines oblongues. Feuilles profondément amplexicaules-cordées . . . . . *Erysimum.*

12 {
Feuilles bulbifères. Rhizome charnu, écailleux, horizontal. *Cardamine* § *Dentaria.*
Feuilles non bulbifères. Rhizome non charnu-écailleux . . . . . **13.**

13 {
Silique à valves nervées. Feuilles supérieures entières ou dentées. . . . . **14.**
Silique à valves non nervées. Feuilles toutes pinnatiséquées . . *Cardamine.*

14 {
Silique subcylindrique. Pétales blancs. Feuilles non embrassantes. . . . . *Sisymbrium.*
Silique comprimée. Pétales blancs ou roses. Feuilles généralement embrassantes, sagittées . . . . *Arabis.*

15 {
Feuilles sessiles, amplexicaules, au moins les supérieures. . . . **16.**

15
(s.) { Feuilles supérieures sessiles, mais non amplexicaules ou pétiolées et à base rarement auriculée. . 17.

16 {
Feuilles supérieures ovales ou lancéolées, subdentées ou sinuées. Graine globuleuse. Embryon à radicule incluse. . . . . *Brassica* § *Eubrassica.*

Feuilles supérieures élargies, obovales. Graine oblongue, inégalement comprimée. Embryon à radicule appliquée contre le bord des cotylédons . . . . . . *Barbarea.*

17 {
Valves de la silique uninerviées ou à nervures inégales, ou sans nervures. . . . . 19.

Valves de la silique plurinerviées ; les nervures égales, droites et parallèles . . . . . 18.

18 {
Silique à bec très long ou nul. Cotylédons planes . . . . *Sisymbrium.*

Silique à bec très court et comprimé. Cotylédons condupliqués. . . . . *Brassica* § *Sinapis.*

19 {
Feuilles entières ou à peine dentées ou sinuées, au moins les supérieures. . . . . 20.

Feuilles profondément pinnatipartites . . . . 22.

20 {
Plante généralement glauque. Silique à bec cylindro-conique, assez long . . . . *Brassica* § *Eubrassica.*

Plante rarement glauque. Silique à bec très court ou nul. . . . . 21.

21 {
Plante subglabre. Graine compri-
mée . . . .   *Cheiranthus.*
Plante à poils étoilés. Graine non
comprimée . . . .   *Erysimum.*

22 {
Plante glabre. Fruit à valves sans
nervures. Graines disposées en
série irrégulière. . . . .   *Nasturtium.*
Plante glabre ou velue. Fruits à
valves pourvues d'une nervure
saillante. Graines disposées en
série régulière . . . .   23.

23 {
Sépales non gibbeux à la base.
Silique à valves ordinairement
3-nerves. Cotylédons plans . .   *Sisymbrium.*
Sépales latéraux légèrement gib-
beux à la base. Silique à valves
uninerves. Cotylédons condu-
pliqués. . . . .   *Erucastrum.*

24 {
Silicule déhiscente ; les graines
non retenues dans les valves. .   30.
Silicule indéhiscente ou se séparant rarement en valves rete-
nant les graines. . . . .   25.

25 {
Pétales blancs . . . .   26.
Pétales jaunes . . . .   27.

26 {
Grappes terminales. Silicule 1-
loculaire, 1-sperme . . . . .   *Calepina.*
Grappes oppositifoliées. Silicule 2-
loculaire, 2-sperme. . . . . . .   *Coronopus.*

27 {
Silicule subplane, très comprimée.   29.
Silicule ovoïde, globuleuse ou
parfois sub-4-gone. . . . . . .   28.

28	Feuilles caulinaires atténuées à la base. Cotylédons spiralés . .	*Bunias.*
	Feuilles caulinaires sagittées. Cotylédons plans.	*Neslia.*
29	Silicule biloculaire, 2-sperme, échancrée au milieu, en haut et en bas.	*Biscutella.*
	Silicule obovale - oblongue, uniloculaire, 1-sperme	*Isatis.*
30	Fruit à fausse - cloison étroite. Valves naviculaires, à carène souvent ailée.	35.
	Fruit à fausse-cloison aussi large que son plus grand diamètre horizontal. Valves planes ou convexes, non naviculaires . .	31.
31	Loges de la silicule 1, 2-spermes. Filets staminaux appendiculés.	*Alyssum.*
	Loges de la silicule ∞-spermes. Filets staminaux inappendiculés.	32.
32	Silicule subglobuleuse ou renflée.	33.
	Silicule très comprimée ; les valves subplanes.	*Draba.*
33	Silicule subglobuleuse ou oblongue	34.
	Silicule pyriforme, obovoïde. . .	*Camelina.*
34	Pétales jaunes ou blancs. Graines nombreuses	*Nasturtium.*
	Pétales blancs. Graines en petit nombre.	*Cochlearia.*
35	Loges de la silicule 1-spermes. .	36.
	Loges de la silicule 2-8-spermes.	37.

36
- Corolle régulière. Radicule dorsale.   *Lepidium.*
- Corolle irrégulière. Radicule répondant au bord des cotylédons. . . . . *Iberis.*

37
- Loges de la silicule 2-spermes. .   38.
- Loges de la silicule ∞-spermes .   39.

38
- Silicule à sommet échancré. Filets staminaux appendiculés. . . . *Teesdalia.*
- Silicule à sommet entier. Filets staminaux inappendiculés. . . *Hutchinsia.*

39
- Valves du fruit à carène non ailée. Embryon à radicule dorsale . . . . *Capsella.*
- Valves du fruit à carène ailée. Embryon à radicule appliquée contre le bord des cotylédons.. *Thlaspi.*

CHEIRANTHUS

La Giroflée jaune (p. 32) est la seule espèce de ce genre.

NASTURTIUM

Le type de ce genre, le *N. officinale* R. Br. (Cresson de fontaine), est cultivé en grand autour de Paris, notamment à Gonesse, Saint-Gratien, à l'entrée de la forêt de Carnelle, etc., etc. Il a des pétales blancs. Les autres espèces les ont jaunes; en voici le tableau :

Fruit plus court que son pédicelle
ou égal à lui, glabre ou à peu
1   près . . . .   2.
   Fruit plus long que son pédicelle
épais, scabre, tuberculeux . . .   *N. asperum* Coss.

   Herbe vivace, à pétales dépassant
le calice . . . .   3.
2   Herbe bisannuelle, à pétales à
peu près égaux au calice. . . .   *N. palustre* DC.

   Feuilles caulinaires entières, dentées ou lobées; les segments in-
3   cisés-dentés . . . .   4.
   Feuilles caulinaires pinnatiséquées; les segments linéaires,
indivis. . . . .   *N. pyrenaicum* R. Br.

   Fruit subglobuleux, oblong, trois
ou quatre fois plus court que son
4   pédicelle . . . .   *N. amphibium* R. Br.
   Fruit oblong-linéaire, à peu près
égal à son pédicelle . . . . . .   *N. sylvestre* R. Br.

Ce dernier a une var. *anceps*, à feuilles basilaires lyrées,
assez rare.

Les *N. pyrenaicum* et *asperum* sont très rares. On récolte le premier à Thurelles près Dordives, dans les sables;
le dernier aussi à Thurelles, à Fontenay et Montigny-sur-
Loing, dans les lieux humides. Toutes nos autres espèces
sont communes au bord des eaux.

BARBAREA

Notre seule espèce est le *B. vulgaris* R. Br., herbe bisannuelle, variable, à fleurs jaunes, à feuilles inférieures lyrées ; les supérieures obovales et dentées. Elle est commune au bord des chemins, au pied des haies, sur le bord des eaux, notamment sur les berges de la Seine, entre autres près du pont de Charenton et sur le canal.

ARABIS

Au premier printemps, nous avons signalé une espèce rare de ce genre, à fleurs roses, l'*A. arenosa* (p. 37). En été, il y en a une espèce bien plus commune, à fleurs blanches, à tige le plus ordinairement simple, qui est l'*A. hirsuta* Scop. (*A. sagittata* DC.).

La section *Turritis* comprend aussi une espèce assez commune, l'*A. glabra* (*A. perfoliata* LAMK. — *Turritis glabra* L.), dont les feuilles supérieures sont embrassantes-auriculées et les fleurs d'un blanc jaunâtre.

CARDAMINE

La flore comprend 4 vrais *Cardamine*, dont nous connaissons 2, les *C. pratensis* et *hirsuta* (p. 36). Les 2 autres sont les *C. amara* et *impatiens*. Voici le tableau distinctif de ces espèces :

1 {
  Pétales dépassant peu le calice ou au plus une fois plus longs que lui. . . . . 3.
  Pétales 2-4 fois plus longs que le calice. . . . . 2.
}

Feuilles toutes à segments larges,
    anguleux. Pétales blancs . . . . *C. amara* L.

2 Feuilles dimorphes : les supé-
    rieures à segments linéaires,
    entiers. Pétales généralement
    lilas. . . . . *C. pratensis* L.

Feuilles caulinaires à oreillettes,
    embrassantes, glabres . . . . . *C. impatiens* L.

3 Feuilles caulinaires sans oreil-
    lettes, non embrassantes, plus
    ou moins velues. . . . . *C. hirsuta* L.

Cette espèce est très variable. Elle est rare. Le *C. impatiens* est plus rare encore ; on le récolte dans la forêt de Compiègne. Le *C. amara* est rare aussi, au bord des ruisseaux, dans l'Oise, à Dampierre, à Cernay, à Dreux, etc.

Le *C. bulbifera* (*Dentaria bulbifera* L.) représente la section *Dentaria*. C'est une herbe vivace, aujourd'hui très rare, à grandes fleurs blanches ou lilas, à feuilles pennatiséquées, pourvues d'un bulbille axillaire. Il faut l'aller récolter près Sérifontaine, dans la forêt de Thelle ; près la Ferté-Gaucher, à la Meilleraye. On la trouverait peut-être encore à Compiègne et à Villers-Cotterets.

SISYMBRIUM

L'Alliaire et le *S. Thalianum* nous sont déjà connus comme espèces précoces de ce genre (p. 35, 36). Le Vélar officinal (**S. officinale** Scop. — *Erysimum officinale* L.) est une autre espèce très commune en été. Voici le tableau distinctif des 6 *Sisymbrium* de notre flore, tous annuels ou bisannuels, tous très communs, tous dépourvus de gibbosité à la base de leurs sépales latéraux :

1	Pétales blancs	2.
	Pétales jaunes	3.
2	Feuilles basilaires obovales, oblongues, atténuées en pétiole	*S. Thalianum* GAY.
	Feuilles basilaires réniformes-cordées	*S. Alliaria* SCOP.
3	Feuilles oblongues - lancéolées, dentées	*S. strictissimum* L.
	Feuilles hastées, pinnatipartites ou 2-3-séquées.	4.
4	Feuilles hastées ou pinnatipartites.	5.
	Feuilles 2-3-pinnatiséquées ; les segments étroits, linéaires. . .	*S. Sophia* L.
5	Fruits coniques, oblongs, appliqués contre l'axe et longuement pointus	*S. officinale* SCOP.
	Fruits linéaires, grêles, étalés et très courtement pointus	*S. Irio* L.

ERYSIMUM

De nos 3 espèces, une seule est commune, l'*E. cheiranthoides*, et les 2 autres sont rares ; on les distingue de la façon suivante :

1 { Fleurs jaunes. . . . . 2.
{ Fleurs d'un blanc jaunâtre. . . . *E. orientale* R. Br.

2 { Fruit six ou sept fois plus long que
{ le pédicelle . . . . *E. cheiriflorum* Wallr.
{ Fruit deux fois environ plus long
{ que le pédicelle . . . . *E. cheiranthoides* L.

L'*E. orientale* se trouve à Bouray, Lardy, Etrechy, Malesherbes, Nemours, Mantes. L'*E. cheiriflorum*, croit à Fontainebleau, Château-Landon, Souppes, etc.

La seule espèce de la section *Braya* est le *S. supinum* L. C'est une herbe bisannuelle, assez rare, sur le bord des rivières, dans les prés sablonneux. Ses feuilles sont pinnatipartites ; ses fleurs blanches, dans l'aisselle de bractées foliacées, et ses siliques lâches et allongées.

HESPERIS

La Julienne (*H. matronalis* L.), à grandes fleurs lilas ou blanches, est souvent échappée des cultures ; aussi se trouve-t-elle près des haies, des jardins, des habitations. Mais, à l'état subspontané, elle est devenue très rare dans nos environs.

BRASSICA

Les espèces de ce genre sont partagées en 4 sections *Eubrassica*, *Melanosinapis*, *Diplotaxis* et *Sinapis*. Dans la première, il y a 3 plantes cultivées, souvent échappées des cultures. Elles ont des fruits (siliques) étalés ou ascendants et des feuilles supérieures sessiles ou amplexicaules. On les distingue ainsi :

1 { Sépales étalés . . . .   2.
  { Sépales appliqués sur la corolle.   *B. oleracea* L.

2 { Feuilles glabres, plus ou moins glauques. Fleurs espacées lors de leur épanouissement. . . .   *B. Napus* L.
  { Feuilles hérissées-ciliées ; les inférieures vertes. Fleurs rapprochées lors de leur épanouissement. . . . .   *B. Rapa* L.

La section *Melanosinapis* ne comprend que le *B. nigra* Koch (*Sinapis nigra* L.). Ses feuilles sont toutes pétiolées et ses fruits rapprochés contre l'axe. Il est commun au bord des chemins et des rivières. Dans la section *Diplotaxis*, on distingue 3 espèces, de la façon suiuante :

1 { Limbe du pétale oblong, dépassant à peine le calice et graduellement atténué en onglet . . . .   *B. viminea.*
  { Limbe du pétale arrondi, bien plus long que le calice et brusquement contracté en onglet. . . .   2

2 { Sépales glabres ou à sommet hérissé. Fleurs épanouies 1-3 fois plus courtes que leur pédicelle.   *B. tenuifolia.*
  { Sépales entièrement hérissés. Fleurs épanouies à peu près égales à leur pédicelle. . . . .   **B. muralis.**

Ces 3 espèces sont assez communes, surtout le *B. tenui-folia*, abondant sur les bords de la Marne, etc.

La section *Sinapis* compte 3 espèces :

1 { Feuilles toutes pinnatipartites. . 2.
    { Feuilles supérieures irrégulière-
       ment sinuées-dentées . . . . . *B. arvensis* L.

2 } Sépales appliqués sur la corolle.
       Fruit à bec bien plus court que
       les valves . . . . *B. Cheiranthus* VILL.
    } Sépales étalés. Fruit à bec bien
       plus long que les valves. . . . *B. alba.*

Le *B. arvensis* (Sanve, Moutarde sauvage) est une de nos mauvaises herbes les plus vulgaires (*Sinapis arvensis* L.). Le *B. alba* (Moutarde blanche), souvent cultivé, est assez commun dans nos champs (*Sinapis alba* L.). Le *B. Cheiranthus* est au contraire assez commun dans les lieux sablonneux et siliceux.

Le *B. Erucastrum* L. (*Erucastrum obtusangulum* REICHB. — *Diplotaxis Erucastrum* GREN. et GODR.) est le type d'une section dont la silique est étroite, un peu toruleuse et à valves uninerves. C'est une herbe vivace, à feuilles penna-tiséquées ou pennatipartites, rare dans les lieux incultes et les décombres (Vincennes, Saint-Maur, Champigny, Chelles, etc.).

ERUCA

Notre seule espèce est l'*E. sativa* LAMK (Roquette), herbe

bisannuelle, à feuilles lyrées, d'une odeur désagréable, à grands pétales d'un blanc jaunâtre, veinés de violet. On cultive cette plante, qui s'échappe parfois des cultures (Dreux, autour du château; Chelles; Vétheuil, autour du château, sur les rochers; La Roche-Guyon, etc.).

RAPHANUS

Ce genre est représenté par le *R. Raphanistrum* L., à fleurs blanches ou jaunes, à fruit cylindrique, plus ou moins étranglé entre les graines et se séparant finalement en articles monospermes; et par le *R. sativus* L. (Radis, Rave), échappé des cultures, à fleurs blanches ou lilas, à fruit cylindro-conique, spongieux à l'intérieur et non segmenté à la maturité.

ISATIS

Nous n'avons que l'*I. tinctoria* L. (Guède, Pastel), grande herbe bisannuelle, à feuilles simples, à petites fleurs jaunes, disposées en grappes très ramifiées, et à fruits (silicules) pendants qui noircissent quand ils sont mûrs. La plante est assez commune sur le bord des routes et dans les champs arides et incultes.

CALEPINA

Une seule espèce, le *C. Corvini* Desvx, annuel, à feuilles

basilaires pinnatifides ; les caulinaires oblongues et embrassantes ; les fleurs blanches et le fruit (silicule) dur,
réticulé, surmonté d'une pointe conique. Cette plante très
rare avait été introduite en plusieurs localités, notamment
au Bois de Boulogne. On va la chercher aujourd'hui entre
Nemours et Moret, sur les bords du canal de Loing.

NESLIA

Le *N. paniculata* Desvx est une herbe annuelle des moissons, probablement introduite, à feuilles entières ou subdentées à petites fleurs d'un jaune pâle. Assez rare à
Meudon, Saint-Maur, Lardy, etc., elle abonde en certaines années à Malesherbes dans les champs voisins de
la Butte de la Justice. Il ne faut pas la confondre avec
le *Bunias orientalis* L., plante étrangère, introduite, à
fruit divisé en 2 loges, avec fausse-cloison transversale
entre les 2 graines de chacune d'elles.

ALYSSUM

Une espèce très commune de ce genre est l'*A. calycinum*
L., petite herbe bisannuelle des lieux cultivés et sablonneux. Ses petites feuilles sont d'un vert grisâtre, obovales-
oblongues. A ses très petites fleurs d'un jaune pâle succèdent des silicules émarginées au sommet. Le calice persiste autour d'elles ; tandis que dans l'autre espèce de la
flore, l'*A. montanum* L., il se détache de bonne heure. Les

pétales y sont d'un jaune plus foncé. Cette dernière espèce
abonde dans certains cantons de la forêt de Fontainebleau, notamment à la Gorge du Houx, à la Chaise-à-
l'Abbé. On la trouve aussi à Maisse, Bouron et quelquefois
encore à Saint-Maur.

DRABA

Notre seule espèce est le *D. verna* (p. 33).

COCHLEARIA

Nous en avons 2 espèces, le *C. Armoracia* L. (Raifort
sauvage) et le *C. glastifolia* L. Le premier, cultivé ou
subspontané, est une grande herbe vivace, à racine
épaisse, charnue, d'une saveur piquante, dont les feuilles
supérieures ne sont pas embrassantes. Le dernier, bisannuel, avec une racine grêle, a des feuilles supérieures embrassantes et sagittées. Il a été introduit et se trouve
rarement sur les vieux murs, dans le voisinage des jardins, notamment à Nemours.

CAMELINA

Le *C. sativa* CRANTZ est une plante annuelle, cultivée.
Echappée des champs, elle se trouve assez souvent sur
les voies ferrées, dans les lieux incultes. Ses fleurs sont
jaunes. **Plus** rare est le *C. sylvestris* WALLR., qui se trouve

dans les moissons et qui se distingue du précédent par une pubescence grisâtre, par des silicules de moitié plus petites et groupées en grappes très allongées.

THLASPI

Nous avons trouvé au printemps une espèce commune de ce genre, le *T. perfoliatum* L. (p. 35). Il y en a en été 2 autres : le *T. arvense* L., également commun, et le *T. montanum* L., très rare, que l'on doit aller chercher près des Andelys, sur le rocher Saint-Jacques, ou à la Roche-Guyon. Voici leurs caractères distinctifs :

1 ⎰ Plante vivace. . . . . *T. montanum* L.
  ⎱ Plante annuelle . . . .   2.

2 ⎰ Silicule à aile très large, descendant jusqu'à sa base. Graine striée . . . . *T. arvense* L.
  ⎱ Silicule à aile disparaissant à la base. Graine lisse. . . . . *T. perfoliatum* L.

IBERIS

Notre seule espèce, l'*I. amara* L., annuel, à grappe ombelliforme de fleurs blanches, remarquable surtout par ses pétales dont 2 grands et petits, est une herbe commune dans les moissons et dans les lieux arides.

TEESDALIA

Seule espèce, le *T. nudicaulis* (p. 37).

HUTCHINSIA

L'*H. petræa*, espèce unique (p. 37).

BISCUTELLA

La seule espèce de la flore, très rare, le *B. lævigata* L., est une petite herbe vivace, à souche ligneuse, à feuilles hérissées, à fleurs jaunes, qu'il faut aller récolter près des Andelys, sur le rocher Saint-Jacques, pendant l'été.

LEPIDIUM

Il y en a 6 espèces aux environs de Paris, dont une cultivée, qui est le Cresson alénois (*L. sativum* L.), et une autre, indigène, très commune au bord des chemins et dans les lieux incultes (*L. campestre*). Voici comment on en distinguera les espèces plus rares qui se trouvent la plupart sur les bords de la Marne et de son canal latéral :

1
{ Feuilles caulinaires à base sagit-
    tée, embrassante . . . . 2.
{ Feuilles caulinaires non embras-
    santes. . . . . 3.

2
{ Fruit (silicule) ovale-oblong, à
    sommet échancré . . . . *L. campestre* R. Br.
{ Fruit cordé, 3-angulaire, à som-
    met non échancré. . . . . . . *L. Draba* L.

3 { Feuilles linéaires ou pinnatipartites ; les lobes linéaires. . . . 4.
Feuilles ovales-lancéolées, entières
ou dentées. . . . . *L. latifolium* L.

4 { Fruit échancré au sommet . . . . 5.
Fruit non échancré au sommet
apiculé. . . . . *L. graminifolium* L.

5 { Pétales bien plus longs que le
calice. Fruits appliqués contre
la tige . . . . *L. sativum* L.
Pétales très courts ou nuls. Fruits
plus ou moins étalés. . . . . . *L. ruderale* L.

Le *L. latifolium*, plante du bord des eaux, se trouve à Charenton, Joinville, Neuilly, etc.

Le *L. ruderale*, rare aussi, espèce introduite, croît au pied des murs, des quais, dans les décombres, etc.

Le *L. Draba*, est rare, sauf sur la Marne, puis à Bondy, Saint-Germain, etc.

CORONOPUS

Notre seule espèce indigène est le *C. Ruellii* (*Cochlearia, Coronopus.* L. *Senebiera Coronopus* Poir.), mauvaise herbe commune, à nombreux axes divergents, appliqués sur le sol, dans les chemins, sur les gazons, le pavé des berges. Ses petites fleurs sont blanches, et ses silicules ont le sommet apiculé. Le *C. pinnatifidus* (*Senebiera pinnatifida* DC.), plante introduite, velue, tandis que le *C. Ruellii* est glabre, a les silicules échancrées au sommet.

CAPSELLA

La Bourse-à-pasteur est la seule espèce de ce genre (p. 34).

Résédacées

Cette famille comprend, dans notre flore, 3 *Reseda*, plantes à placentas pariétaux et pluriovulés, et un *Astrocarpus*, genre exceptionnel en ce que ses carpelles sont indépendants les uns des autres et uniovulés.

Nos *Reseda*, par leurs fleurs irrégulières, jaunâtres ou blanchâtres, rappellent beaucoup le *R. odorata* de nos jardins, que tout le monde connaît; mais leurs fleurs sont à peu près inodores. Les *R. lutea* L. et *Luteola* L. (Gaude) sont très communs, au bord des chemins, dans les lieux incultes, les décombres. Le *R. lutea* est plus petit, à feuilles pinnatipartites, à calice 6-mère. Son fruit béant renferme des graines lisses. Le *R. Luteola* est bien plus grand, avec une longue grappe spiciforme de fleurs à calice 4-mère.

Le *R. Phyteuma* L. est relativement rare. C'est une petite plante annuelle ou bisannuelle, à feuilles la plupart entières, à fleurs blanches, en grappes finalement lâches. **Il y a des années où les champs sablonneux en sont** remplis à Saint-Maur, Sénart, l'Ile-Adam, Champagne, etc.; d'autres où elle devient fort peu abondante.

L'*Astrocarpus purpurascens* Raf. (*A. Clusii* J. Gay) est rarissime. On le trouve dans les sables, près Dordives, à Thurelles.

Cistacées

On trouve communément tout l'été, au bord des bois, dans les bruyères, sur les pelouses, le plus connu de nos *Helianthemum*, seul genre qui représente la famille dans nos environs. C'est l'*H. vulgare* Gertn., petite plante à souche ligneuse, à branches nombreuses, grêles et en partie couchées, qui porte des feuilles opposées, elliptiques-oblongues, toutes pourvues de stipules. Ses fleurs, disposées en cyme racémiforme, ont une corolle rosacée qui rappelle beaucoup celle des Potentilles; mais ses 5 pétales sont fugaces et jonchent le sol après quelques heures d'épanouissement; et immédiatement au-dessous d'eux, on ne voit que 3 sépales. En dedans sont de nombreuses étamines hypogynes, et un ovaire à 3 placentas pariétaux, pluriovulés. Le fruit est une capsule à 3 valves.

Plus rare, principalement sur les pelouses sèches, est l'*H. pulverulentum* DC. Ses pétales sont blancs, et ses sépales sont tomenteux, au lieu d'être glabres comme ceux de l'*H. vulgare* dont la plante a d'ailleurs les autres caractères.

Il y a encore, dans la flore, un *H*. à fleurs blanches, fort rare ; c'est l'*H. umbellatum* MILL. (*Cistus umbellatus* L.). C'est un tout petit arbuste, à feuilles linéaires, sans stipules, à cymes ombelliformes multiflores. On le trouve en juin à Fontainebleau, notamment au Mail d'Henri IV, à la Croix-d'Augas et au Rocher-Cuvier. Ses pétales prennent parfois une teinte rougeâtre.

L'*H. guttatum* MILL. est, au contraire, une petite herbe annuelle, peu ramifiée en général, à cymes lâches, racémiformes, avec des fleurs jaunes dont les pétales portent une tache violacée vers la base. Ils sont extrêmement fugaces. La plante est commune à Fontainebleau, dans les chemins sablonneux, et de même dans un grand nombre d'autres localités siliceuses.

L'*H. canum* DUN. est beaucoup plus rare, vivace, à pétales jaunes, sans tache violette. Sa tige est ligneuse, et ses feuilles n'ont pas de stipules. On trouve cette espèce sur les pelouses sèches, à Mantes, à Vernon, aux Andelys, à la Genevraye près Montigny, etc.

L'*H. Fumana* MILL. est le type d'une section spéciale dans laquelle les étamines extérieures sont stériles. C'est une très petite plante ligneuse, à pétales jaunes, des coteaux arides et sablonneux, assez abondante notamment à Bouray derrière la station, à Fontainebleau, etc.

Violacées

Famille représentée uniquement par des *Viola* (p. 8).

Droséracées

Cette famille n'est représentée que par 3 *Drosera*, petites herbes vivaces des marais tourbeux. Elles se reconnaissent immédiatement à leurs feuilles qui forment des rosettes sur le sol humide ou sur les *Sphagnum*, chargées de glandes rougeâtres, à tête visqueuse et à pied grêle, souvent repliées sur des cadavres d'insectes divers emprisonnés à la surface de la feuille. Leurs fleurs sont disposées en grappes enroulées en crosse ; pourvues d'une petite corolle blanche de 5 pétales égaux. En dedans se voient 10 étamines et un ovaire libre, surmonté de 3-5 styles. Il y a 3-5 placentas pariétaux, multiovulés, et le fruit est une capsule qui s'ouvre en 3-5 panneaux.

C'est presque toujours le *D. rotundifolia* L. qu'on rencontre. Sans parler des nombreux marais à *Sphagnum* où il croît, on le récolte dans la forêt de Montmorency, soit dans les endroits humides, soit entre les pierres qui garnissent le fossé gauche de la grande route qui traverse la forêt de Montlignon à Domont. Ses feuilles sont étalées, et elles ont un limbe arrondi, brusquement rétréci en pétiole.

Dans les autres espèces, généralement rares, le limbe de la feuille est allongé, et il s'atténue graduellement en pétiole. C'est ce qu'on voit dans le *D. longifolia* L., qui a un limbe oblong et dont le fruit égale ou dépasse le calice persistant. On le trouve dans les marais de Marines, de Morfontaine, de Silly-la-Poterie, et très rarement aujourd'hui dans celui de Buthiers près Malesherbes.

Le **D** *intermedia* HAYN. se trouve à Rambouillet, Saint-Léger, Sérans, Larchant, etc. Ses feuilles sont obovales-cunéiformes. Son inflorescence se courbe à sa base et ne dépasse qu'un peu les feuilles. Son fruit est plus long que le calice.

Il y a à Morfontaine et dans les environs de Beauvais une plante très rare, le *D. obovata* M. K., qu'on croit être un hybride des **D.** *rotundifolia* et *longifolia :* il a des feuilles obovales et un fruit de moitié plus court que le calice.

Salicacées

Famille formée des Saules et des Peupliers (p. 67).

Hypéricacées

On se fait une idée des caractères de ces plantes en observant notre Milllepertuis vulgaire, qui est l'*Hypericum perforatum* L. et qui est extrêmement commun. C'est une herbe vivace, à feuilles opposées, ponctuées de petits réservoirs d'essence qui paraissent translucides quand on regarde le jour au travers de la feuille. Ses cymes sont formées de nombreuses fleurs à 5 pétales jaunes, libres, à étamines hypogynes en nombre indéfini, et à ovaire uniloculaire, contenant trois placentas pariétaux, multiovulés, et surmonté de 3 styles divergents. Son fruit est capsulaire. Presque toutes les autres espèces de notre flore appartiennent, comme celle-ci, aux *Hypericum* proprement dits, et en voici le tableau :

1	Tiges parcourues par 2-4 lignes saillantes. Sépales non glanduleux.	4.
	Tiges sans lignes saillantes. Sépales à bords glanduleux - ciliés.	2.
2	Tige glabre.	3.
	Tige velue ou tomenteuse	*H. hirsutum* L.
3	Sépales arrondis, à glandes marginales sessiles	*H. pulchrum* L.
	Sépales étroits, lancéolés, à glandes marginales stipitées	*H. montanum* L.
4	Tige verticale. Cymes composées, multiflores.	5.
	Tige couchée, grêle. Cymes pauciflores ou réduites à une fleur .	*H. humifusum* L.
5	Lignes des tiges 2, peu saillantes.	*H. perforatum* L.
	Lignes des tiges 4, saillantes ou mêmes ailées.	6.
6	Sépales lancéolés, acuminés. . .	*H. tetrapterum* FR.
	Sépales elliptiques.	*H. quadrangulum* L.

Ces espèces sont communes, sauf l'*H. montanum*, un

peu plus rare, et l'*H. tetrapterum* dont on trouve chez nous la var. *intermedium* (*H. Desetangsii* LAMOT.), rare à Fontainebleau, Nemours, Chantilly, etc.

Deux autres espèces rares du genre appartiennent, l'une à la section *Elodes*, et l'autre à la section *Androsæmum*. Ce sont l'*H. Elodes* L. et l'*H. Androsæmum* L. Le premier est une petite herbe aquatique, glauque, chargée de poils, à étamines nettement 3-adelphes, à 3 glandes bifides alternes avec les faisceaux de l'androcée. On le trouve dans les mares à fond siliceux de Fontainebleau, notamment à Franchart, à la Belle-Croix; à Rambouillet, Saint-Léger, Mortefontaine, etc. Le dernier est suffrutescent, à feuilles sessiles, ovales-cordées, obtuses, à fruit charnu, rougeâtre, finalement sec, indéhiscent ou légèrement déhiscent au sommet. On le trouve dans les forêts de Villers-Cotterets, de Hallate, à Magny, etc., dans les endroits humides des bois. Toutes nos Hypéricacées ont les pétales jaunes.

Saxifragacées

On trouve dans la flore parisienne 5 de ces plantes : les *Saxifraga tridactylites* et *granulata* (p. 42); les *Chrysosplenium oppositifolium* et *alternifolium* (p. 43); plus un type anormal, l'*Adoxa Moschatellina* (p. 12). Ce sont donc toutes des plantes du premier printemps.

Cucurbitacées

Il n'y a qu'une Cucurbitacée indigène dans la flore. C'est le *Bryonia dioica* L., plante grimpante, à grosse racine charnue et à tiges grêles, s'accrochant aux haies et aux buissons par des vrilles. Elle est très commune partout, et remarquable par ses fleurs unisexuées, à corolle d'un jaune verdâtre. Les mâles ont 5 étamines à anthère uniloculaire, rapprochées en trois groupes (2-2-1), et les femelles ont un ovaire infère, pluriovulé, qui devient à la fin de l'été une baie rouge et globuleuse.

À l'état cultivé, on trouve dans les jardins ou dans les champs, des Citrouilles ou Potirons (*Cucurbita Pepo* Ser. et *C. maxima* Duch.), à grandes corolles jaunes, et des *Cucumis*: le Melon (*C. Melo* L.) et le Concombre (*C. sativus* L.).

Aristolochiacées

Le genre *Aristolochia*, qui a donné son nom à cette famille, est représenté par l'*A. Clematitis* L., herbe vivace, à périanthe simple, jaune, en forme de cornet coupé en biseau. Son ovaire est infère et devient un fruit capsulaire, à 6 valves ; à graines nombreuses. Ses fleurs sont gynandres, c'est-à-dire que les 6 étamines sont unies au style, réduites à des anthères extrorses. Cette plante, à odeur désagréable, est vivace. Son rhizome émet tous les ans des branches aériennes, à feuilles alternes et cordées, dans l'aisselle desquelles est située une cyme de fleurs. Elle est assez commune dans les vignes, les haies, au bord des rivières : la Seine, par exemple ; la Marne, près Champigny ; l'Oise au sortir de l'Isle-Adam, etc.

Le Cabaret (*Asarum europæum* L.) a des fleurs bien différentes, car elles sont régulières, à 3 pétales supères et valvaires, égaux. Les étamines sont au nombre de 12, et indépendantes, pourvues chacune d'un filet. L'ovaire et le fruit capsulaire ont 6 loges. C'est une petite herbe vivace, rare dans nos environs où elle fleurit au printemps. Ses feuilles sont réniformes et pétiolées. Ses fleurs sont solitaires, de couleur brune, et toute la plante exhale une odeur poivrée. On allait surtout chercher cette plante rare au bois des Camaldules, à Grosbois. Elle se trouve aussi dans les forêts de Sénart, de Halatte, etc., et à Malesherbes.

Gentianacées

Les Gentianacées proprement dites sont des herbes amères, à feuilles opposées, simples ; à fleurs en cymes ; la corolle gamopétale, régulière ; l'androcée isostémoné, et l'ovaire supère, 1-loculaire, à 2 placentas pariétaux.

Nos Gentianes ont des fleurs bleues ou violacées. Dès juillet, on trouve fleuries les *Gentiana cruciata* L. et *Pneu-*

monanthe L., qui sont vivaces, assez rares : le premier sur les collines calcaires et dans les bois secs ; le dernier dans les marais. Le *G. cruciata* est une herbe à feuilles opposées. Sa corolle n'a que 4 lobes et porte 4 étamines. C'est une espèce des coteaux calcaires, des bois secs. On la trouve à Malesherbes, derrière la station, etc. Le *G. Pneumonanthe* a les fleurs d'un plus beau bleu, à corolle campanulée plus grande, 5-mère. Il est assez répandu dans les marais tourbeux. Le *G. germanica* W. est annuel, à floraison plus tardive. Sa corolle 5-mère a la gorge garnie de 5 écailles longuement ciliées ; elle est violacée. La plante se trouve aussi dans les bois et dans les pâturages montagneux.

Notre flore renferme aussi, comme plantes terrestres des *Chlora*, *Swertia*, *Erythræa*, *Cicendia*, *Microcala*.

CHLORA

Le *C. perfoliata* L., herbe annuelle, glauque, a des fleurs en cyme, rarement solitaires, avec une corolle jaune, hypocratérimorphe, à 6-8 lobes tordus. Il est commun dans les lieux herbeux des marais, des bois, notamment près de Chaville, dans la forêt de Meudon, etc.

SWERTIA

Le *S. perennis* L. est une des raretés de la flore parisienne ; on va la chercher dans les marais tourbeux de

Silly-la-Poterie, près Villers-Cotterets. C'est une herbe vivace, à corolle rotacée, 5-mère, d'un bleu violacé terne. Chacun des lobes de la corolle porte à sa base 2 fossettes glanduleuses, entourées d'un cadre cilié.

ERYTHRÆA

La Petite-Centaurée (*E. Centaurium* L.) est le type de ce genre. C'est une petite herbe bisannuelle, très commune dans les bruyères et dans les bois, surtout le long des chemins. Toutes ses parties sont très amères. Elle a des feuillés opposées et des fleurs en cymes dichotomes. Sa corolle est subinfundibuliforme, rose ou parfois blanche, et porte 5 étamines dont les anthères allongées se tordent en spirale après l'épanouissement. Le fruit a 2 valves dont les bords révolutés portent les graines. L'*E. ramosissima* Pers. (*E. pulchella* Fr.) est une autre espèce du genre, un peu moins commune et qui croît sur les gazons humides, etc. Ses fleurs sont plus longuement pédicellées, et ses cymes dichotomes sont lâches. Son fruit ne dépasse pas le calice, comme il le fait dans l'espèce précédente.

MICROCALA

Genre représenté par une seule très petite espèce, le *M. filiformis* Link (*Exacum filiforme* W. — *Cicendia filiformis* Del.), à tige simple ou dichotome au sommet, avec une

petite fleur jaune terminale, ou quelques fleurs en cyme
bipare, et dans ce cas, la fleur centrale à peu près aussi
longuement pédicellée que les périphériques. Les 4 sépales
sont triangulaires et appliqués contre le fruit. Cette petite
herbe amère aime les lieux humides des bois et des
bruyères. Elle est souvent abondante à Sénart. On la
trouve aussi à Saint-Léger, etc.

CICENDIA

La seule espèce de ce genre, le *C. pusilla* GRISEB. (*Gentiana pusilla* LAMK. — *Exacum pusillum* DC.) est plus rare
encore que la précédente et se trouve dans les mêmes
conditions qu'elle, à Sénart, Fontainebleau, etc. Elle se
ramifie beaucoup dès sa base. Ses fleurs, généralement
4-mères, en cymes bipares composées, ont des corolles
jaunes, blanches ou roses, à tube cylindro-conique.
Ses sépales sont linéaires et ne s'appliquent pas contre
le fruit.

Il y a dans la flore parisienne deux Gentianacées exceptionnelles à feuilles alternes : le *Menyanthes trifoliata* L.
et le *Limnanthemum peltatum* GMEL. (*L. nymphoides* HFFMG.
— *Villarsia nymphoides* VENT.). Le premier est une herbe
vivace qui a des feuilles 3-foliolées et des fleurs d'un
blanc rosé, en grappes. Il est assez commun en mai
dans les marais et les tourbières. Le dernier a des feuilles
flottantes de Nénuphar, plus petites, et de grandes fleurs
à corolle jaune : on le trouve fleuri, de juillet en octobre

dans la Marne, entre Charenton et Champigny, et aussi dans les eaux de la Seine.

Gesnériacées

Cette famille, en général exotique, n'est représentée dans notre flore que par des espèces du genre Orobanche, ordinairement rapporté à une famille des Orobanchées. Ce sont des plantes parasites, sans matière verte, qu'on reconnaît de loin à leur teinte généralement brunâtre, quelquefois bleue ou blanchâtre. Leurs fleurs sont irrégulières, avec une corolle bilabiée et un androcée didyname. Ce qui les caractérise surtout, en les distinguant des Scrofulariacées dont elles ont extérieurement la fleur, c'est que leur ovaire est uniloculaire, avec 2 placentas pariétaux, multiovulés. Les unes sont des *Orobanche* proprement dits, à fleurs en épis, occupant chacune l'aisselle d'une bractée. Les autres, à tort appelés *Phelipæa*, sont de la section *Kopsiella* (*Kopsia* DUMORT.) et ont, outre cette bractée florale : 2 bractéoles latérales.

Les 9 espèces de la section *Eurobanche* se distinguent de la façon suivante :

1
{ Etamines insérées à la base de la corolle ou peu au-dessus . . . 2.
{ Etamines insérées au milieu du tube de la corolle ou à peu près. 3.

2 {	Sommet stigmatifère du style rouge.	4.
	Sommet stigmatifère du style jaune.	3.
3 {	Filets staminaux velus.	*O. cruenta* BERS.
	Filets staminaux glabres, au moins en bas.	*O. Rapum* THUILL.
4 {	Tube de la corolle très dilaté en haut. Filets staminaux très velus.	*O. Galii* DUB.
	Tube de la corolle campanulé. Filets staminaux à peine velus.	*O. Epithymum* DC.
5 {	Etamines insérées vers le milieu du tube. Sommet stigmatifère du style rouge ou violet	5.
	Etamines insérées au-dessus du tiers inférieur du tube. Sommet stigmatifère du style jaune . .	*O. Hederæ* DUB.
6 {	Tube de la corolle graduellement arqué. Bractées égales aux fleurs ou les dépassant un peu.	7.
	Tube de la corolle brusquement coudé. Bractées bien plus longues que les fleurs	*O. amethystea* THUILL.
7 {	Filets staminaux très velus. Lèvre supérieure de la corolle entière.	*O. Picridis* SCH.
	Filets staminaux à peine poilus ou glabres. Lèvre supérieure de la corolle émarginée.	*O. minor* SUTT.

La section *Kopsiella* comprend 3 espèces rares, dont voici le tableau :

1 {	Lobes de la corolle aigus.	*O. cærulea* VILL.
	Lobes de la corolle obtus	2.

17

$$\left. \begin{array}{l} \text{Sépales lancéolés-subulés. Style} \\ \text{jaune. Inflorescence simple . .} \\ \text{Sépales triangulaires, acuminés.} \\ \text{Style blanc ou bleuâtre. Inflo-} \\ \text{rescence ramifiée . . . .} \end{array} \right.$$

2

O. arenaria Borkh.

O. ramosa L.

L'*O. Rapum*, à tige bulbiforme à sa base, est parasite sur le Genêt ; l'*O. Epithymum*, le plus commun de tous, sur le Serpolet ; l'*O. Galii*, assez commun, sur les *Rubia* de la section *Galium* ; l'*O. Hederæ*, très rare, sur le Lierre : l'*O. Teucrii*, rare, voisin de l'*O. Epithymum* et considéré parfois comme une de ses formes, remarquable par l'odeur de ses fleurs et le rétrécissement de sa corolle vers son tiers inférieur, sur le Serpolet et les Germandrées ; l'*O. Picridis*, très rare, sur le *Picris hieracioides* ; l'*O. amethystea* sur le Panicaut ; l'*O. minor* sur des Trèfles, le *Sanguisorba Poterium* et le Panicaut ; l'*O. ramosa* sur le Chanvre ; l'*O. cærulea* sur la Millefeuille ; l'*O. arenaria* sur l'Armoise.

L'*O. citrina* est une variété à fleurs d'un jaune pâle de l'*O. cruenta*, commune avec lui à Mantes, Limay, etc.

Nymphæacées

Les Nénuphars ou Lys d'eau, dont tout le monde connaît les grandes feuilles échancrées à la base et les fleurs à nombreux pétales, passant insensiblement d'une part aux sépales et d'autre part aux étamines, sont au nombre de deux : le N. blanc, qui a l'ovaire infère, multiloculaire et qui est le *Nymphæa alba* L.; et le N. jaune, qui est le

Nuphar luteum Sм. Le N. blanc préfère les eaux moins courantes : il a une variété *minor*, à fleurs et à feuilles en effet plus petites et qui est le *N. permixta* Bor.

Malvacées

Ce sont toutes des plantes de la série des Malvées, caractérisée par un calice accompagné d'un calicule et par une corolle tordue dont les 5 pièces sont unies toutes en bas entre elles et avec la base de l'androcée. Celui-ci forme un tube du sommet duquel se détachent un grand nombre d'anthères réniformes, uniloculaires. Le tube de l'androcée est traversé par un style à branches nombreuses et surmontant un ovaire en forme de gâteau circulaire, aplati, à loges nombreuses, uniovulées. Les feuilles sont alternes, pétiolées, avec stipules, et digitinerves, plus ou moins lobées.

Les unes sont des Mauves (*Malva*) ; leur calicule est formé de 3 folioles indépendantes. Les autres sont des Guimauves (*Althæa*) ; leur calicule est formé d'un plus grand nombre de folioles qui sont unies entre elles dans une étendue variable.

MALVA

On trouve très communément 2 *Malva* : le *M. sylvestris* L. (grande Mauve), à tige élevée, à feuilles orbiculairescordées, avec 5-7 lobes peu profonds, à grandes fleurs purpurines ou violacées, la corolle 3, 4 fois plus longue que le calice ; et le *M. rotundifolia* L. (Petite Mauve), peu élevé, plus étalé, à feuilles superficiellement 5-7-lobées, à petites fleurs dont la corolle d'un blanc rosé n'est qu'environ 2 fois plus longue que le calice.

Les *M. moschata* L. et *Alcea* L. sont bien moins communs. Ils ont des fleurs pédonculées, solitaires dans l'aisselle des feuilles ou des bractées qui les remplacent au sommet des branches. Le premier se distingue par ses fleurs assez grandes et belles, à corolle rose, avec les folioles de leur calicule linéaires, et par ses feuilles caulinaires palmatiséquées, à 3-5 lobes étroits et le plus souvent palmatipartites; et le dernier, par ses très grandes fleurs roses, à folioles du calicule ovales-aiguës, et par ses feuilles caulinaires à 3-5 lobes entiers ou incisés-crénelés. On trouve ces deux espèces dans les prairies et les bois, dans les buissons des coteaux, dans les plaines sablonneuses.

ALTHÆA

Il y en a 2 espèces. L'une est l'*A. officinalis* L. (Guimauve officinale), assez souvent échappé, près des maisons, des jardins où on le cultive. C'est une grande espèce vivace, à grosse racine blanche, à feuilles blanchâtres, veloutées, à fleurs d'un blanc rosé, groupées dans l'aisselle des feuilles. L'autre est une petite plante annuelle, à tige chargée de poils rudes, à feuilles vertes et pubescentes, avec des fleurs moyennes, de couleur rose pâle, supportées par des pédoncules plus longs que leur bractée axillante. C'est surtout une espèce du calcaire. Elle se trouve rarement aujourd'hui à Saint-Maurice et près du fort de Joinville, dans les champs arides; plus abondante à Sénart, Marcoussis, Malesherbes, Fontainebleau, etc.

La Rose-trémière (*Althæa rosea* L.) est une grande espèce cultivée dans les jardins, à longues baguettes de larges fleurs, et qui se rencontre parfois sur les décombres au voisinage des habitations, avec des fleurs simples **ou** doubles, blanches, roses, jaunes ou noirâtres.

Tiliacées

Cette grande famille n'est représentée dans la flore que par deux arbres, assez communs dans les bois, souvent plantés dans les parcs et sur les routes. Ils ont tous deux des feuilles alternes, suborbiculaires-ovales, un peu insymétriques à la base, et des fleurs blanchâtres, odorantes, formant une petite cyme au pédoncule de laquelle est adnée une longue bractée pâle. Les fleurs ont 5 sépales, 5 pétales, de nombreuses étamines hypogynes et un ovaire à 5 loges 2-ovulées auquel succède une sorte de petite noix pubescente. Le *T. platyphyllos* Scop. (*T. grandifolia* EHRH.), le plus commun près de Paris, a des feuilles plus grandes, des bourgeons et jeunes rameaux velus et des fruits à paroi épaisse, pourvus de 5 côtes saillantes. Le *T. ulmifolia* Scop. (*T. sylvestris* Desf. — *T. p rvifolia* Ehrh.) a des feuilles bien plus petites, glauques en dessous, et un fruit à paroi mince et fragile, sans côtes saillantes. Il abonde partout dans les bois du département de l'Oise.

Géraniacées

Les fleurs des *Geranium* et celles des *Erodium* sont construites de même, sinon que les premiers ont 10 étamines, dont 5 alternes avec les pétales et 5 superposées, et que ces dernières manquent dans les *Erodium*. Tous ont d'ailleurs un réceptacle convexe, 5 sépales, 5 pétales alternes, et un ovaire surmonté de 5 branches stylaires avec 5 loges 2-ovulées. Ce sont des herbes à branches noueuses et articulées, à feuilles plus ou moins profondément découpées, à fleurs disposées en cymes.

GERANIUM

Le plus commun de tous est le Bec-de-Grue (*G. Robertianum* L.), herbe fétide, souvent rougeâtre, velue-glanduleuse, à feuilles palmatiséquées. Ses sépales sont glanduleux, dressés, appliqués contre la corolle, contractés au sommet. **Ses pétales ont un onglet égal à** peu près au limbe. Cette plante croit dans les bois et les lieux incultes, dans les décombres, sur les vieux murs, etc.

Les G. *molle* L. et *rotundifolium* L. sont presque aussi communs, principalement au bord des chemins, sur les pelouses, dans les lieux incultes. Ils sont annuels, à feuilles réniformes-arrondies, 5-7-lobées. Ils ont des fleurs roses, petites, ordinairement au nombre de 2 au sommet du pédoncule. Celui-ci est plus long que la feuille florale dans le G. *molle* qui a les filets staminaux glabres et les carpelles ridés en travers. Il est, au contraire, plus court que la feuille florale dans le G. *rotundifolium* qui a les carpelles barbus au niveau de leur commissure.

Le G. *pusillum* L. est aussi une herbe annuelle, très commune, à feuilles orbiculaires-réniformes, à pétales violacés. Sa fleur est d'ailleurs celle du G. *molle*, sinon que ses filets staminaux sont ciliés et que ses carpelles sont pubescents.

Le G. *dissectum* L., très vulgaire aussi, a des feuilles pinnatiséquées, à 5-7 lobes linéaire et incisés. Ses pétales obcordés et purpurins dépassent à peine son calice étalé. Ses carpelles sont pubescents.

Le G. *columbinum* L. un peu moins commun, à feuilles également divisées en 5-7 lobes linéaires-incisés, a aussi des pétales obcordés et purpurins. Mais ses tiges ne sont pas glanduleuses au sommet comme celles du G. *dissectum*, et ses pédoncules sont bien plus longs que les feuilles florales, tandis qu'ils sont bien plus courts dans le *G. dissectum*.

Trois espèces sont relativement rares : les *G. lucidum*, L., *pyrenaicum* L., *sanguineum* L. La première est annuelle comme le *G. Robertianum* auquel elle ressemble beaucoup. Elle est inodore, glabre, luisante et rougit souvent beaucoup. Ses feuilles orbiculaires-réniformes sont palmatifides. Mais ses fruits sont ridés en long, au lieu de l'être en travers comme ceux du *G. Robertianum*, et son calice est glabre, tandis que celui du *G. Robertianum* est glanduleux. On récolte surtout cette plante à Lardy sur les murs, notamment dans la rue qui va de l'église à Poquency. On la trouve aussi à Bouray, Corbeil, Malesherbes, Nemours, etc.

Les *G. sanguineum* et *pyrenaicum* sont vivaces, à souche épaisse. Le premier a de grandes fleurs purpurines, solitaires, à pétales obcordés, à carpelles glabres. Il abonde à Fontainebleau, au bois de Boulogne, près Bagatelle, etc., de juin à août, dans les gazons. Le dernier a des pétales lilacés, bilobés, ciliés au-dessus de l'onglet très court, et des carpelles couverts de duvet. On le trouve à Meudon, à Montmorency, etc., au bord des chemins, dans les herbes, au pied des buissons, etc.

ERODIUM

Il n'y en a qu'un, très polymorphe, commun dans les terrains incultes, bisannuel, étalant sur le sol ses feuilles

pinnatiséquées, finement incisées-dentées. Ses pétales
rosés, lilacés ou blanchâtres sont un peu dissemblables.
C'est l'*E. cicutarium* L'HÉR. (*Geranium cicutarium* L.).

Les Balsamines (*Impatiens*) sont avec raison rapportées
à cette famille. Elles ont un calice pétaloïde et une corolle
très irrégulière. Leur sépale postérieur, plus grand, est
pourvu d'un éperon grêle et recourbé, libre. Leurs 5 étamines ont leurs anthères collées les unes aux autres,
autour du pistil, dont l'ovaire a 5 loges pluriovulées et
devient une capsule loculicide qui s'ouvre avec élasticité
et dont les panneaux s'enroulent sur eux-mêmes en
chassant les graines non albuminées. Notre seule espèce
est l'*I. Noli-tangere* L., herbe annuelle, fragile, à fleurs
jaunes, rare dans les bois humides. On la récolte à Fontainebleau, dans le parc ; à Compiègne, près l'étang Saint-
Pierre ; près de l'étang de Luciennes ; à Villers-Cotterets,
près de Beauvais, etc.

Linacées

Il n'y a de cette famille que des Lins (*Linum*). On connaît le *L. usitatissimum* L., cultivé pour ses fibres textiles,
qui s'échappe quelquefois des cultures, et qui a de jolies
fleurs bleues, rarement blanches, régulières et dialypétales. Ses 5 pétales sont tordus dans le bouton et fugaces. En dedans d'eux se trouvent 10 étamines unies
par leurs filets ; mais cinq d'entre elles sont seules bien

visibles et pourvues d'anthères ; les autres sont réduites à 5 très petites languettes stériles. L'ovaire, surmonté d'un style à 5 branches, est 5-loculaire, avec 2 ovules dans chaque loge ; mais une fausse-cloison s'interpose aux 2 ovules d'une même loge. C'est une plante annuelle, à feuilles alternes et à cymes unipares simulant des grappes.

Il y a un autre Lin à fleurs bleues ; c'est le *L. Leonii* Sch., rare et qu'on ne trouve que dans les terrains arides et calcaires, notamment à Malesherbes, à quelques pas de la station, au pied de la Butte de la Justice, à Nemours, à Epizy, etc. C'est une espèce vivace, à tiges étalées.

Le *L. tenuifolium* L. est beaucoup plus commun sur les terrains calcaires, notamment à Bouray, à l'Isle-Adam, etc. Ses fleurs sont d'un lilas rosé pâle, sur des tiges dressées. C'est aussi une plante vivace.

Le *L. gallicum* L. est annuel, et ses fleurs sont jaunes ; ses cymes bipares. C'est une plante fort rare, qu'il faut aller chercher à Villers-Cotterets, Villedon.

Le *L. catharticum* L. est une petite plante annuelle, très commune dans les prés herbeux, dans les marais, souvent au milieu des Graminées. Ses tiges grêles portent des feuilles opposées, et ses petites fleurs blanches sont disposées en cymes dichotomes ; si bien que son inflorescence rappelle celle d'une Caryophyllacée.

Le *L. Radiola* L. (*Radiola linoides* Gmel.) est plus exceptionnel encore. Ses fleurs sont 4-mères ; les sépales 2, 3-fides. C'est une toute petite plante annuelle des chemins humides des bois, des marais. Ses petites feuilles opposées et glauques lui donnent un peu l'air d'un petit *Sedum*. Elle n'est pas rare ; on la trouve assez souvent entre autres dans les allées du bois de Meudon.

Polygalacées

Ce sont des *Polygala*, herbes vivaces, à feuilles alternes et en partie opposées, et à grappes terminales de fleurs irrégulières. Celles-ci ont quelque analogie extérieure avec celles des Papilionacées, parce qu'elles ont 2 ailes latérales, pétaloïdes, veinées, qui persistent et verdissent autour du fruit. Mais ces ailes appartiennent au calice : ce sont les 2 sépales latéraux et intérieurs de celui-ci; les 3 autres sont beaucoup plus petits. La corolle, de même couleur, est réduite à 4 pétales unis et formant 2 lèvres, dont une antérieure, surmontée d'une crête frangée. Les étamines sont au nombre de 8, diadelphes et formant 2 faisceaux latéraux, à anthères incomplètement biloculaires. L'ovaire a 2 loges à ovule descendant ; et le fruit capsulaire comprimé, renferme 2 graines albuminées, descendantes, couronnées d'un arille charnu.

Ces caractères sont faciles à constater dans le *P. vulgaris* L., très commun tout l'été dans les lieux herbeux, et qui a des fleurs bleues, roses ou blanches. Ses feuilles sont toutes alternes, à saveur herbacée, et ses grappes allongées **ont des bractées peu saillantes. C'est par là** qu'on distingue cette espèce du *P. comosa* Schk., bien moins commun sur les pelouses, et dont les bractées florales proéminentes forment une sorte de houppe au-dessus des grappes serrées.

Le *P. amarella* Crantz (*P. calcarea* Sch.), plus rare aussi que le *P. vulgaris.* sauf sur les coteaux calcaires et herbeux, et qui peut avoir aussi des fleurs blanches. roses ou d'un bleu clair. a des feuilles de deux sortes : les supérieures étroites. et les inférieures plus grandes. obovales. rapprochées en rosette. Cette plante est très commune sur les coteaux de Bouray. des environs de l'Isle-Adam. de Saint-Germain. etc. Sa saveur est herbacée.

La saveur est nettement amère. au contraire, dans le *P. amara* L. (*P. austriaca* Crantz). bien plus rare que les précédents, surtout dans les environs immédiats de Paris. C'est une petite espèce à fleurs blanches ou bleuâtres. qui croit dans les marais et les prés humides, à Champagne près l'Isle-Adam. à Buthiers près Malesherbes (à l'entrée du marais). à Fontainebleau. Nemours, Compiègne, etc. Ses feuilles sont dimorphes, comme celles du *P. amarella;* mais les ailes qui accompagnent le fruit sont plus étroites et plus courtes que lui, ou à peu près égales, tandis que celle du *P. amarella* sont aussi larges et bien plus longues.

Le *P. serpyllacea* Weihe (*P. depressa* Wend.), peu rare, et qu'on trouve dès le mois de mai dans le bois de Clamart. a la saveur herbacée, et des feuilles inférieures opposées ou à peu près. tandis que les autres sont alternes ; **mais ses petites fleurs, bleues ou plus rarement**

blanches, sont disposées en grappes courtes qui de bonne
heure semblent latérales, parce qu'elles sont déviées par
une branche inférieure axillaire qui les rejette de côté.

D'après ce que nous venons de voir, il faut, pour la détermination des *Polygala*, récolter et préparer les pieds
entiers.

Euphorbiacées.

Nous connaissons de cette famille 2 Mercuriales (p. 15).
Les Euphorbes, qui lui ont donné leur nom, sont chez
nous des herbes à suc laiteux, dont les feuilles sont presque toujours alternes et dont les fleurs en cyme ont un
périanthe en forme de cloche. Ses bords sont découpés
de 5 dents avec lesquelles alternent 4 ou 5 glandes de
forme variable, souvent arquées. Intérieurement se voient
5 faisceaux d'étamines à filet articulé, et un gynécée porté
par un long pied recourbé. L'ovaire a 3 loges avec des
ovules de Mercuriale ; il est surmonté d'un style à 3 branches, souvent 2-fides, et le fruit tricoque a des graines
albuminées, caronculées. Il convient de récolter les fruits,
les graines mûres et les fleurs en bon état, afin de bien
reconnaitre la forme des glandes alternes aux divisions
du calice. Avec ces organes on distingue de la façon suivante nos 14 espèces :

1 { Feuilles opposées . . . . *E. Lathyris* L.
  { Feuilles alternes. . . . . **2.**

2 { Graines lisses. . . . .   6.
   Graines rugueuses ou ponctuées.   3.

3 { Coques du fruit 2-carénées . . . .   *E. Peplus* L.
   Coques du fruit non carénées . .   4.

4 { Glandes du calice en croissant.
   Graine rugueuse et ridée en
   travers. . . . .   5.
   Glandes du calice non en crois-
   sant. Graine ponctuée-réticulée.   *E. Helioscopia* L.

5 { Feuilles lancéolées, atténuées à la
   base, acuminées ou cuspidées.
   Bractées de l'inflorescence ovales
   ou rectangulaires . . . .   *E. falcata* L.
   Feuilles linéaires, à sommet tron-
   qué ou mucroné. Bractées de
   l'inflorescence linéaires-lancéo-
   lées, élargies à la base. . . . .   *E. exigua* L.

6 { Bractées unies deux à deux en
   lame suborbiculaire, perfoliée .   *E. amygdaloides* L.
   Bractées libres. . . . .   7.

7 { Fruit lisse ou finement chagriné.   8.
   Fruit chargé de tubercules. . . .   11.

8 { Glandes calicinales en croissant.   9.
   Glandes calicinales non en crois-
   sant . . . .   *E. Gerardiana* Jacq.

9 { Feuilles lancéolées, linéaires-lancéolées ou oblongues ; celles des
   rameaux stériles non sétacées.   *E. Esula* L.
   Feuilles linéaires ; celles des rameaux stériles rapprochées en
   pinceau, subsétacées . . . . . .   *E. Cyparissias* L.

10 {
Herbe annuelle, à feuilles subcordées . . . . 11.
Herbe vivace, à feuilles atténuées
à la base. . . . . 12.

11 {
Fruit petit, à tubercules allongés.
Graines rougeâtres . . . . *E. stricta* L.
Fruit assez gros, à tubercules hé-
misphériques peu proéminents.
Graines grisâtres . . . . *E. platyphyllos* L.

12 {
Bractées de l'inflorescence obovales ou oblongues, à base atténuée. . . . . 13.
Bractées de l'inflorescence ovales,
3-angulaires, à base tronquée ou
subcordée . . . . *E. dulcis* L.

13 {
Tige robuste, dressée. Cyme dé-
passée par les rameaux stériles. *E. palustris*. L.
Tige grêle, étalée ou diffuse.
Cyme régulière, à 4, 5 rayons. *E. verrucosa*. L.

L'*E. verrucosa* a plusieurs variétés, notamment les *E. tristis* BIEB. et *salicetorum* JORD. C'est une espèce fort rare (Moret, Nemours, Episy, etc.). L'*E. dulcis* est rare (Saint-Germain, en sortant du parc, dans la forêt; Sénart, Fontainebleau, etc.). L'*E. Esula* est rare aussi (Fontainebleau, Maisse, les Andelys). C'est une plante très variable. L'*E. falcata* est rare, dans les champs (Sartrouville, Draveil, etc.). L'*E. palustris* est assez rare, dans les marais, Les autres espèces sont communes ou très communes, surtout les *E. Cyparissias, amygdaloides, Helioscopia* et *Peplus*. L'*E. Lathyris* est une plante introduite et ne se trouve guère que près des habitations.

CALLITRICHE

Rapportés successivement à plusieurs autres familles, les *Callitriche* sont d'humbles herbes aquatiques, à petites feuilles opposées, qui représentent chez nous le groupe des Euphorbiacées à loges 2-ovulées. Mais leur ovaire semble au premier abord 4-loculaire, parce que chacune de ses 2 loges primitives se subdivise en 2 logettes 1-ovulées. Aussi est-il surmonté de 2 branches stylaires seulement. Il n'y a pas de périanthe, et l'androcée est réduit à 1, 2 étamines. Pour les uns, tous nos *Callitriche* sont des variétés d'une seule et même espèce, le *C. aquatica* HUDS. D'autres distinguent les suivantes :

Le *C. verna* L., annuel, à feuilles dimorphes : les inférieures linéaires ; les supérieures obovales ou oblongues, 3-5-nerves ; les bractées persistantes ; les styles caducs ; les coques du fruit étroitement carénées.

Le *C. hamulata* KUETZ., à feuilles toutes linéaires-lancéolées, 3-7-nerves ; les bractées caduques ; les styles persistants ; les coques du fruit étroitement carénées. Espèce rare, des mares de Fontainebleau.

Le *C. platycarpa* KUETZ., vivace, à feuilles dimorphes ; les supérieures bien plus larges, 3-5-nerves ; les bractées persistantes et conniventes en haut ; les styles persistants et finalement réfléchis ; les coques du fruit à carène dorsale assez prononcée et ordinairement ondulée. Aussi **commun** que le ***C. verna.***

Célastracées.

Deux plantes de cette famille appartiennent à notre flore, y représentant, l'une la série des Evonymées, l'autre celle des Buxées. Dans la première, l'*Evonymus europæus* L· (Fusain, Bonnet-de-Prêtre), les fleurs hermaphrodites sont 4-mères, à calice et corolle imbriqués, avec androcée isostémoné et un ovaire à 4 loges 2-ovulées. Les ovules ascendants ont le micropyle dirigé en bas et en dehors. Le fruit est une capsule loculicide, qui renferme dans chaque loge une ou deux graines albuminées, entourées d'un grand arille rouge. C'est un arbuste glabre, à feuilles opposées, elliptiques ou à peu près; à fleurs blanchâtres, en cymes dichotomes.

Dans la deuxième série, le *Buxus sempervirens* L. (Buis commun) a des fleurs monoïques, apétales; les mâles à 4 étamines; les femelles à ovaire triloculaire, avec 2 ovules descendants dans chaque loge. Le fruit est une capsule loculicide; et les graines, noires, albuminées, au nombre d'une ou deux dans chaque loge, ont un arille basilaire blanc. C'est un arbuste à feuilles opposées, elliptiques ou ovales, coriaces, à fleurs en glomérules. Outre qu'on le cultive dans les jardins, il se trouve, peut-être à l'état de naturalisation, sur les cotaux calcaires, un peu loin de Paris, notamment près de Nemours, de Mantes, de la Roche-Guyon, de Port-Villez, etc.

On plante parfois dans les parcs [l'*Evonymus verrucosus* Scop.

Rhamnacées

Il n'y a de cette famille que deux Nerpruns (*Rhamnus*). Ce sont des arbustes à feuilles alternes, simples, avec des stipules caduques. Leurs fleurs, en cymes axillaires et composées, sont hermaphrodites ou polygames, à réceptacle concave. Leurs pétales sont petits, et les étamines leur sont superposées. L'ovaire a 2-4 loges 1-ovulées, et les ovules sont ascendants. Le fruit est une drupe à 1-4 noyaux.

Le plus commun est le *R. Frangula* L. (Bourgène, Bourdaine). Ses feuilles ovales sont entières; et ses fleurs, immédiatement insérées dans l'aisselle des feuilles, sont 5-mères. Le fruit globuleux est vert, puis rouge, puis noir. L'espèce se trouve dans tous les bois, les haies, etc.

Le *R. cathartica* L. (Nerprun purgatif) se montre aussi dans les bois. Ses cymes florales sont groupées sur de courts axes axillaires. Ses fleurs sont 4-mères, et le fruit est vert, puis noir, à suc un peu verdâtre. Les feuilles sont ovales, finement dentelées, et elles sont groupées en faisceaux sur un nœud saillant ou axe très court. Le style est ici à 2, 3 branches, tandis qu'il est indivis dans l'autre espèce; et cette dernière n'a pas de rameaux transformés **en épine, comme le *R. cathartica*.**

Ulmacées

Cette famille comprend l'Orme (p. 73), type de la série des Ulmées, puis 2 plantes de la série des Cannabinées : le Chanvre (*Cannabis sativa* L.), herbe dioïque, cultivée et parfois subspontanée, remarquable par ses feuilles palmées, 5-7-partites ou séquées, et son fruit, le Chènevis, entouré d'une enveloppe dure ; et le Houblon (*Humulus Lupulus* L.), herbe vivace, volubile, abondante dans nos haies et buissons et reconnaissable à ses feuilles digitilobées. Ses fleurs mâles sont disposées en grappes composées, et formées d'un calice 5-mère, avec 5 étamines superposées. Ses fleurs femelles et ses fruits sont disposés en cônes ou strobiles, avec des graines solitaires dans les achaines.

Le Figuier (*Ficus Carica* L.), cultivé comme arbre fruitier, appartient aussi à cette famille.

Castanéacées

Nous avons vu (p. 65) qu'à cette famille se rapportent les Noisetiers, Aunes, Galéciriers. Il faut y joindre des arbres à floraison moins précoce, les Chênes (*Quercus*), Châtaigniers (*Castanea*), Hêtres (*Fagus*), Charmes (*Carpinus*), Bouleaux (*Betula*).

QUERCUS

Les Chênes ont des fleurs monoïques : les mâles disposées en chatons grêles et lâches, avec un petit calice 4-8-mère et 4-12 étamines à anthère biloculaire. La fleur femelle a un ovaire infère, à 3 loges 2-ovulées, et elle est entourée à la base d'une cupule qui persiste et durcit autour de la base de son fruit. Celui-ci est un achaine (Gland) et renferme une grosse graine dont l'embryon a d'épais cotylédons et une courte radicule supère. Notre C. commun (*Quercus Robur* L.) a été dédoublé en deux espèces très communes : le *Q. sessiliflora* et le *Q. pedunculata*. Le premier (Rouvre) a les feuilles ovales-oblongues et à lobes obtus, que tout le monde connait, glabres ou plus rarement pubescentes (*Q. pubescens* W.) et des pédoncules fructifères plus courts que les pétioles. Le dernier (C. à grappes) a des feuilles glabres, presque sessiles, et des pédoncules fructifères très longs.

CASTANEA

Le Châtaignier (*C. vulgaris* Lamk) a des fleurs mâles en épis de glomérules et des fleurs femelles en glomérule inclus dans un involucre. Celui-ci devient épineux autour des fruits qu'il envelope complètement. C'est un arbre à feuilles alternes, lancéolées, dentées. Son fruit,

la Chataigne, est surmonté des restes du style et du calice supère. Il est commun dans nos bois siliceux.

FAGUS

Notre Hètre commun ou Fayard, Fouteau, est le *F.
sylvatica* L., bel arbre à feuilles ovales ou ovales-oblongues, à fleurs mâles en chatons pendants; à fleurs
femelles au nombre de 1-3 dans un involucre. Celui-ci
devient une coque 4-valve, chargée d'aiguillons mous et
renfermant 1-3 fruits (Faînes) trigones, surmontés des
restes du calice.

BETULA

Le *B. alba* L. est notre Bouleau commun, arbre à
écorce blanche, à feuilles rhomboïdales-triangulaires.
Ses chatons rappellent beaucoup ceux des Aunes (p. 65).
Ses fleurs mâles sont 2-andres et les deux loges de leurs
anthères sont disjointes. Ses fruits sont en chatons comme
ceux de Aunes, mais cylindriques, avec des écailles
membraneuses et caduques.

Lythrariacées

La Salicaire (*Lythrum Salicaria* L.) est la plante la
plus commune de cette famille. C'est une herbe vivace, très

abondante en été sur le bord des eaux, et dont la fleur a un périanthe double. Le calice, tubuleux et pubescent, est découpé en haut de 12 dents, 2-sériées. En dedans d'elles s'insèrent 6 longs pétales purpurins. L'androcée est diplostémoné; et l'ovaire, libre au fond du tube floral, est à 2 loges multiovulées, surmonté d'un style simple et entier. Le fruit est une capsule. Les fleurs sont disposées en glomérules qui occupent l'aisselle, soit des feuilles, soit des bractées qui les remplacent au sommet des axes.

Il y a une autre espèce, bien plus petite et bien plus rare, qui est le *L. hyssopifolium* L. Son calice est glabre, et ses fleurs axillaires sont solitaires. On trouve cette plante au bord des étangs et des mares, notamment à Bondy, près de Versailles et de Saint-Cloud, à Ferrières, à Montaubert, à Sénart, Rambouillet, etc.

Le genre *Ammania* est représenté chez nous par une très humble herbe annuelle ou bisannuelle, l'*A. Portula* H. Bx (*Peplis Portula* L.). Ses tiges, rameuses et couchées, portent des feuilles spatulées et des fleurs axillaires, solitaires, à calice 2-sérié, 12-mère, à corolle nulle ou formée de 6 petits pétales, à 6 étamines et à ovaire 2-loculaire. La plante est commune près des mares et étangs, dans les allées humides des bois, etc.

Onagrariacées

Cette famille tire son nom de celui de l'Onagre (*OEno-thera biennis* L.), encore nommée Herbe aux ânes et Jambon des jardiniers. Ce n'est pas une plante indigène ; mais introduite de l'Amérique du Nord dans notre pays, elle s'y est naturalisée et se rencontre fréquemment au bord des bois, sur les talus des chemins de fer, sur les berges des rivières, etc. On la remarque facilement à ses grandes fleurs jaunes, odorantes et nocturnes. Ces fleurs ont un réceptacle concave, dont la cavité loge l'ovaire infère et se prolonge au-dessus de celui-ci en un long tube dont l'orifice supérieur porte le calice 4-mère et caduc, les 4 pétales et 8 étamines 2-sériées. L'ovaire a 4 loges multiovulées, et le fruit est capsulaire. La plante est bisannuelle ; ses feuilles sont en rosette à la base, plus haut lancéolées et sessiles, et ses fleurs sont disposées en grappe terminale.

Cette plante une fois connue, les autres genres de la famille que nous possédons s'en distinguent aisément.

Les *Dantia*, à calice persistant, n'ont pas de pétales et seulement 4 étamines.

Les *Epilobium*, à 4 pétales roses ou rarement blancs, ont le tube du réceptacle court dans la portion qui surmonte l'ovaire, et leurs graines portent un pinceau de poils sur la chalaze.

Les *Circæa* ont des fleurs à 2 sépales, 2 pétales bilobés, 2 étamines, et un fruit chargé de poils crochus.

Les *Hippuris*, genre anormal, n'ont qu'un rudiment de périanthe, un ovaire à une loge et une seule étamine. Leurs feuilles sont verticillées.

DANTIA

Le *D. palustris* (*Isnardia palustris* L.) est une des raretés de la flore parisienne. C'est une petite herbe vivace,
à branches nageantes ou couchées-radicantes, des marais
et tourbières des environs de Nemours, sur les bords
du Loing ; de Buzency près Vernon, de Saint-Léger, etc.

EPILOBIUM

Les 10 espèces vivaces de la flore parisienne se distinguent les unes des autres de la façon suivante (il faut
examiner la plante bien entière) :

1	Feuilles alternes. Pétales entiers ou à peu près	*E. spicatum* L.
	Feuilles opposées, au moins les inférieures. Pétales 2-lobés . .	2.
2	Tiges sans lignes saillantes de poils.	7.
	Tiges à 2-4 lignes saillantes de poils.	3.
3	Rhizome à stolons allongés . . .	6.
	Rhizome sans stolons et à rosettes de feuilles	4.
4	Boutons dressés. Feuilles presque sessiles.	5.
	Boutons penchés. Feuilles pétio-lées	*E. roseum* SCHREB.

5	Feuilles d'un vert clair, peu ou point dentées. Lignes saillantes de la tige naissant des pétioles.	*E. Lamyi* Sch.
	Feuilles d'un vert vif, fortement dentées. Lignes saillantes de la tige naissant du limbe décurrent des feuilles	*E. adnatum* Griseb.
6	Feuilles arrondies à la base. Tige à 2-4 lignes saillantes. Boutons penchés. Aigrette des graines sessile	*E. obscurum* Schreb.
	Feuilles atténuées à la base. Tige à 4 lignes saillantes de poils. Boutons penchés. Aigrette des graines stipitée.	*E. palustre* L.
7	Boutons penchés. Feuilles pétiolées	9.
	Boutons dressés. Feuilles sessiles ou amplexicaules, au moins les supérieures.	8.
8	Corolle grande, purpurine. Stolons très longs, épais et écailleux. Feuilles amplexicaules . .	*E. hirsutum* L.
	Corolle petite, d'un rose pâle. Stolons courts, grêles et terminés par une rosette de feuilles.	*E. parviflorum* Schreb.
9	Tige ramifiée dès sa base. Feuilles supérieures ou toutes alternes, avec faisceau axillaire de petites feuilles.	*E. collinum* Gmel.
	Tige non ramifiée. Feuilles opposées ou verticillées par 3, sans faisceau de petites feuilles axillaires.	*E. montanum* L.

L'*E. palustre* est rare (prairies tourbeuses à Chantilly, Rambouillet, Saint-Léger, Dreux, dans l'Oise, etc.).

L'*E. obscurum* est aussi une espèce rare, qu'on trouve dans les bois humides, à Montmorency, Fontainebleau, Villers-Cotterets, etc.

L'*E. roseum*, assez rare, est une plante des bois frais.

L'*E. collinum*, assez rare, croit sur les roches et les vieux murs.

L'*E. spicatum* est assez rare. On le trouve quelquefois encore à Vincennes; il habite souvent le bord des bois humides, les talus plantés des voies ferrées, etc.

Circæa

Notre seule espèce, le *C. lutetiana* L. (Herbe à la magicienne, à la sorcière) est une petite plante vivace, à 2 pétales blancs, bilobés; très commune dans les bois humides.

Hippuris

L'*H. vulgaris* L., vivace, à rhizome rampant dans la vase, est remarquable par ses branches aériennes fistuleuses et ses très petites fleurs verdâtres, sessiles dans l'aisselle des feuilles verticillées. C'est une plante aquatique, assez commune, plantée parfois dans les fossés des fortifications, notamment près la barrière d'Ivry.

MYRIOPHYLLUM

Ce genre, de la série des Haloragées, est représenté dans la flore par des espèces aquatiques, vivaces, à fleurs 4-mères et diplostémonées, à feuilles pinnatiséquées ; les segments capillaires :

1 — Fleurs nées à l'aisselle de feuilles pectinées plus longues qu'elles. *M. verticillatum* L.
Fleurs nées à l'aisselle de bractées entières . . . . 2.

2 — Fleurs femelles à l'aisselle de feuilles. Fleurs mâles alternes, en épi d'abord arqué. . . . . . *M. alternifolium* DC.
Fleurs en épi effilé, toutes à l'aisselle de bractées non divisées . *M. spicatum* L.

Deux de ces espèces sont communes. Seul le *M. alternifolium* est rare (Fontainebleau, Montfort-l'Amaury, environs de Chartres, etc.).

Cornacées

Notre flore comprend 2 *Cornus*, arbrisseaux à feuilles opposées et entières, sans stipules. Leurs fleurs peuvent être précoces et jaunes comme dans le *C. mas* L. (p. 76) qui habite les bois, assez loin des environs immédiats de Paris et qui est assez rare. Ou bien elles sont blanches, comme dans le *C. sanguineu* L., qui est très commun partout dans les bois, les marais. L'ovaire est infère, à 2 loges 1-ovulées; l'ovule descendant, à raphé dorsal. La corolle est supère, formée de 4 pétales valvaires. L'androcée est isostémoné; et le fruit est une drupe dont le noyau a 2 loges 1-spermes, avec une graine descendante et albuminée.

Ombellifères

Les plantes de cette famille qui se trouvent dans la flore parisienne, sont dialypétales, à réceptacle concave et à ovaire infère. Cet ovaire a 2 loges, avec, dans chacune d'elles, un ovule descendant, à micropyle extérieur. L'androcée est isostémoné et épigyne, et s'insère sous une dilatation disciforme de la base du style bifurqué, nommée stylopode. Les feuilles sont alternes, presque toujours profondément découpées, et les inflorescences sont presque toujours des ombelles composées. En haut de leur pédoncule se trouvent souvent des bractées formant l'involucre, et en haut des pédicelles d'autres bractées formant un involucelle.

Il importe de connaître et de récolter les fruits des Ombellifères, pour la détermination des genres. Ces fruits sont des diachaines dont la forme est très variable. Chaque fruit a des côtes principales ou primaires, dont une médiane dorsale, et des vallécules séparent ces côtes les unes

des autres. Au fond de ces vallécules peuvent naitre des
côtes secondaires, et leur cavité est le plus souvent oc-
cupée par des bandelettes, réservoirs d'oléo-résine. Ces
réservoirs peuvent aussi occuper l'épaisseur des côtes.

On distinguera d'abord les genres entre eux, de même
que les principaux sous-genres, à l'aide du tableau qui
suit :

1 { Inflorescence capituliforme, entourée d'un involucre épineux. *Eryngium.*
Inflorescence non capituliforme. . 2.

2 { Feuilles profondément découpées,
pinnatiséquées, pinnatifides ou
palmatiséquées . . . . 5.
Feuilles entières, crénelées ou
peu profondément lobées . . . 3.

3 { Feuilles peltées. . . . . *Hydrocotyle.*
Feuilles non peltées . . . . 4.

4 { Feuilles entières. Fleurs jaunes . *Bupleurum.*
Feuilles palmatipartites. Fleurs
rosées ou blanches. . . . . . . *Sanicula.*

5 { Fleurs dioïques. Bandelettes sur
les côtes primaires . . . . . . *Apinella.*
Fleurs hermaphrodites ou poly-
games. Bandelettes dans les
vallécules ou sous les côtes secondaires, parfois nulles . . . 6.

6 { Fruit épineux ou longuement sétifère. . . . . 7.
Fruit glabre, pubescent ou velu,
non épineux, non sétifère. . . 12.

7 { Fruit à sommet brusquement rétréci en bec. Côtes inférieurement non distinctes. . *Chærophyllum* § *Anthriscus.*
Fruit sans bec. Côtes distinctes jusqu'en bas . . . . 8.

8 { Côtes du fruit à peu près égales, découpées en aiguillons robustes. Feuilles une fois pinnatiséquées. . . . . *Daucus* § *Turgenia.*
Côtes primaires du fruit portant quelques courts aiguillons. Côtes secondaires découpées d'aiguillons ou de raies épineuses, 1-plurisériées. Feuilles plusieurs fois pinnatiséquées . . . . . . 9.

9 { Tige glabre ou velue. Aiguillons ou soies épineuses des fruits en lignes régulières . . . . 10.
Tige à poils rigides, apprimés, descendants. Fruit entièrement et irrégulièrement aiguillonné-tuberculé. . . . . *Daucus* § *Torilis.*

10 { Aiguillons du fruit robustes. Bractées de l'involucre entières ou nulles . . . . 11.
Aiguillons du fruit longs et sétiformes. Bractées de l'involucre généralement tripinnatiséquées . . . . *Daucus* § *Eudaucus.*

11 { Pétales extérieurs très grands (dépassant le diamètre de l'ombellule) et rayonnants. Aiguillons des côtes secondaires 2, 3-sériés. . . . . *Daucus* § *Orlaya.*

11
(s.)
Pétales extérieurs plus petits que le diamètre de l'ombellule. Aiguillons des côtes secondaires 1-sériés. . . . . *Daucus* § *Caucalis.*

12
Bec du fruit linéaire, trois, quatre fois plus long que le corps du fruit. . . . . *Scandix.*
Bec du fruit nul ou plus court que le corps du fruit . . . . . 13.

13
Fruit comprimé sur le dos, plus ou moins aplati, à bordure épaisse ou plate. . . . . 14.
Fruit comprimé bilatéralement, globuleux, subglobuleux ou pluriailé . . . . 18.

14
Fruit à côtes dorsales grêles, avec rebord aplati, lisse, glabre ou finement pubescent . . . . 15.
Fruit à côtes dorsales peu visibles, avec rebord rugueux et très épais, chargé de poils roides. . *Tordylium.*

15
Pétales jaunes, entiers, involutés. 17.
Pétales rosés, blancs ou d'un blanc jaunâtre, émarginés-2-lobés, peu ou point involutés . 16.

16
Pétales entiers ou émarginés. Bandelettes occupant toute la hauteur des vallécules. *Peucedanum* § *Eupeucedanum.*
Pétales 2-lobés. Bandelettes n'occupant que la moitié supérieure des vallécules . . . . *Heracleum.*

17 {
Feuilles décomposées en segments
très étroits, linéaires. . . . *Peucedanum* § *Anethum*.
Feuilles simplement pinnatisé-
quées, à segments ovales ou
oblongs, incisés . . . . *Peucedanum* § *Pastinaca*.

18 {
Fruit portant 8 ailes bien plus
larges que lui, membraneuses. *Laserpitium*.
Fruit non ailé ou à 10 ailes plus
étroites que lui, rarement très
larges. . . . . 19.

19 {
Fruit non ailé ou à 10 ailes
égales . . . . 21.
Fruit à 4 ailes marginales membraneuses et bien plus larges
que la côte dorsale . . . . . . 20.

20 {
Côte dorsale filiforme. Segments
des feuilles amples, ovales-lancéolées, dentés. . . . . *Angelica*.
Côte dorsale ailée. Segments des
feuilles pinnatipartites ; les
lobes linéaires . . . . *Meum* § *Selinum*.

21 {
Fruit comprimé bilatéralement,
parfois didyme, à coupe transversale oblongue . . . . 23.
Fruit subsphérique ou subcylindrique, à coupe transversale
circulaire. . . . . 22.

22 {
Pétales jaunes. Segments des
feuilles décomposées filiformes. *Fœniculum*.
Pétales rosés, blancs ou d'un blanc
jaunâtre. Segments foliaires non
filiformes. . . . . 23.

Fruit oblong. Involucelle régulier, circulaire . . . . 25.

23 Fruit ovoïde court ou sphérique. Involucelle irrégulier, à quelques bractées extérieures . . . 24.

24 Fruit sphérique, à 18 côtes (primaires et secondaires) subégales. Sépales linéaires et persistants. *Coriandrum.*

Fruit ovoïde, court, à 10 côtes, sans côtes secondaires. Calice subnul . . . . *Æthusa.*

25 Fruit à columelle libre. Sépales dentiformes ou allongés, non accrescents. . . . . 26.

Fruit à columelle non distincte. Sépales dentiformes, accrus sur le fruit. . . . . *OEnanthe.*

26 Fruit glabre, à côtes ailées . . . 28.

Fruit pubérulent ou velu, à côtes non ailées . . . . 27.

27 Fruit glabre ou pubérulent. Involucre nul ou très peu développé. . . . . *Seseli § Euseseli.*

Fruit tomenteux-velu. Involucre plurifoliolé . . . . *Seseli § Libanotis.*

28 Pétales sessiles, d'un jaune pâle. Bandelettes 3, 4, peu distinctes dans chaque vallécule. . . . . *Meum § Silaus.*

Pétales onguiculés, blancs. Bandelettes solitaires dans chaque vallécule . . . . *Meum § Cnidium.*

29 Involucelle développé. Involucre de plusieurs bractées ou O . . 32.

Involucre et involucelle O. . . . 30.

30 {
Fruit à bandelettes. Feuilles pinnatiséquées. . . . . 31.
Fruit sans bandelettes. Feuilles
palmatiséquées, à 3 divisions
3-séquées. . . . .   *Carum* § *Ægopodium*.

31 {
Pétales blancs. Vallécules pluri-
vittées. Columelle bifide. . . . *Carum* § *Pimpinella*.
Pétales d'un blanc jaunâtre ou
verdâtre. Vallécules 1-vittées.
Columelle entière. . . . . . .   *Apium* § *Euapium*.

32 {
Sépales 0 ou à peu près . . . . 36.
Sépales 5, dentiformes, parfois
petits . . . . 33.

33 {
Sépales larges, membraneux. Car-
pelles subglobuleux. . . . . .   *Cicuta*.
Sépales dentiformes ou linéaires.
Carpelles linéaires ou oblongs. 34.

34 {
Fruit linéaire-oblong. Feuilles palmatiséquées, coriaces et presque
cartilagineuses . . . .   *Carum* § *Falcaria*.
Fruit ovoïde-oblong. Feuilles
pinnatiséquées, non coriaces. . 35.

35 {
Columelle à deux branches unies
aux carpelles. Vallécules pluri-
vittées . . . .   *Sium*.
Columelle libre et entière. Vallé-
cules 1-vittées . . . .   *Apium* § *Helosciadium*.

36 {
Involucre à bractées entières ou
0. . . . . 37.
Involucre à bractées 3-pinnatisé-
quées. . . . .   *Ammi*.

37 {
Graine à coupe transversale semi-
circulaire ou subcirculaire. . . 38.
Graine à coupe transversale hip-
pocrépiforme (en fer à cheval). 41.

38 { Pétales entiers ou émarginés . . 39.
   { Pétales bifides. . . . . Sison.

39 { Styles divergents. Vallécules 1-vit-
     tées. . . . . 40.
   { Styles dressés. Vallécules 2, 3-vit-
     tées. . . . . Bulbocastanum.

40 { Pétales blancs. Columelle bifur-
     quée seulement en haut. . . . Carum § Eucarum.
   { Pétales d'un jaune-verdâtre. Colu-
     melle bifurquée jusqu'en bas. Carum § Petroselinum.

41 { Fruit linéaire ou oblong . . . . . 42.
   { Fruit subglobuleux, subdidyme, à
     16 côtes ondulées . . . . Conium.

42 { Fruit linéaire-oblong, sans bec, à
     côtes régnant de haut en bas. . Chærophyllum § Eu-
                                       chærophyllum.
   { Fruit à sommet brusquement ré-
     tréci en bec, à côtes visibles
     seulement dans la portion su-
     périeure . . . . Chærophyllum § Anthriscus.

DAUCUS

La section *Eudaucus* de ce genre est représentée par la Carotte sauvage (*D. Carota* L.), connue de tout le monde.

La section *Turgenia* ne comprend qu'une espèce, le *D. latifolia* (*T. latifolia* Hoffm. — *Caucalis latifolia* L.), plante des moissons, assez rare. La section *Torilis* est représentée par 3 herbes annuelles ou bisannuelles, communes dans notre flore. Deux d'entre elles ont des ombelles à longs pédoncules; ce sont le *D. Anthriscus* (*Torilis*

Anthriscus GMEL. — *Caucalis Anthriscus* W.), dont l'involure est formé de plusieurs bractées linéaires et dont le fruit est pourvu d'aiguillons arqués; et le *D. infesta* (*Scandix infesta* L. — *Torilis infesta* HOFFM.), dont l'involucre a 1-3 bractées très courtes ou 0, et le fruit des aiguillons crochus. La troisième, le *D. nodosa* (*Torilis nodosa* GÆRTN. — *Caucalis nodiflora* LINK), a des ombelles sessiles ou à peu près oppositifoliées.

Il n'y a qu'une espèce de la section *Orlaya*, le *D. grandiflora* (*Caucalis grandiflora* L. — *Orlaya grandiflora* HOFFM.), remarquable par le grand développement de sa corolle et très rare dans les moissons, à Nemours, Villers-Cotterets, Compiègne, etc.

La section *Caucalis* comprend le *D. platycarpos* SCOP. (*Caucalis daucoïdes* L. — *C. leptophylla* POHL), plante annuelle, à pétales blancs ou rougeâtres, commune dans les cultures maigres.

LASERPITIUM

Nous n'en avons qu'une espèce, le *L. latifolium* L. (*L. asperum* CRANTZ), grande et belle plante vivace, à feuilles glauques, très rare, et qu'on trouve sur le talus du chemin de fer de Lyon, entre Melun et Cesson, à Fontainebleau, à Nemours, etc.

PEUCEDANUM

Nous avons 5 espèces de *Peucedanum* proprement dits :

1	Corolle verdâtre ou jaunâtre. Divisions primaires des feuilles sessiles	*P. carvifolium* VILL.
	Corolle blanche. Divisions primaires des feuilles longuement pétiolulées	2.
2	Segments des feuilles linéaires et entiers	*P. gallicum* LAT.
	Segments des feuilles incisés, lobés ou pinnatipartites	3.
3	Segments des feuilles lobés-dentés, glauques en dessous. .	*P. Cervaria* LAPEYR.
	Segments des feuilles incisés ou pinnatipartites, verts en dessous	4.
4	Bractées des involucres et involucelles largement membraneuses aux bords. Fruit oblong	*P. palustre* MOENCH.
	Bractées des involucres et involucelles non membraneuses aux bords. Fruit suborbiculaire.	*P. Oreoselinum* MOENCH.

Le *P. carvifolium* (*P. Chabræi* GAUD. — *Palimbia Chabræi* DC.) est assez rare dans les marais herbeux. Le *P. palustre* (*Thysselinum palustre* HOFFM.) est très rare, dans les marais (Mennecy, Itteville, Soissons, Beauvais, etc.). Le *P. Cervaria* est assez rare sur nos coteaux calcaires (Bouray, Fontainebleau, etc.). Le *P. Oreoselinum* est assez commun sur les pelouses. Le *P. gallicum* (*P. parisiense* DC.) est abondant dans nos bois, notamment à Meudon.

La seule espèce de la section *Pastinaca*, le Panais (*P. Pastinaca.*— *Pastinaca sativa* L.), bisannuel ou vivace, à fleurs jaunes, est commun au bord des chemins et des champs, vignes, etc..

L'Aneth (*P. Anethum*) représente seul la section *Anethum* (*A. graveolens* L.) C'est une herbe glabre, très odorante, à pétales jaunes, parfois échappée des cultures.

HERACLEUM

La Grande-Berce (*H. Sphondylium* L.) est une grande herbe vivace de nos bois et de nos prairies humides, extrêmement· commune partout, légèrement odorante et à pétales blancs.

TORDYLIUM

Le *T. maximum* L., annuel, à pétales blanc; est assez rare, dans nos haies, les lieux secs, au bord des routes, etc.

ANGELICA

Notre seule espèce est l'*A. sylvestris* L., odorant et sapide, à fleurs blanches ou un peu rosées, très commun dans les bois humides et les lieux aquatiques.

MEUM

Nous avons, dans ce genre, des espèces de ses 3 sections *Cnidium*, *Selinum* et *Silaus*.

Le *M. apioides* (*Cnidium apioides* Spreng.) ou Fausse-Ache se trouvait à Saint-Cloud, où il avait été planté.

Le *M. carvifolium* (*Selinum carvifolium* L.) est assez commun dans les marais et les bois humides.

Le *M. pratense* (*Silaus pratensis* Bess. — *Peucedanum pratense* L.), à fleurs jaunâtres, est commun en été dans les prés humides.

ŒNANTHE

Tous sont vivaces et à pétales blancs. Tous sont assez communs dans les marais ou les lieux humides. On en distingue 4 espèces :

1 — Lobes des feuilles oblongs et très petits. Fleurs des ombellules toutes fertiles et pédicellées. *Œ. Phellandrium* Lamk.
— Lobes des feuilles allongés-linéaires. Fleurs centrales des ombellules fertiles et à peu près sessiles. . . . . 2.

2 — Rhizome non stolonifère. Tige presque pleine. . . . . 3.
— Rhizome à longs stolons. Tige creuse, à paroi peu résistante. *Œ. fistulosa* L.

3 — Segments des feuilles dimorphes : ceux des basilaires obovales-oblongs ou cunéiformes. Styles plus courts que le fruit . . . . *Œ. Lachenalii* Gmel.
— Segments des feuilles tous semblables, linéaires. Styles de la longueur du fruit . . . . . *Œ. peucedanifolia* Poll.

ÆTHUSA

La Petite-Ciguë (*Æ. Cynapium* L.) est notre seule espèce, fétide, annuelle et commune près des habitations, dans les décombres, les cultures, les bois frais.

SESELI

Nos deux *Euseseli* sont le *S. montanum*, L et le *S. annuum* L. (*S. coloratum* EHRH.), vivaces tous deux : le premier, très commun sur les coteaux arides, à involucre plus court que l'ombellule; le dernier, assez rare sur les coteaux (le Vésinet, Mantes, Chantilly, Nemours, Malesherbes, etc.), à involucelle dépassant primitivement l'ombellule.

Le *S. Libanotis* représente une section à part (*Libanotis montana* ALL.) et est assez rare sur les coteaux calcaires (Compiègne, Mantes, Vernon, etc.).

CARUM

§ *Petroselinum*. 2 espèces : le Persil commun (*C. Petroselinum. — Petroselinum sativum* HOFFM.), échappé des cultures, à fleurs jaunâtres, à odeur caractéristique; et le *C. segetum* (*Petroselinum segetum* KOCH), à fleurs blanches, non aromatique, rare dans les moissons (Arcueil, le Vésinet, Saint-Germain, Maisons-Laffitte, etc.).

§ *Ægopodium*. L'Herbe aux goutteux (*C. Podagraria*. — *Ægopodium Podagraria* L.) herbe vivace, à fleurs blanches ou rosées, assez rare dans les bois frais et les haies; se trouve notamment à Meudon, non loin des habitations, dans les fonds voisins du chemin qui va des Fonceaux au pavé de Meudon.

§ *Pimpinella*. 2 espèces : le *C. Saxifraga* (*Pimpinella Saxifraga* L.), à tige cylindrique à feuilles supérieures réduites au pétiole; commun dans les lieux incultes; et le *C. magnum* (*Pimpinella magna* L.), plus rare, à tige anguleuse-sillonnée; plante des bois (Montmorency, l'Isle-Adam, etc.).

§ *Falcaria*. Le *C. Falcaria* (*Sium Falcaria* L. — *Falcaria Rivini* Host), herbe vivace, à longue racine fusiforme; rare dans les moissons (Boulogne, Arcueil, Saint-Germain, Malesherbes, etc.).

BULBOCASTANUM

On rencontre assez rarement dans nos environs le Terre-Noix (*B. minus*. — *Bunium minus* Gouan. — *B. Bulbocastanum* L.), à portion souterraine bulbiforme, à peu près sphérique, comestible, à feuilles 2-3-pinnatéquées. Il croit dans le bois près de la grille de Boulogne, à Vincennes, à Mantes, etc. Le *B. verticillatum* (*Carum verticillatum* Koch. — *Bunium verticillatum* Gren. et Godr.) est plus rare encore. Sa portion souterraine porte des fibres fusiformes, et ses feuilles sont pinnatiséquées. Il se trouve dans les marais, à Saint-Léger, Saint-Hubert, près Montfort-l'Amaury, etc.

SISON

Seule espèce, le S. *Amomum* L., bisannuel, rare au bord des chemins, dans les haies, près de Sceaux, Mennecy, Brétigny, Magny, Dordives, etc.

AMMI

L'A. *majus* L., herbe annelle, à fleurs blanches, se trouve peut-être encore à Saint-Maurice, sur le coteau de Beauté, où il avait probablement été introduit.

CICUTA

La seule espèce est la Ciguë vireuse ou aquatique (*C. virosa* L.), belle plante vivace, des marais, à odeur fétide, à pétales blancs. Elle est très rare dans notre flore (Ons-en-Bray ; bois de Cresne, près Villers-Cotterets ; étangs voisins de Crépy ; marais de l'Oise).

SIUM

La flore comprend 2 espèces : le S. *angustifolium* L., commun dans les lieux aquatiques, à bractées de l'involucre incisées, à stylopodes dilatés ; et le *S. latifolium* L., à bractées de l'involucre entières, à styles grêles. C'est aussi une plante du bord des eaux, rare (Bougival, Chantilly, Sartrouville, Fontainebleau, Nemours, Moret, etc.).

APIUM

Le Céleri sauvage (*A. graveolens* L.) n'existe pas à l'état spontané dans la flore. Il a une variété cultivée. On y trouve 3 espèces de la section *Helosciadium*, vivaces, aquatiques, dont une très commune, l'*A. nodiflorum* (*Helosciadium nodiflorum* Koch. — *Sium nodiflorum* L.). On le distingue des deux autres de cette façon :

1	Feuilles inférieures divisées en segments capillaires. Ombelle à 2,3 rayons...............	*A. inundatum.*
	Feuilles toutes ovales-lancéolées. Ombelle à 4-7 rayons......	2.
2	Ombelles longues et pédonculées. Involucre de plusieurs bractées.	*A. repens.*
	Ombelles presque sessiles. Involucre presque nul........	*A. nodiflorum.*

L'*A. repens* (*Helosciadium repens* Koch) est assez rare dans les marais tourbeux.

L'*A. inundatum* (*Helosciadium inundatum* Koch), une des raretés de la flore, se trouve dans les mares de Fontainebleau, notamment près de la Belle-Croix et de la Fontaine Sanguinède ; à Saint-Léger, Montfort-l'Amaury, etc.

APINELLA

L'*A. dioica* (*A. pumila* JACQ. — *Trinia vulgaris* DC. — *Pimpinella dioica* L.) est une petite herbe assez rare. On la trouve à Fontainebleau, notamment au champ de courses; à Maisse, Moret, Malesherbes, etc.

BUPLEURUM

La flore en possède 4 espèces, ainsi distinguées :

1
- Herbe vivace, à involucelle n'égalant pas l'ombellule. . . . . . . *B. falcatum* L.
- Herbe annuelle, à involucelle plus long que l'ombellule. . . . . . 2.

2
- Bractées de l'involucelle ovales ou elliptiques. Fruit lisse. . . . . 3.
- Bractées de l'involucelle linéaires. Fruit granuleux . . . . *B. tenuissimum* L.

3
- Feuilles perfoliées, courtement ovales . . . . *B. rotundifolium* L.
- Feuilles sessiles, linéaires-lancéolées. . . . . *B. aristatum* BARTL.

Le *B. falcatum* est assez commun. Le *B. rotundifolium* est une plante des moissons, assez rare. Le *B. tenuissimum* est rare (Melun, Trou-salé, etc.). Le *B. aristatum* est très rare sur les coteaux arides. On le trouve à Lardy, à Nemours et à Champagne, près l'Isle-Adam.

CORIANDRUM

La Coriandre (*C. sativum* L.), échappée parfois des cultures, est une herbe annuelle, à odeur de punaise, à pétales très inégaux, blancs ou un peu lilacés.

CONIUM

Le *C. maculatum* L. est la Grande-Ciguë, belle herbe bisannuelle, fétide, à tige fistuleuse, tachée de pourpre vineux ; commune au bord des chemins, des haies, des vignes, dans les décombres, etc.

CHÆROPHYLLUM

Le genre est représenté par une herbe bisannuelle de la section *Euchærophyllum*, le *C. temulum* L. (Cerfeuil bâtard) et par 3 espèces de la section *Anthriscus*, dont il faut récolter avec soin les fruits :

1	Fruit lisse	2.
	Fruit à aiguillons subulés	*C. Anthriscus.*
2	Ombelles terminales, pédonculées.	*C. sylvestre* L.
	Ombelles oppositifoliées, sessiles.	*C. Cerefolium.*

Le *C. Anthriscus* (*Scandix Anthriscus* L. — *Anthriscus vulgaris* Pers.) est commun au bord des chemins, dans les décombres, **etc.**

Le *C. sylvestre* (*Anthriscus sylvestris* Hoffm.) est assez commun dans les prés et bois humides, les haies.

Le *C. Cerefolium* (*Scandix Cerefolium* L.) est le Cerfeuil cultivé, assez souvent échappé des potagers.

SCANDIX

Notre seule espèce, le S. *Pecten Veneris* L., si remarquable par les dimensions de ses fruits, est une herbe annuelle des plus communes dans les moissons.

HYDROCOTYLE

L'*H. vulgaris* L. (Écuelle d'eau) est une petite plante des marais, commune à Meudon, etc.

ERYNGIUM

Notre seule espèce, l'*E. campestre* L., semblable à un Chardon (C. Roland, C. roulant), est très commune au bord des routes, dans les plaines incultes, etc.

SANICULA

Le S. *europœa* L., petite herbe vivace, à fleurs blanches ou rosées, unisexuées, est commun à Meudon et dans la plupart des bois humides.

HEDERA

Ombellifère exceptionnelle, de la série des Araliées, à tiges en partie fixées par des crampons, à feuilles entières, assez souvent 3-5-lobées, triangulaires, à fruit charnu, à graine ruminée. L'espèce commune, si connue, si souvent cultivée, est l'*H. Helix* L. (Lierre).

Rubiacées

Ce sont des Rubiées proprement dites, herbacées, avec les feuilles en faux-verticilles (feuilles opposées, avec stipules égales à elles), ou bien des Caprifoliées et des Sambucées, plantes ligneuses.

Les Rubiées sont des *Rubia* et des *Asperula*, qu'on ne distingue les uns des autres que par un caractère de peu de valeur : la corolle rotacée dans les premiers, en cloche ou en entonnoir dans les derniers.

RUBIA

Ce genre comprend 2 sections, à fruit 1-2-coque.
Les *Eurubia*, à fruit charnu.
Les *Galium*, à fruit sec.
Dans la section *Eurubia*, il y a 2 espèces :
Le *R. tinctorum* L. (Garance des teinturiers), plante introduite, à feuilles annuelles, membraneuses ; les ner-

vures saillantes en dessous. C'est une herbe rude à fleurs 4-5-mères.

Le *R. peregrina* L. (Garance voyageuse), à feuilles persistantes et coriaces ; le réseau de nervures à peine visible en dessous. L'espèce est rare, dans les bois et les haies ; à Lardy, au bout du bois où se trouve la tour de Poquency ; à Fontainebleau, Mantes, Vernon, etc.

Les *Rubia* de la section *Galium* sont au nombre d'une quinzaine.

Les uns ont des fleurs jaunes : ce sont les *Rubia vera*, *Cruciata* et *decolorans*. Le *R. vera* (*Galium verum* L.) a des feuilles d'un vert foncé, noircissant par la dessiccation, avec une seule nervure médiane. Il est très commun. De même le *R. Cruciata* (*Galium Cruciata* L.), plante plus précoce, à feuilles 3-nervées, à pédicules fructifères recourbés. Le *R. decolorans* (*Galium decolorans* GREN. et GODR.), considéré comme un hybride, a l'aspect du *G. verum*; mais ses feuilles sont d'un vert plus clair et ne noircissent pas en séchant ; et ses corolles sont d'un jaune pâle.

On a introduit dans l'avenue de Trivaux, au-dessus de Meudon, le *R. verna* (*Galium vernum* SCOP.), analogue au *R. Cruciata*, à petites fleurs d'un blanc jaunâtre.

Les autres *Rubia* de la section *Galium* ont des corolles blanches. En voici le tableau distinctif :

1
{
Tige glabre ou pubescente, sans denticules ni aiguillons . . . . 2.

Tige scabre, denticulée ou à angles garnis d'aiguillons réfléchis . . . . 7.
}

2 { Tige dressée ou montante, rigide.
Lobes de la corolle aristés . . . **3.**
Tige couchée ou étalée, grêle.
Lobes de la corolle obtus ou
aigus, non aristés. . . . . **5.**

3 { Feuilles aiguës, opaques, non réticulées. Fleurs assez grandes,
en inflorescence étroite. *R. erecta (Galium erectum.*
HUDS).
Feuilles obtuses mucronées, sub-
translucides, réticulées-veinées,
en inflorescence ample. . . . . **4.**

4 { Tiges radicantes à la base, ascendantes. Feuilles oblongues-lancéolées. Inflorescence assez serrée , à pédicelles fructifères
étalés-dressés *R.dumetorum (Galium dumetorum* JORD).
Tiges appuyées sur des plantes
voisines, sinon tombantes.
Feuilles obovales ou ovales-
oblongues. Inflorescence assez
lâche, à pédicelles fructifères
réfléchis ou étalés *R. elata (Galium elatum* THUILL.).

5 { Feuilles (et stipules) verticillées
par 7, 8, linéaires-lancéolées, à
bords révolutés, ne noircissant
pas par la dessiccation *R. sylvestris (Galium sylvestre*
POLL.).
Feuilles (et stipules) verticillées
par 5, 6, elliptiques-oblongues
ou oblongues-lancéolées, noircissant par la dessication . . . **6.**

20

6 { Feuilles obtuses, mutiques. Inflorescence lâche. Fruit fine-
ment chagriné. . . *R. palustris* (*Galium palustre* L.).
Feuilles mucronées. Inflorescence
corymbiforme. assez serrée.
Fruit tuberculeux *R. saxatilis* (*Galium saxatile* L.).

7 { Tige et feuilles scabres, accrochantes. Feuilles aiguës, mucronées. . . . . 10.
Tiges et feuilles lisses ou un peu
scabres, non accrochantes d'ordinaire. Feuilles obtuses, mutiques . . . . 8.

8 { Feuilles (et stipules) verticillées
par 6 . *R. constricta* (*Galium constrictum* CHAUB.).
Feuilles (et stipules) verticillées
par 4 . . . . 9.

9 { Tige épaisse. Fleurs grandes. In-
florescence à rameaux étalés.
Fruit gros . *R. elongata* (*Galium elongatum* PRESL).
Tige grêle. Fleurs petites. Inflo-
rescence à rameaux réfléchis.
Fruits petits . . . *R. palustris* (*Galium palustre* L.).

10 { Inflorescences axillaires, pauciflores, racémiformes. . . . . . 13.
Inflorescences terminales et latérales, multiflores, corymbiformes. . . . . 11.

11 { Herbe annuelle, des lieux secs.
Fleurs d'un blanc verdâtre ou
rougeâtre en dehors. . . . . . 12.
Herbe vivace des lieux humides.
Fleurs d'un blanc pur *R. uliginosa* (*Galium uliginosum* L.)

12 {
Tige solitaire et grêle, lisse en
haut. Verticilles 7-mères. Inflorescence à anneaux longs et
grêles . . . R. *divaricata* (*Galium divaricatum* Lamk'.
Tige très divisée et diffuse, rude
partout. Verticilles 6-mères.
Inflorescence à rameaux courts
et non grêles . R. *anglica* (*Galium anglicum* Huds.).

13 {
Inflorescences racémiformes plus
longues que les feuilles. Pédicelles fructifères dressés . . . . 14.
Inflorescence 2, 3-flores, plus
courtes que les feuilles. Pédi-
celles fructifères recourbés R. *tricornis* (*Galium tri-
corne* With.).

14 {
Articulations des tiges renflées et
hispides. Fruits gros. R. *Aparine* (*Galium Aparine* L.).
Articulations des tiges ni renflées,
ni hispides. Fruits petits, le
plus souvent glabres. R. *spuria* (*Galium spurium* L.).

Espèces rares ou très rares :

R. *saxatilis* (Malesherbes, lieux humides).

R. *constricta* (marais tourbeux).

R. *divaricata* (Fontainebleau, Balancourt, la Ferté,
l'Oise, dans les lieux sablonneux).

R. *decolorans* (Etang de Saint-Quentin).

ASPERULA

Le plus commun est l'*A. Sherardia* H. Bn. (*Sherardia
arvensis* L.), de la section *Sherardia*, distingué par les sti-

pules accompagnant ses sépales, de sorte qu'on croit voir
6-8 sépales. Petite herbe annuelle, commune, à fleurs lilacées, des champs et moissons,

Les autres espèces, au nombre de 4, sont de la section
Euasperula :

1	{	Fleurs bleues. Herbe annuelle . .	*A. arvensis* L.
		Fleurs blanches ou roses. Herbes vivaces.	2.
2	{	Fleurs roses. Herbe cespiteuse. .	*A. cynanchica* L.
		Fleurs blanches	3.
3	{	Corolle 3-mère	*A. tinctoria* L.
		Corolle 4-mère. Plante odorante.	*A. odorata* L.

L'*A. odorata* est commun à Montmorency, etc.; l'*A. tinctoria*, à Fontainebleau, etc.

SAMBUCUS

Les Sureaux donnent leur nom à une série de Sambucées; ils ont l'ovaire infère des Rubiacées avec 3-5 loges
1-ovulées. Leur drupe a 3-5 noyaux. Ce sont des arbustes
ou des herbes, à feuilles opposées, pinnatiséquées, qui
ont souvent des stipules ou même des stipelles.

Outre le *S. racemosa* (p. 76), introduit, nous avons
2 Sureaux indigènes : le *S. nigra* L., un arbrisseau à
tige pourvue d'une moelle abondante, à corolle rotacée,
blanche, et à fruits noirs; et le *S. Ebulus* L., tout aussi
commun, mais herbacé, à fruits noirs. Leurs inflorescences corymbiformes sont des cymes composées.

VIBURNUM

Voisins des Sureaux, ils ont des feuilles entières ou palma-tilobées, et leur fleur n'a qu'une loge fertile à l'ovaire ; si bien que leur fruit est 1-sperme et à 1 noyau. Nous avons 2 espèces de ce genre dans nos bois ; elles y sont communes, à feuilles opposées, à cyme composée corym-biforme. Ce sont le *V. Lantana* L. (Coudre-Mancienne ou Viorne-Lantane), qui a des feuilles dentées, tomenteuses en dessous ; et le *V. Opulus* L. (Viorne-Aubier), qui a des feuilles glabrescentes, profondément incisées-lobées.

LONICERA

Le Chèvrefeuille commun de nos bois est le *L. Pericly-menum* L., espèce sarmenteuse. Ses fleurs irrégulières sont disposées en capitules de glomérules. Le *L. Xylos-teum* L., d'une section différente, a des fleurs plus pe-tites, géminées au sommet d'un pédoncule axillaire. C'est un arbrisseau dressé, qu'on trouve communément dans les haies, les buissons et les bois.

Valérianacées

La flore parisienne possède des *Valeriana Centranthus* et *Valerianella* (Mâches). Ce sont toutes des plantes à corolle irrégulière, à ovaire infère, à androcée méiostémoné, à fruit sec, avec une seule loge, petite, renfermant une graine descendante et sans albumen. Les *Valeriana* ont le fruit surmonté d'une aigrette plumeuse qui tient la place du calice. Les *Valerianella* n'ont pas cette aigrette. Les uns et les autres ont 3 étamines. Le *Centranthus* n'a qu'une étamine, et sa corolle est éperonnée à la base.

VALERIANA

Nous en avons 2 espèces : le *V. officinalis* L.. vivace, à feuilles toutes semblables, à fleurs hermaphrodites ; et le *V. dioica* L., plante des marais, à fleurs dioïques, à feuilles basilaires entières. Les deux espèces sont communes.

CENTRANTHUS

La seule espèce est le *C. ruber* DC., vivace, à fleurs rouges, roses ou blanches. C'est une plante cultivée, introduite, qui se trouve sur les murs et les rochers.

VALERIANELLA

Nos 6 espèces, herbacées et annuelles, se différencient par le calice de la façon suivante :

1
Calice formant formant au-dessus du fruit une coupe à 6 dents crochues . . . . *V. coronata* DC.
Calice irrégulier, oblique ou peu visible, sans dents crochues . . 2.

Calice peu distinct ou presque
nul. . . . . 3.

2 Calice obliquement tronqué, ayant
au moins une dent membra-
neuse distincte. . . . . 4.

3 Fruit lenticulaire, plus large que
long, comprimé . . . . *V. olitoria* MOENCH.
Fruit oblong, sub-4-gone, creusé
sur une face en nacelle . . . . *V. carinata* LOIS.

4 Fruit ovoïde-subglobuleux, 3-lobé,
à 2 loges stériles plus grandes
que la loge fertile . . . . *V. rimosa* BAST.
Fruit ovoïde-conique, à 2 loges
stériles réduites à 2 côtes bor-
dant une fossette. . . . . 5.

5 Calice égal au fruit en largeur.
Pédoncules s'épaississant de la
base au sommet, canaliculés
en dessus. . . . . *V. eriocarpa* DESVX.
Calice plus étroit que le fruit. Pé-
doncules non canaliculés . . . *V. Morisonii* DC.

Le *V. olitoria* (Mâche) est cultivé. Le *V. coronata* est rare (Poissy, l'Isle-Adam, Étampes, Nemours, Compiègne, etc.). Le *V. eriocarpa* est très rare (Malesherbes, Chantilly). Les autres espèces sont communes dans nos champs et lieux cultivés. (Récolter avec soin les fruits.)

Dipsacacées

On confond souvent, au début, ces plantes avec les Composées, parce qu'elles en ont l'inflorescence en capi-

tules, et parce que l'ovaire infère est uniovulé. Mais leur
corolle irrégulière, 5-mère. ne porte que 4 étamines ; leur
ovule est descendant, et leur graine descendante a un albumen charnu. Cette famille comprend chez nous les
Dipsacus et les *Scabiosa*; ces derniers différant des premiers par un involucre à bractées foliacées et non épineuses, par un réceptacle à paillettes courtes, très étroites
ou nulles, et par des tiges sans aiguillons.

DIPSACUS

Nous en avons un très commun : le *D. sylvestris* MILL.,
vivace, à tige robuste, chargée d'aiguillons. Ses feuilles
caulinaires sont sessiles et largement connées, formant par
leurs bases une cuvette souvent remplie d'eau (Bain d'oi-
seau).

Dans certaines cultures. notamment près de Mantes, à
Mézières, dans l'Eure, etc., on voit en abondance le
D. fullonum MILL., qui sert à carder les laines et qui est
bisannuel, à tige inerme. Les paillettes de son réceptacle
sont récurvées, tandis que celles du *D. sylvestris*, bien
plus longues, sont droites.

Le *D. pilosus* L. est beaucoup plus rare et appartient à
une section spéciale (*Cephalaria*). C'est une plante bisannuelle, qu'on trouve près des chemins et des fossés, au
bord des bois. Il a des feuilles ovales-acuminées, pour-
vues de 2 oreillettes basilaires. Les caulinaires ne sont

pas connées, et le capitule est globuleux, petit, à fleurs blanches.

SCABIOSA

Des 5 espèces de notre flore, 3 sont très communes, dont une de la section *Knautia*, à réceptacle sans paillettes, sétigère ; à calicule stipité ; à calice divisé jusque près de sa base en 8-10 arêtes inégales. C'est le *S. arvensis*, qui croit dans les prés, les lieux herbeux et a des fleurs lilacées.

Le *S. columbaria* L. est, comme tous les suivants, un *Euscabiosa*. Voici le tableau distinctif de ces espèces :

1	Corolle des fleurs de la périphérie du capitule irrégulières, à 5 lobes inégaux. Feuilles caulinaires pinnatiséquées.	2.
	Corolle des fleurs de la périphérie du capitule subrégulières, à 4 lobes subégaux. Feuilles toutes entières ou dentées . . . . 7 .	*S. Succisa* L.
2	Calicule glabre en haut. Bractées de l'involucre égales au moins aux fleurs	*S. ucranica* L.
	Calicule velu partout. Bractées de l'involucre beaucoup plus courtes que les fleurs	3.
3	Feuilles basilaires entières. . . .	*S. suaveolens* DESF.
	Feuilles basilaires incisées ou crénelées	*S. columbaria* L.

Les S. *suaveolens* et *ucranica* sont seuls rares. Le premier, à corolle bleuâtre, odorante, est souvent abondant à Fontainebleau, notamment entre la gare et le fort Dennecourt, non loin de la voie ferrée. On le trouve aussi à Nemours. Le dernier a été naturalisé depuis longtemps à Malesherbes, près du château, et surtout un peu plus loin, sur la côte de Roncevaux (au-dessus d'un cabaret qui borde la route). Ses fleurs tardives sont bleuâtres, jaunâtres ou rarement blanches.

Campanulacées

Tout le monde connaît les Campanules, dont la fleur régulière a un ovaire infère, à 3-loges pluriovulées, un fruit capsulaire, déhiscent par des pores, au-dessous des sépales supères ou vers sa base. La section *Eucampanula* compte dans la flore parisienne, 7 espèces :

1	Fleurs sessiles, en glomérules. .	3.
	Fleurs non sessiles.	2.
2	Sépales courts, ovales-obtus. Feuilles basilaires à limbe décurrent sur les côtés du pétiole.	*C. Cervicaria* L.
	Sépales linéaires-aigus. Feuilles basilaires longuement pétiolées.	*C. glomerata* L.
3	Calice et corolle glabres	5.
	Calice et corolle velus.	4.
4	Sépales réfractés après l'anthèse. Fleurs solitaires pédonculées. .	*C. rapunculoides* L.
	Sépales dressés après l'anthèse. Fleurs 1-3 au sommet des pédoncules.	*C. Trachelium* L.

	Sépales lancéolés. Inflorescence simple	*C. persicæfolia* L.
5	Sépales linéaires-subulés. Inflorescence composée	6.

	Feuilles basilaires pétiolées, obovales-oblongues. Pédicelles fructifères dressés	*C. rapunculoides* L.
6	Feuilles basilaires pétiolées, orbiculaires-réniformes . Pédicelles fructifères réfléchis	*C. rotundifolia* L.

Le *C. Cervicaria* est assez rare (Ozouer, Armainvilliers, Sénart, Joigny, etc.).

Le *C. persicæfolia* L., moins rare, abonde, entre autres, dans les gazons de la forêt de Fontainebleau.

Les autres *Eucampanula* sont communs.

La section *Specularia* a la corolle rotacée et le fruit étroit, allongé. Elle comprend 2 espèces : le *C. Speculum* (*Specularia Speculum* A. DC.), extrêmement commun dans nos moissons, à fleurs violettes, rarement blanches ; et le *C. hybrida* A. DC., moins commun, distingué par sa corolle fermée, que cachent les sépales.

WAHLENBERGIA

Ce sont des Campanules à anthères non adhérentes et à capsule s'ouvrant par des panneaux triangulaires audessus du calice. Le *W. hederacea* REICHB. est une herbe vivace, à corolle d'un bleu pâle, qui se trouve à Rambouillet, sur le bord du Ru-aux-Vaches.

PHYTEUMA

Ce sont des Campanulacées à fleurs sessiles, en épis plus ou moins capituliformes, à styles grêles et révolutés. La flore en comprend 2 espèces :

Le *P. spicatum* L., à feuilles inférieures cordées, à inflorescence cylindrique, à corolle d'un blanc jaunâtre. Assez rare en général, cette plante abonde à Montmorency, dans les gazons.

Le *P. orbiculare* L. a les feuilles inférieures atténuées ou tronquées à leur base, et une inflorescence sphérique. On trouve à Fontainebleau le type, à fleurs bleues, notamment près de la Belle-Croix et de la Fontaine Sanguinède, et aussi sur les coteaux herbeux de quelques autres localités.

JASIONE

Ce genre a des fleurs pédicellées, en faux capitules ; la capsule valvicide. Le *J. montana* L., à fleur d'un bleu pâle, est très commun à Bouray et dans beaucoup d'autres lieux arides.

LOBELIA

Ce sont des Campanulacées à fleur irrégulière. Le *L. urens* L., notre seule espèce, à fleurs d'un bleu violacé, est assez rare, dans les prés marécageux, et les bois humides, notamment au Butard, près Versailles ; à Marly, aux friches d'Aigremont, Saint-Léger, Rambouillet, Montfort-l'Amaury, etc.

Portulacées

Ce sont le *Montia* et le *Portulaca* (p. 40, 41).

Caryophyllacées

Nous avons pu étudier au premier printemps quelques-unes de ces plantes, des genres *Cerastium* et *Stellaria* (p. 38). Les genres et sous-genres représentés en été dans la flore sont nombreux, et voici comment on peut pratiquement les distinguer les uns des autres.

a. Caryophyllacées poprement dites :

Elles se distinguent en *Lychnidées*, à calice gamosépale, tubuleux, à pétales longuement onguiculés, à gynécée stipité ; et en *Cérastiées*, à sépales souvent étalés, libres ou a peu près, à pétales et à gynécée sessiles.

Lychnidées.

1	Fleurs à calicule	*Dianthus.*
	Fleurs sans calicule	2.
2	Styles 2	3.
	Styles plus de 2	4.

3 {
  Corolle avec coronule (appendices au point d'union du limbe et de l'onglet du pétale) . . . . *Saponaria.*
  Corolle sans coronule. . . . . . . *Gypsophila.*

4 {
  Fruit sec, déhiscent . . . . 5.
  Fruit baccien, à péricarpe mince, indéhiscent, noirâtre. . . . . . *Cucubalus.*

5 {
  Styles 3 . . . . *Silene.*
  Styles 5 . . . . 6.

6 {
  Fleurs hermaphrodites. . . . . . . 7.
  Fleurs unisexées . . . . *Lychnis* § *Melandrium.*

7 {
  Corolle avec coronule. 5 carpelles superposés aux sépales . . . . *Lychnis* § *Eulychnis.*
  Corolle sans coronule. 5 carpelles superposés aux pétales . . . . *Githago.*

Cérastiées

1 {
  Fruit sec, s'ouvrant par autant de dents ou de valves qu'il y a de styles. . . . . 2.
  Fruit sec, à dents ou valves en nombre double de celui des styles . . . . 5.

2 {
  Feuilles à dilatation basilaire stipuliforme . . . . 3.
  Feuilles sans dilatation basilaire. 4.

3 {
  Styles 5. Fruit 5-valve . . . . . . *Spergula.*
  Styles 3. Fruit 3-valve . . . . . . *Tissa.*

4 {
  Styles 3. Fruit 3-valve. Sépales fortement nervés et acuminés . *Arenaria* § *Alsine.*
  Styles 4, 5. Fruit 4, 5-valve. Sépales non nervés, non acuminés ou nuls. . . . . *Sagina.*

5 { Pétales entiers ou denticulés. . . 8.
  { Pétales 2-lobés ou nuls . . . . . 6.

  { Styles 3. Fruit 6-valve. . . . . . *Stellaria.*
6 { Styles 4, 5. Fruit 4-10-valve ou
  { denté . . . . 7.

  { Styles alternipétales. Fruit 8-10-
7 { denté. . . . . *Cerastium* § *Eucerastium.*
  { Styles oppositipétales. Fruit à 5
  { valves 2-dentées . . . . *Stellaria* § *Myosoton.*

  { Cymes ombelliformes. Pétales en-
  { tiers ou denticulés. Androcée or-
8 { dinairement meiostémoné. . . *Cerastium* § *Holosteum.*
  { Inflorescence non ombelliforme.
  { Pétales entiers ou émarginés. 9.

9 { Graine tuberculeuse, non arillée. 10.
  { Graine lisse, à arille ombilical. *Arenaria* § *Mœhringia.*

  { Styles 4, 5. Fruit 8-10-denté. *Cerastium* § *Eucerastium.*
10 { Styles 2, 3. Fruit à 2, 3-valves
  { 2-dentées. . . . . *Arenaria* § *Euarenaria.*

b. Paronychiées (Caryophyllacées à fruit monosperme, indéhiscent ou s'ouvrant par des valves cohérentes au sommet). Distinction des genres :

  { Pétales égaux au calice ou plus
  { longs. Péricarpe crustacé. . . . *Corrigiola.*
1 { Pétales étroits ou 0. Péricarpe
  { membraneux. . . . . 2.

  { Feuilles à base connée et sca-
2 { rieuse. . . . . *Scleranthus.*
  { Feuilles à base dilatée, stipuli-
  { forme. . . . . 3.

  { Sépales verts. Fruit indéhiscent. *Herniaria.*
3 { Sépales blancs, épaissis. Fruit ir-
  { régulièrement déchiré . . . . . ***Illecebrum.***

LYCHNIS

Les uns ont les fleurs hermaphrodites. Ce sont le *L. Flos Cuculi* L., très commun dans les prés humides, remarquable par ses pétales roses, très découpés ; et le *L. Viscaria* L., plante glutineuse, à pétales purpurins, obtus ou émarginés. Les autres ont les fleurs unisexuées (§ *Melandrium*). Ce sont le Compagnon blanc (*L. dioica* L.), très commun partout, et le *L. sylvestris* Hopp. (Ivrogne rouge), plante rare des bois humides, qui se trouve surtout dans l'Ouest et dans l'Oise.

GITHAGO

Une seule espèce, des moissons, très commune, le *G. segetum* Desf. (*Lychnis Githago* L.), bisannuelle, à fleurs roses où plus rarement blanches.

SILENE

Nos 6 espèces se distinguent les unes des autres avec le tableau suivant :

1
- Calice vésiculeux, très renflé, à 20 nervures anastomosées. . . *S. Cucubalus* (*S. inflata* Sm. — *Cucubalus Behen* L.).
- Calice moins renflé, 3-nerve, à base ombiliquée . . . . *S. conica* L.
- **Calice non renflé et 10-nerve** . . **2.**

2	Fleur solitaire ou cymes dichotomes pauciflores	*S. noctiflora* L.
	Fleurs en cymes racémiformes, unilatérales	*S. gallica* L.
3	Fleurs hermaphrodites, à pétales 2-lobés.	4.
	Fleurs dioïques, à pétales entiers.	*S. Otites* Sm.
4	Inflorescence étroite. Calice fructifère fendu jusque vers la base	*S. nutans* L.
	Inflorescence lâche. Calice à tube non fendu et ne dépassant pas le pied du fruit	*S. catholica* Otth.

Le S. *noctiflora* est très rare ; on le récolte près Villepreux, du côté de Versailles, et à Freneuse près Bonnières. Le S. *catholica* avait été planté à Vincennes et à Saint-Cloud ; il ne s'y trouverait probablement plus.

CUCUBALUS

La seule espèce de ce genre curieux (*C. bacciferus* L.) abonde à la fin de l'été près des bords de la Marne, à Saint-Maur surtout et près de Joinville. Elle est plus rare dans le bois de Vincennes et se trouve aussi à Lardy, Fontainebleau, Brétigny, Mennecy, Carnelle, etc.

GYPSOPHILA

Il y en a 2 espèces : le *G. muralis* L., à fleurs roses,

assez commun dans les champs sablonneux ; et le
G.Vaccaria Sibth. et Sm. (*Saponaria Vaccaria* L.), à pétales
également roses, mais à calice finalement renflé et
presque globuleux, assez rare (Saint-Maur, Montgeron,
Billancourt et l'ouest de Paris).

SAPONARIA

Notre seule espèce est le *S. officinalis* L., vivace, à
grandes fleurs roses, en cymes contractées, commun sur les
bords de la Seine et de la Marne, et dans les champs
incultes, etc.

DIANTHUS

L'espèce la plus connue est l'Œillet des jardins (*D. Ca-*
ryophyllus L.) qui ne se trouve que sur les ruines des
vieux châteaux, et dont on distinguera les autres espèces
à l'aide du tableau suivant :

1	Fléurs en cymes contractées, rarement solitaires, avec bractées au moins aussi longues que la moitié des sépales.	4.
	Fleurs solitaires ou en cymes lâches ou pauciflores, avec bractées égales au plus au quart de la longueur des sépales	2.
2	Pétales dentés . . . . :	3:
	Pétales longuement divisés en lanières ∞-fides.	*D. superbus* L.

3 { Tige glabre, glauque. . . . . . . D. *Caryophyllus* L.
{ Tige pubérulente, scabre . . . . . D. *deltoides* L.

4 { Bractées de l'involucre et du calicule ovales-oblongues, généralement mutiques. . . . . . . D. *prolifer* L.
{ Bractées de l'involucre et du calicule linéaires ou aristées. . . 5.

5 { Plantes bisannuelle. Bractées de l'involucre velues . . . . D. *Armeria* L.
{ Plante vivace. Bractées de l'involucre scabres ou ciliées . . . . 6.

6 { Bractées de l'involucre linéaires-subulées, récurvées. Feuilles lancéolées. . . . . D. *barbatus* L.
{ Bractées de l'involucre oblongues, scarieuses, à longue pointe herbacée. Feuilles linéaires . . D. *Carthusianorum* L.

Le *D. Carthusianorum* est uni, pauci ou multiflore. Il habite les coteaux arides.

Le *D. superbus* est très rare. On va généralement le chercher dans les marais de la Juigne, près Lardy, et à Saint-Sauveur près Donnemarie.

· Le *D. deltoïdes* est rare, dans les clairières des bois, à Sénart, Marcoussis, Rambouillet, etc.

CERASTIUM

Nous en avons 8 espèces, dont une de la section *Holosteum* (p. 39).

STELLARIA

La flore possède 6 *Stellaria* proprement dits, dont un.
le Mouron blanc (p. 38), fleurit presque toute l'année :

1
- Bractées florales herbacées. . . . 2.
- Bractées florales scarieuses . . . 4.

2
- Feuilles toutes sessiles . Pétales dépassant le calice. . . . . . . *S. Holostea* L.
- Feuilles inférieures pétiolées. Pétales égaux au calice , plus courts ou 0 . . . . 3.

3
- Corolle blanche. Anthères rougeâtres. . . . . *S. media* L.
- Corolle 0. Anthères violacées . . *S. Boræana* JORD.

4
- Bractées glabres . . . . 5.
- Bractées ciliées . . . . *S. graminea* L.

5
- Feuilles linéaires-lancéolées, glabres . . . . *S. glauca* WITH.
- Feuilles elliptiques-lancéolées, ciliées à la base. . . . . *S. uliginosa* MURR.

Le S. *Boræana* n'est vraisemblablement qu'une forme
apétale du Mouron commun. Le S. *glauca* est rare (étangs
de Saint-Quentin, marais de Saint-Léger, etc.).

Le S. *aquatica* (*Cerastium aquaticum* L. — *Malachium
aquaticum* Fr.) est le type de la section *Myosoton*. C'est
une herbe vivace, commune dans les lieux humides.

ARENARIA

La flore comprend une espèce de la section *Euarenaria*, 2 espèces de la section *Alsine*, et une de la section *Mœhringia*.

L'*A.* (*Euarenaria*) *serpyllifolia* L. est une espèce très commune dans les champs, au bord des routes, sur les vieux murs, etc. L'*A. tenuifolia* Thuill. (*Alsine tenuifolia* Cr.) est très commun aussi; il est glabre ou chargé de poils visqueux (*A. viscidula* Thuill.). L'*A. setacea* Thuill. (*Alsine setacea* M. K.) est bien plus rare, sauf dans les terrains arides de Saint-Maur, Bouray, Fontainebleau, Nemours, etc. Il a les pétales blancs plus longs que le calice, tandis qu'ils sont plus courts dans l'espèce précédente.

L'*A. trinervia* L. (*Mœhringia trinervia* Clairv.) est une espèce vulgaire des bois humides, à rameaux nombreux, étalés et divariqués, à petites fleurs blanches, disposées en cymes lâches.

SAGINA

On en compte actuellement 4 espèces dans la flore parisienne; la plus commune de beaucoup est le *S. procumbens* L., qu'on trouve partout, même dans certaines rues de Paris.

1 { Pétales 4, plus courts que le calice ou 0 . . . . 2.
Pétales 5, égaux au calice ou plus longs. . . . . 3.

2 { Tiges radicantes. Pédicelles se courbant en croc après l'anthèse. . . . . *S. procumbens* L.
  { Tiges non radicantes. Pédicelles à peine arqués après l'anthèse. *S. apetala* L.

3 { Pétales égaux au calice. Pédicelles courbés après l'anthèse. . . . . . *S. subulata* Wimm.
  { Pétales dépassant bien le calice. Pédicelles dressés après l'anthèse. . . . . *S. nodosa* Fenzl.

SPERGULA

Notre espèce commune est la Spargoute (*S. arvensis* L.). Il y en a encore 2 autres, bien plus rares, qu'on distingue ainsi qu'il suit :

1 { Feuilles à sillon longitudinal inférieur. Graine étroitement bordée . . . . *S. arvensis* L.
  { Feuilles sans sillon inférieur. Graine largement bordée. . . . 2.

2 { Graine finement granuleuse, à aile d'un blanc argenté . . . . *S. pentandra* L.
  { Graine lisse, avec papilles blanchâtres à la périphérie, à aile d'un blanc roussâtre. . . . . . *S. Morisonii* Bor.

Cette dernière espèce, en général rare, est commune dans la forêt de Fontainebleau. Le *S. pentandra* est rare (Fontainebleau, Poissy, le Vésinet, Etampes, etc.).

TISSA

Nous en avons 2 espèces : le *T. segetalis* (*Alsine segetalis* L. — *Spergularia segetalis* Fenzl), à pétales blancs, plus courts que les sépales ; et le *T. rubra* (*Arenaria rubra* L. — *Spergularia campestris* Asch. — *S. rubra* Pers.), à pétales roses, dépassant le calice. Ce dernier est commun. L'autre est bien plus rare, dans les sables siliceux, à Bouray, Montmorency, Fontainebleau, Nemours, etc.

HERNIARIA

Nos deux espèces sont communes, appliquées sur le sol dans les terrains sablonneux, sur le bord des routes, dans les champs incultes. L'une, d'un vert clair et glabre, est l'*H. glabra* L. (Turquette). L'autre, velue, plus blanchâtre, est l'*H. hirsuta* L., en général moins abondante.

CORRIGIOLA

Le *C. littoralis* L., annuel, glauque, à feuilles alternes, à fleurs blanches ou rosées, est assez rare au bord des eaux, à Saint-Quentin, Saint-Léger, Fontainebleau, Nemours, etc. Il se trouve parfois dans Paris, sur les berges de la Seine, près le canal Saint-Martin.

SCLERANTHUS

Nos deux espèces, plantes des terrains arides, siliceux, sont l'une annuelle (*S. annuus* L.), l'autre vivace (*S. perennis* L.), d'ailleurs très analogues, à petites fleurs blanches. La première a les sépales aigus, étroitement scarieux aux bords ; la dernière les a subobtus, largement scarieux. Ils sont communs notamment à Saint-Maur, Fontainebleau, etc.

ILLECEBRUM

L'*I. verticillatum* L., seule espèce, petite herbe annuelle du bord des mares, à Fontainebleau, Rambouillet, Saint-Léger, Saint-Hubert, etc., assez rare, a des petites fleurs blanches, disposées en glomérules axillaires.

Elatinacées

Toutes les Elatinacées de la flore sont des *Elatine*. Leur fleur rappelle beaucoup celle des Caryophyllacées. Elle est 3-4-mère, avec un petit calice persistant, de petits pétales blancs et caducs, des étamines hypogynes en nombre égal ou double de celui des pétales, et un ovaire à 3, 4 loges, avec un placenta axile et multiovulé. Le fruit capsulaire s'ouvre en 3, 4 valves ; et les graines, ordinairement un peu arquées, n'ont pas d'albumen. Les organes de végétation sont tout à fait spéciaux. Ce sont des plantes aquatiques, rares dans notre flore, plus ou moins charnues, avec des branches articulées qui portent des feuilles opposées ou verticillées, avec stipules. Les petites fleurs sont axillaires.

La plus commune est l'*E. Alsinastrum* L., surtout dans les mares de Fontainebleau, dans le marais de Mennecy, aux étangs de Saint-Quentin près Trappes, de Trou-Salé, etc. Sa tige est assez épaisse, charnue, fistuleuse, et ses feuilles sont verticillées, de même que les fleurs qui occupent leur aisselle. Les fleurs sont 4-mères.

L'*E. paludosa* SEUB. est un peu plus rare. Ses tiges sont grêles, et ses feuilles opposées, avec un pétiole plus court que le limbe. Il a une variété à fleurs 3-mères ; c'est l'*E. hexandra* DC., qui se trouve aussi dans les mares de Fontainebleau et à l'étang de Trou-Salé. Il est assez abondant dans certaines années à Saint-Hubert. Une autre variété est l'*E. octandra* (*E. major* BRAUN); ses fleurs sont 4-mères. On ne la trouve que très rarement, à Fontainebleau, dans les mares de la Belle-Croix.

L'*E. Hydropiper* L. est plus rare encore. Ses feuilles opposées ont un limbe plus court que le pétiole ; ses fleurs sont 4-mères, et ses graines sont fortement arquées en fer à cheval. Il n'a été trouvé qu'exceptionnellement à l'Étang de Saint-Quentin (où on l'avait peut-être apporté).

Plantaginacées

Tous nos Plantains (*Plantago*) sont communs : on les trouve presque partout au bord des chemins, sur les pelouses, etc. Leurs fleurs sont 4-mères, avec une corolle gamopétale, laquelle porte 4 étamines ; et leur ovaire à 2 loges, contenant chacune un ou plusieurs ovules, devient une pyxide.

Le *P. major* L., le plus connu de tous, a une rosette de grandes feuilles pétiolées, bien vertes, 3-5-nerves, plus ou moins étalées sur le sol. Ses fleurs nombreuses forment un épi simple et serré, très allongé. On voit souvent sortir de leur corolle leurs anthères brunes, et leur fruit contient des graines en assez grand nombre (4-10).

Le *P. lanceolata* L. a une rosette de feuilles étroites et allongées, plus dressées. Son épi est court, ovoïde, porté au sommet d'un long pédoncule grêle.

Le *P. media* L. a une rosette de feuilles 7-9-nerves. C'est une plante blanchâtre, parfois même toute soyeuse. Son épi est court, au sommet d'un long pédoncule. Quand les fleurs sont bien épanouies, on voit, comme dans le précédent, toutes leurs anthères blanches au dehors. Comme les deux précédents, il est vivace, très commun.

Le *P. arenaria* L., spécial aux terrains arides, siliceux, est une herbe annuelle, toute glanduleuse-visqueuse. Ses épis sont courts, et ses feuilles sont sessiles et linéaires.

Le *P. Coronopus* L. est une petite plante bisannuelle, collée sur le sol, à feuilles profondément découpées, pinnatifides ; les divisions étroites et aiguës. Ses épis sont allongés et grêles.

Il y a une Plantaginacée beaucoup plus rare, vivant dans les endroits aquatiques. C'est le *Littorella lacustris* L. Elle est vivace, et ses feuilles linéaires, un peu charnues, rappellent celles de certaines Graminées. Linné en avait fait un *Plantago liniflora*, et cela non sans raison. Ses fleurs sont unisexuées.

Solanacées

Six genres de cette grande famille sont représentés dans notre flore. Les uns ont des fruits charnus (baies). Ce sont les *Solanum*, *Atropa* et *Lycium*. D'autres, les *Datura* et *Hyoscyamus*, ont des fruits capsulaires, s'ouvrant en long dans les premiers, en travers (pyxide) dans les derniers. Quant aux genres à fruit charnu, ce sont des arbrisseaux (*Lycium*) ; des herbes ou des plantes sarmenteuses (*Atropa*, *Solanum*). Dans les *Atropa*, la corolle est campanulée ; dans les *Solanum*, elle est rotacée.

SOLANUM

En comptant la Pomme de terre (*S. tuberosum* L.), introduite et cultivée, nous en rencontrons 3 espèces. Le

S. nigrum L. (Morelle noire) est herbacé, annuel, dressé, à fleurs blanches, à baies sphériques et noires. Le *S. Dulcamara* L. (Douce-amère) est vivace, sarmenteux, grimpant, à fleurs ordinairement violettes (rarement blanches), à baies ovoïdes, rouges. Toutes ces plantes sont vulgaires.

PHYSALIS

Le *P. Alkekengi* L. est commun dans les vignes, au pied des haies, au bord des chemins arides. Ses corolles rotacées sont blanches. Sa baie, de la grosseur d'une cerise, de couleur rouge, un peu orangée, est incluse dans le calice qui s'accroit en un sac membraneux et rouge.

ATROPA

L'*A. belladona* L. est une herbe vivace, à fleurs latérales, souvent solitaires ; la corolle en cloche de couleur brun chocolat, un peu violacée. La baie, accompagnée du calice vert, accru, étalé en étoile, est noire, un peu déprimée, lisse. C'est une plante rare, qu'on va chercher près de Bois-le-Roi, à Chantilly, Compiègne, Villers-Cotterets, Chaumont-en-Vexin, etc.

LYCIUM

Le *L. barbarum* L. est un arbrisseau épineux, à rameaux

arqués, à petites feuilles lancéolées, à fleurs violacées, à baie rouge. allongée. Il est assez commun dans les haies, au bord des chemins, notamment au bas de la terrasse de Meudon, etc.

DATURA

Le *D. Stramonium* L. (Pomme épineuse) est une grande herbe annuelle, à odeur vireuse, à feuilles sinuées-dentées, à grandes corolles blanches, plissées, en entonnoir. Le fruit est une capsule de la forme et de la grosseur d'une noix, ordinairement chargée d'aiguillons rigides et finalement déhiscente par le haut en 4 valves. Introduite d'Orient, cette plante se trouve au bord des chemins, dans les décombres, etc.

HYOSCYAMUS

La Jusquiame noire (*H. niger* L.) se trouve dans les mêmes conditions que la plante précédente, remarquable par ses grandes feuilles subpinnatifides. gluantes; ses fleurs et ses fruits. en longue cyme unipare-scorpoïde. La corolle est d'un jaune terne, réticulée de violet sale. Les pyxides ont un couvercle peu saillant.

Scrofulariacées

On a pu étudier au printemps plusieurs plantes de cette famille appartenant au genre Véronique (p. 52). Elles étaient exceptionnelles dans la famille par leur androcée 2-andre. Toutes nos autres Scrofulariacées proprement dites ont un androcée didyname, avec ou sans staminode postérieur. Elles ont la corolle plus ou moins irrégulière, souvent personée ou bilabiée, et un ovaire à deux loges pluriovulées. Les genres se distinguent dans la pratique de la façon suivante :

1
  Etamines 4, dont 2 stériles . . . *Gratiola.*
  Etamines 4 fertiles . . . . 2.

2
  Corolle éperonnée ou gibbeuse
    d'un côté à sa base. . . . . . . 3.
  Corolle sans éperon ni bosse. . . 4.

3
  Corolle à base éperonnée . . . . *Linaria.*
  Corolle à base gibbeuse . . . . . *Antirrhinum.*

4
  Calice à 4 divisions . . . . 7.
  Calice à 5 divisions . . . . 5.

5
  Corolle à lèvre supérieure tronquée, non comprimée et non galéiforme. . . . . 6.
  Corolle à 2 lèvres ; la supérieure galéiforme et comprimée latéralement . . . . *Pedicularis.*

6
  Corolle inférieurement renflée. Feuilles opposées . . . . *Scrofularia.*
  Corolle atténuée en bas, subcampanulée, à lèvre supérieure subnulle. . . . . *Digitalis.*

7
  Calice renflé-vésiculeux. Graines étroitement bordées . . . . . . *Rhinanthus.*
  Calice tubuleux, non renflé. **Graines ovoïdes ou oblongues.** 8.

8 {
Fruit obtus. Loges ovariennes ∞-ovulées. . . . . 9.

Fruit acuminé. Loges ovariennes 2-ovulées. . . . . *Melampyrum.*

9 {
Corolle à lèvre supérieure entière ou émarginée, à lobes de la lèvre inférieure entiers . . . . *Bartsia.*

Corolle à lèvre supérieure bilobée, à lobes de la lèvre inférieure bilobés ou émarginés . . . . . *Euphrasia.*

VERBASCUM

Ce sont des Scrofulariacés exceptionnelles, souvent aussi rapportées aux Solanacés, et dont la corolle rotacée, jaune ou plus rarement blanche, un peu irrégulière, porte 5 étamines dissemblables. Les 2 loges ovariennes sont multiovulées, et le fruit est capsulaire. La flore en comprend 7 espèces, sans compter les hybrides assez nombreux qu'elles produisent entre elles.

Les feuilles alternes des *Verbascum* sont parfois décurrentes sur les tiges. Quand elles le sont, l'espèce est le *V. Thapsus* L. ou le *V. phlomoides* L. Dans premier, commun aux bord des chemins et dans les lieux incultes, le style se termine en tête stigmatifère. Dans l'autre, bien plus rare, dans les lieux incultes, le tissu stigmatique est décurrent de chaque côté du style.

Les feuilles ne sont pas décurrentes dans les 5 espèces qui suivent. Il faut observer à la loupe le duvet dont ces plantes est chargé, et l'on voit :

Ou qu'il est formé de poils simples ou fourchus, entremêlés de poils glanduleux;

Ou qu'il est formé uniquement de poils rameux et articulés. Dans le premier cas, c'est le *V. Blattaria* L. ou le *V. blattarioides* LAMK. Le premier n'a sur son calice que des poils glanduleux. Ses étamines portent toutes des poils violets sur leur filet. Dans le deuxième, ils sont mélangés de poils blancs, et le sommet stigmatifère du style est capité, arrondi, tandis qu'il est courtement décurrent dans le *V. Blattaria*.

Dans le cas où tous les poils sont rameux et articulés, il s'agit du *V. nigrum* L., du *V. Lychnitis* L. ou du *V. floccosum* W. et KIT. Le *V. nigrum* a une corolle jaune, avec 5 taches violettes à la gorge. Les étamines portent des poils violets et ont les anthères sessiles et transversalement étendues au sommet du filet. C'est une espèce assez rare, des chemins et des bois. Le *V. Lychnitis* a une corolle jaune ou blanche, souvent striée de violet à la gorge. Ses étamines ont les anthères sessiles et transversales; mais les poils de leur filet sont d'un blanc jaunâtre. Le *V. floccosum* a une corolle jaune, striée de violet. Ses étamines ont les anthères sessiles et transversales; mais les poils de leur filet sont tous blancs ou parfois mélangés de quelques poils violets.

Sauf les *V. phlomoides* et *nigrum*, ce sont toutes plantes communes dans nos campagnes.

ANTIRRHINUM

Tout le monde connait le Muflier ou Gueule-de-loup, à corolle rouge, jaune ou blanche, qu'on trouve sur les murs et les ruines. C'est une plante naturalisée, l'*A. majus* L. Dans les moissons se trouve assez communément une autre espèce, l'*A. Orontium* L., à corolle purpurine. Ses sépales sont étroits, tandis que ceux de l'*A. majus* sont larges et arrondis.

LINARIA

Jadis confondu avec les *Antirrhinum* dont il ne se distingue que par son éperon étroit et allongé, ce genre renferme dans la flore 10 espèces :

1	Feuilles étroites. Fleurs en grappe.	4.
	Feuilles courtes et larges. Fleurs axillaires et solitaires	2.
2	Tiges grêles, pendantes. Feuilles réniformes, 5-lobées. Corolle violette	*L. Cymbalaria* L.
	Tiges couchées. Feuilles velues. Corolle jaune	3.
3	Feuilles toutes ovales-suborbiculaires. Pédoncules velus . . .	*L. spuria* MILL.
	Feuilles supérieures sagittées ou hastées. Pédoncules glabres . .	*L. Elatine* DESF.

4 {
Corolle jaune, non striée ; la gorge orangée. . . . . 5.
Corolle violacée ou striée de violet ; la gorge non orangée. . . 6.

5 {
Tige dressée. Feuilles toutes alternes . . . .   *L. vulgaris* MOENCH.
Tige couchée. Feuilles inférieures subverticillées . . . .   *L. filiformis* MOENCH.

6 {
Fleur plus courte que le pédoncule. . . . .   *L. viscida* MOENCH.
Fleur plus longue que le pédoncule. . . . .   7.

7 {
Eperon n'égalant pas la corolle .   8.
Eperon dépassant la corolle en longueur. . . . .   *L. Pelliceriana* MILL.

8 {
Corolle blanche ou jaune, à éperon droit. . . . .   9.
Corolle bleue, à éperon arqué. .   *L. arvensis* DESF.

9 {
Corolle lilacé-pâle, striée de violet. Eperon obtus, égal au pédicelle . . . .   *L. striata* DC.
Corolle jaunâtre, striée finement de violet. Eperon bien plus long que le pédicelle . . . .   *L. ochroleuca* BRÉB.

Les *L. vulgaris, spuria, striata, viscida* (*minor* DESF.), *filiformis* (*supina* DESF.). sont très communs dans les champs.

Le *L. Pelliceriana* est rare. On le trouve surtout à Lardy, notamment près la tour de Poquency; à la Ferté-Aleps, à **Nemours, etc.**

Le *L. arvensis* (*L. carnosa* Mœnch) est rare et tardif (Malesherbes, Nemours, Poigny, Saint-Léger).

Le *L. ochroleuca*, très rare, croissant en compagnie des *L. vulgaris* et *striata*, passe pour en être un hybride.

SCROFULARIA

Nous en avons, dans les lieux humides, 2 espèces communes, à souche vivace, à branches aériennes 4-gones et à fleurs d'un brun rougeâtre. L'une est le *S. nodosa* L., qui a des feuilles aiguës et des sépales à bords membraneux étroits. L'autre est le *S. aquatica* L., qui a des feuilles obtuses et des sépales largement membraneux sur les bords. Nous avons une troisième espèce fort rare, bisannuelle, velue, à feuilles d'ortie, à corolle d'un jaune verdâtre pâle. On la dit introduite. C'est le *S. vernalis* L., trouvé quelquefois à Ville-d'Avray, Compiègne, etc.

GRATIOLA

Le *G. officinalis* L. (Herbe à pauvre homme) est vivace, à feuilles opposées-embrassantes, lancéolées, à fleurs rosées, solitaires et accompagnées, contre leur calice, de 2 bractéoles latérales. La plante est rare, dans les lieux aquatiques. (Environs de Tournon, Melun, Moret, Nangis, Donnemarie, l'Oise).

LIMOSELLA

Le *L. aquatica* L., humble herbe des bords de l'eau, à

petites feuilles basilaires oblongues, à pédoncules basilaires uniflores, à petite corolle blanche ou rosée. peu irrégulière, est assez rare. On le trouve parfois sur les bords de la Seine, de l'Oise, de la Marne, et d'un grand nombre d'étangs.

DIGITALIS

Le *D. purpurea* L., à grande corolle purpurine, tachée de noir pourpré à l'intérieur, est une des plus belles et des plus communes des plantes de nos bois et coteaux siliceux. Le *D. lutea* L., à fleur bien plus petite, d'un jaune pàle, est bien plus rare, dans les bois et sur les coteaux secs (Bougival, Mennecy, Vaux-Praslin, Fontainebleau, Port-Villez, Vernon, etc.).

VERONICA

Nous avons décrit (p. 52) les espèces de ce genre qui fleurissent au printemps. Il y en a 8 autres dont la florison est estivale.

Ce sont d'abord 3 plantes aquatiques, communes, à rhizome rampant, les *V. Beccabunga* L., *scutellata* L. et *Anagallis* L.

Le *V. Beccabunga* a des feuilles elliptiques, obtuses, à très court pétiole, et des fleurs bleues, en grappes lâches et opposées.

Le V. scutellata a des feuilles sessiles, linéaires-lancéolées, aiguës, et des grappes alternes, très lâches, de fleurs à corolle blanche ou d'un bleu très pâle, veinée de rose.

Le *V. Anagallis*, bien plus grand, dressé, fistuleux, a des feuilles sessiles, embrassantes, ovales-lancéolées, aiguës; et des grappes lâches, opposées, de fleurs à corolle d'un bleu pâle, veiné de bleu foncé ou de rouge.

Viennent ensuite 4 herbes terrestres, vivaces, dont une très commune, le *V. officinalis* L., extrêmement abondant dans le bois de Meudon et partout ailleurs, à feuilles opposées, ovales-elliptiques, à grappes serrées de fleurs à corolle d'un bleu pâle, rarement blanche.

Le *V. Teucrium* L. est un peu moins commun. Il diffère avant tout des espèces précédentes par son calice 5-mère (et non 4-mère). Ses feuilles sont presque sessiles, linéaires-lancéolées. Ses fleurs, d'un beau bleu, sont en grappes finalement allongées. Cette espèce présente plusieurs variétés remarquables, entre autres le *V. prostrata* L., plante des coteaux et pelouses arides.

Le *V. spicata* L., autre espèce vivace, assez grande, se distingue surtout à ses longues grappes terminales, d'un bleu vif. La plante est assez commune à Fontainebleau et dans beaucoup de bois et pâturages secs.

Le *V. serpyllifolia* L., bien plus commun que le précédent, a, comme lui, des grappes terminales. C'est une petite plante vivace, à feuilles ovales-oblongues, à petite corolle blanchâtre ou bleuâtre, fortement veinée. Son fruit est couvert de poils glanduleux.

Le *V. montana* L. est la plus rare de nos espèces d'été.
On le trouve dans les bois humides, notamment à Saint-
Cloud, Ecouen, dans la vallée de Senlis près de Dampierre, dans les forêts de Compiègne, Villers-Cotterets,
Hallatte. On va généralement le récolter à Montmorency,
près du chemin qui conduit de la Croix-Blanche à celui
du Château de la Chasse.

RHINANTHUS

Nos deux espèces sont communes dans les prés
humides. Ce sont le *R. major* EHRH. et le *R. minor* EHRH,
Ils ont tous deux une corolle jaune; celle du *R. minor*
plus foncée. Elle dépasse à peine le calice, tandis que
celle du *R. major* le dépasse assez longuement. Ce dernier
a les feuilles florales pubescentes, et elles sont glabres,
très rudes dans le *R. minor.*

PEDICULARIS

La flore parisienne en possède 2 espèces : le *P. palustris*
L. et le *P. sylvatica* L., tous deux vivaces, à fleurs roses.
Leur corolle a une lèvre supérieure en casque, pourvue de
chaque côté, dans le *P. palustris*, vers le milieu de sa
longueur, d'une dent qui fait défaut dans le *P. sylvatica*,
d'ailleurs plus petit et bien plus ramifié dès sa base.

BARTSIA

On en rencontre 3 espèces, annuelles et parasites, dont voici les caractères distinctifs :

1 Corolle jaune ou d'un jaune rougeâtre. Anthères jaunâtres, non unies. . . . . 2.
   Corolle rouge ou rose. Anthères brunes, collées au sommet. . . 3.

2 Corolle largement ouverte, ciliée-barbue sur les lobes. Anthères exsertes . . . . *B. lutea.*
   Corolle étroitement ouverte, non ciliée sur les lobes. Anthères subincluses. . . . . *B. Jaubertiana.*

3 Rameaux ascendants. Bractées lancéolées et dépassant les fleurs . . . . *B. rubra.*

Le *B. lutea* (*Odontites lutea* L.) est très rare (Crépy-en-Valois, Villers-Cotterets), de même que le *B. Jaubertiana* (*Odontites Jaubertiana* DIETR.), espèce à floraison tardive (Moret, Montigny-sur-Loing).

Le *B. rubra* (*Odontites rubra* PERS. — *Euphrasia Odontites* L.) est très commun dans les lieux herbeux. Il a une var. *serotina*, commune aussi, distinguée par des rameaux étalés et des bractées plus courtes que les fleurs.

EUPHRASIA

Seule espèce, avec de nombreuses variétés, l'*E. officinalis* L. (Casse-lunettes) est une petite herbe vivace et parasite, à feuilles ovales-oblongues, à fleurs blanches, relativement grandes. Elle est commune dans les lieux herbeux, les bruyères, etc.

MELAMPYRUM

Ce genre compte chez nous 3 espèces annuelles, parasites, à corolle jaunâtre, que l'on distingue entre elles de la façon suivante :

1 Fleurs en épis compactes, courts, 4-angulaires. Feuilles florales pliées en dessus et recourbées. *M. cristatum.* L.

Fleurs en épis allongés, cylindroïques, ou en grappes feuillée 1-latérales, à feuilles flora planes. . . . . 2.

2 Sépales égaux au tube de la corolle, dépassant de beaucoup le fruit. Feuilles florales d'un rouge vif. . . . . *M. arvense* L.

Sépales 2 fois plus courts que le tube de la corolle, plus courts que le fruit. Feuilles florales vertes. . . . . *M. pratense* L.

Tous sont communs : le *M. arvense* dans les moissons ; les *M. pratense* et *cristatum* dans les bois.

Le *Globularia vulgaris* L. (*G. Willkommii* Nym.) est dans cette famille, le type d'une série particulière. C'est une petite herbe vivace, assez commune sur les pelouses arides, à feuilles basilaires en rosette, à inflorescence capituliforme ; les fleurs à corolle bilabiée, d'un bleu pâle, rarement blanches ; à androcée didyname, à ovaire réduit à une seule loge fertile, 1-ovulée. Le fruit est sec, indéhiscent et monosperme.

Convolvulacées

Les Liserons (*Convolvulus*) donnent leur nom à cette famille. Il y en a une espèce commune, le *C. arvensis* L., à corolle blanche ou rosée, obconique, tordue et à 5 plis, portant 5 étamines et entourant un ovaire à 2 loges 2-ovulées. Sa tige est volubile, et ses feuilles alternes, à suc laiteux, sont hastées. Ses fleurs sont groupées en cyme, au nombre de 2, 3, au sommet d'un pédoncule commun.

Très vulgaire est aussi le L. des haies (*Calystegia sepium* R. Br.). Ses grandes fleurs à corolle blanche sont solitaires, accompagnées de 2 grandes bractéoles foliacées, et ses 2 loges ovariennes sont incomplètes.

Les Cuscutes sont des Convolvulacées exceptionnelles par leur parasitisme et leur coloration jaune ou rougeâtre. Elles vivent sur d'autres plantes, s'accrochant à elles par des suçoirs ; elles sont dépourvues de feuilles, et elles ont une corolle doublée de 5 écailles placées au-dessous des étamines. Leur fruit est une pyxide. Il y en a une très commune sur le Serpollet, les Bruyères, diverses Légumineuses, notamment le Trèfle et la Luzerne, qu'elle détruit en formant de grandes plaques jaunâtres. C'est le *C. Epithymum* Murr.

On en distingue 2 espèces bien plus rares : le *C. major* C. B. (*C. europea* L., part.) et le *C. densiflora* S. W. (*C. epilinum* Weih.). Cette dernière, qui s'attaque en effet au Lin, et qui se trouve sur lui, à Magny, au Bouchet, à Brie-Comte-Robert, etc., a une tige simple ou à peu près, des fleurs sessiles, sans bractées, une corolle urcéolée et des graines réticulées. Le *C. major* a une tige rameuse, accrochée aux Urticées, une bractée à la base de ses glomérules, une corolle campanulée et des graines lisses. Par là il ressemble au *C. epithymum*. Mais ses sépales sont obtus, et acuminés dans le *C. epithymum* ; ses étamines sont incluses, et exsertes dans le *C. epithymum*.

Le. *C. suaveolens* Ser. (*C. corymbosa* Chois. — *Engelmannia suaveolens* Pfeiff.) est très rare sur la Luzerne. Ses tiges sont orangées ; ses fleurs pédicellées, ses cymes lâches, et son fruit se déchire irrégulièrement au sommet.

Boraginacées

Dans cette famille de plantes à feuillage rude (Aspéri-

foliées) et à fleurs en cymes scorpioïdes, nous connaissons déjà (p. 51) la Pulmonaire dont le calice est tubuleux-campanulé, et dont la corolle en entonnoir est garnie de 5 faisceaux de poils. Il s'agit d'abord d'en distinguer les autres genres, à l'aide du tableau suivant :

1	Corolle irrégulière	*Echium.*
	Corolle régulière	2.
2	Corolle rotacée. Etamines à appendice dorsal	*Borago.*
	Etamines sans appendice	3.
3	Corolle tordue	*Myosotis.*
	Corolle imbriquée.	4.
4	Style apical.	*Heliotropium.*
	Style gynobasique.	4.
5	Tube de la corolle replié en S . .	*Lycopsis.*
	Tube de la corolle droit.	6.
6	Calice fructifère irrégulier, partagé en 2 valves planes, sinuées, appliquées	*Asperugo.*
	Calice fructifère régulier.	7.
7	Corolle en entonnoir, à gorge pourvue d'écailles lancéolées-subulées.	*Symphytum.*
	Corolle hypocratérimorphe ou en entonnoir, à écailles courtes, obtuses ou O	8.
8	Achaines à insertion basilaire . .	9.
	Achaines fixés au réceptacle par une portion variable de leur angle interne	12.

9 { Gorge de la corolle sans écailles, à 5 bouquets de poils . . . . . *Pulmonaria.*
Gorge de la corolle à 5 écailles obtuses . . . . **10.**

10 { Achaines pourvus en bas d'un rebord très saillant . . . . *Anchusa.*
Achaines à surface basilaire presque plane . . . . **11.**

11 { Achaines à surface entière chargée de tubercules épineux . . . . . *Cynoglossum*
Achaines lisses, à bords dilatés en membrane infléchie. . . . . *Omphalodes.*

12 { Achaines à bords épineux, fixés au réceptacle par une carène interne. . . . . *Lappula.*
Achaines lisses ou rugeux, fixés au réceptacle par une courte surface oblique de la base de leur angle interne . . . . *Lithospermum.*

BORAGO

Le *B. officinalis* L., la Bourache commune, seule espèce, est probablement une plante d'Orient, introduite. Sa corolle est bleue ou rarement rose ou blanche.

SYMPHYTUM

Notre seule espèce, herbe vivace des lieux aquatiques, est très commune, à fleurs blanches, d'un lilas terne ou violacées. C'est le *S. officinale* L. (Grande Consoude).

ANCHUSA

La flore parisienne ne possède que l'*A. italica* RETZ. (Buglosse), herbe bisannuelle, à belles fleurs bleues. On la trouve assez rarement dans les moissons. Elle est devenue à peu près introuvable à Saint-Maurice où elle abondait autrefois.

LYCOPSIS

Le *L. arvensis* L. (Fausse Buglosse. Petite Buglosse) est une herbe annuelle des plus vulgaires dans nos champs. Ses petites fleurs sont bleues et rarement blanches.

PULMONARIA

Notre seule espèce, très variable, est le *P. longifolia* BAST. (p. 51).

LAPPULA

Le *L. Myosotis* MŒNCH (*Echinospermum Lappula* LEHM.), à petites fleurs bleues, se trouve assez souvent dans les lieux arides et sur les murs des villages, notamment à Lardy, Malesherbes, etc.

ASPERUGO

L'*A. procumbens* L. (Rapette), herbe annuelle, couchée,

avec des fleurs violacées très petites, insérées au niveau des feuilles, est une plante assez rare, dans les décombres, les lieux incultes.

CYNOGLOSSUM

De nos trois espèces, l'une est commune, le *C. officinale* L., à petites fleurs rougeâtres, à feuilles blanchâtres, avec une odeur marquée de pain. Les deux autres, extrêmement rares, sont le *C. pictum* Air. et le *C. montanum* Lamk). On ne trouve guère le premier qu'aux environs de Nemours et à Souppes. Ses fleurs sont rougeâtres, puis d'un bleu pâle. L'autre se récolte dans la forêt de Compiègne. Il a des feuilles luisantes et presque glabres en dessous. Ses fleurs sont violettes ou bleues, disposées en longues cymes lâches. Ses achaines portent à la fois des aiguillons épineux et des tubercules coniques.

LITHOSPERMUM

La flore en comprend 2 espèces communes. L'une. plante annuelle des moissons, a des achaines tuberculeux, bruns, et des corolles blanches ou rarement bleues. C'est le *L. arvense* L.

L'autre, plante vivace des bords des chemins et des bois, est le *L. officinale* L. (Herbe aux perles). Ses fleurs sont blanches. Ses achaines durs sont lisses, luisants, blanchâtres.

Il y en a une troisième, bien plus rare, le *L. purpureo-caeruleum* L. C'est une plante vivace des bois. Ses fleurs assez grandes sont violacées, puis d'un beau bleu. On le trouve à Fontainebleau, à Malesherbes, derrière la station et ailleurs, dans la forêt de Compiègne, etc.

MYOSOTIS

On connaît déjà les *M. hispida* et *versicolor* (p. 52). Notre flore comprend en tout 6 espèces communes, dont voici les caractères différentiels :

1	Calice à poils tous droits et appliqués	2.
	Calice à poils étalés, recourbés en croc	3.
2	Rhizome rampant. Style presque égal au calice	*M. palustris* L.
	Rhizome court. Style à peu près égal ou à peine plus long que le fruit.	*M. lingulata* Lehm.
3	Calice ouvert à la maturité. . . .	*M. hispida* Schl.
	Calice fermé à la maturité. . . .	4.
4	Calice plus long que le pédicelle fructifère	5.
	Calice deux fois plus court que le pédicelle fructifère	*M. intermedia* Link.
5	Feuilles à poils étalés, droits. Corolle jaune, puis d'un bleu violacé.	*M. versicolor* Pers.
	Feuilles à poils de la face inférieure crochus. Corolle bleue .	*M. arenaria* Schrad.

ECHIUM

L'*E. vulgare* L. (Vipérine), seule espèce, est très commun partout sur le bord des chemins. Ses fleurs irrégulières sont bleues, plus rarement blanches ou roses.

HELIOTROPIUM

Nous n'en avons qu'un, l'*H. europæum* L., herbe annuelle, commune, des lieux arides, pubescente, grisâtre, à petites fleurs blanches.

On a planté au bois de Boulogne le *Cerinthe minor* L., Boraginée glabre, à fleurs jaunes, et l'on trouve parfois près des usines l'*Amsinckia intermedia*, plante américaine, à petites fleurs orangées. L'*Omphalodes verna* L., petite herbe à fleurs bleues précoces, rappelant celle des *Myosotis*, a été naturalisé dans plusieurs parcs, entre autres dans la garenne de Russy-Montigny.

Labiées

Au printemps, on a pu observer plusieurs Labiées communes, des genres *Lamium* et *Nepeta* (p. 56). Il y a dans notre flore 20 autres genres qui se ressemblent extérieurement beaucoup et qu'il faut d'abord distinguer les uns des autres :

1　{
Corolle à deux lèvres bien distinctes (bilabiée), parfois sub-campanulée ou presque en entonnoir; les lobes peu inégaux. . . . .　3.

Corolle à lèvre supérieure très réduite (unilabiée), ou fendue de telle façon que ses deux lobes se portent en avant avec la lèvre inférieure . . . .　2.

2　{
Lèvre supérieure de la corolle très courte. . . . .　*Ajuga.*

Lèvre supérieure de la corolle à lobes rejetés en avant. . . . .　*Teucrium.*

3　{
Corolle à deux lèvres bien distinctes . . . .　5.

Corolle à lobes presque égaux. .　4.

4　{
Etamines 2. Achaines marginés.　*Lycopus.*

Etamines 4. Achaines non marginés. . . . .　*Mentha.*

5　{
Etamines fertiles 2, réduites à une loge . . . .　*Salvia.*

Etamines fertiles 4, didynames, 2-loculaires . . . .　6.

6　{
Etamines droites, distantes, divergentes ou arquées-conniventes. . . . .　7.

Etamines parallèles, rapprochées sous le casque postérieur de la corolle, parfois déjetées en dehors après l'anthère. . . . . .　13.

7　{
Etamines conniventes . . . . . .　10.

Etamines divergentes . . . .　8.

23

8
- Calice à deux lèvres bien prononcées . . . . *Thymus.*
- Calice à cinq dents peu inégales. . . . . 9.

9
- Fleurs en cymes composées corymbiformes terminales. Corolle ordinairement rose . . . . . . *Origanum.*
- Fleurs en cymes contractées axillaires, rejetés d'un côté. Corolle ordinairement bleue. . . . . . . *Hyssopus.*

10
- Glomérules sans involucre. . . . 11.
- Glomérules à involucre formé de nombreuses bractées linéaires-sétacées . . . . *Calamintha* § *Clinopodium.*

11
- Dents du calice 5, subégales. . . *Satureia.*
- Dents du calice peu inégales, mais formant deux lèvres peu prononcées. . . . . 12.

12
- Loges de l'anthère unies par un connectif linéaire . . . . *Melissa.*
- Loges de l'anthère unies par un connectif ovoïde ou sub-3-gone. *Calamintha* § *Euca-lamintha.*

13
- Lèvres du calice se rapprochant autour du fruit pour le fermer . 14.
- Calice companulé ou tuberculeux, à lèvres non rapprochées pour le fermer. . . . . 15.

14
- Filets staminaux portant une dent vers le sommet. Lèvre supérieure de la corolle plane. *Brunella.*
- Filets staminaux sans dent vers le sommet. Lèvre supérieure de **la corolle gibbeuse.** . . . . . . *Scutellaria.*

15 { Etamines supérieures plus longues que les inférieures . . . . 17.
Etamines inférieures plus longues que les supérieures . . . . . . 16.

16 { Lèvre inférieure de la corolle à lobe moyen concave en avant . . . . *Nepeta* 2 *Eunepeta*.
Lèvre inférieure de la corolle étalée . . . . *Nepeta* § *Glechoma*.

17 { Calice 5-denté. . . . . 18.
Calice 10-20-denté . . . . *Marrubium*.

18 { Loges de l'anthère superposées . *Galeopsis*.
Loges de l'anthère non superposées . . . . 19.

19 { Deux étamines déjetées en dehors de la corolle après l'anthère. . 21.
Deux étamines non déjetées. . . 22.

20 { Lèvre inférieure de la corolle étalée. Achaines glabres . . . . . *Betonica* 2 *Stachys*.
Lèvre inférieure longitudinalement enroulée. Achaines à sommet pubescent . . . . . . *Lamium* 2 *Leonurus*.

21 { Corolle jaune. . . . . *Lamium* 2 *Galeobdolon*.
Corolle blanche ou rose. . . . . 22.

22 { Achaines 3-gones, tronqués. . . *Lamium* § *Eulamium*.
Achaines arrondis au sommet. . . 23.

23 { Anthères rapprochés en croix . . *Melittis*.
Anthères non rapprochés en croix. 24.

24 { Calice à 5 dents aiguës. Glomérules sessiles. . . . . *Betonica* § *Eubetonica*.
Calice à 5 dents obtuses. Glomérules légèrement pédonculés. *Ballota*.

MENTHA

1	Gorge du calice nue.	2.
	Gorge du calice fermée par des poils connivents.	*M. Pulegium* L.
2	Glomérules floraux axillaires. Axes terminés par un bouquet de feuilles	5.
	Glomérules en épi terminal, non surmonté d'un bouquet de feuilles.	3.
3	Feuilles longuement pétiolées . .	*M. aquatica* L.
	Feuilles sessiles ou à peu près .	4.
4	Feuilles aiguës. Bractées linéaires. Dents du calice linéaires .	*M. sylvestris* L.
	Feuilles obtuses. Bractées ovales-lancéolées. Dents du calice lancéolées	*M. rotundifolia* L.
5	Feuilles toutes à peu près égales. Dents du calice à peu près aussi larges que longues . . .	*M. arvensis* L.
	Feuilles diminuant graduellement de bas en haut. Dents du calice lancéolées	*M. sativa* L.

Toutes ces Menthes sont communes, sauf le *M. sylvestris*, très rare au bord des eaux, surtout dans l'Oise.

LYCOPUS

Le *L. europæus* L., vivace, à petites fleurs blanchâtres,

disposées en glomérules axillaires, est notre seule espèce, très commune dans les lieux humides.

ORIGANUM

Nous n'avons que l'*O. vulgare* L., très commun, très variable, à fleurs roses ou presque blanches.

THYMUS

Une seule espèce, très variable, le *T. serpyllum* L. (Serpolet), petit, vivace, très commun, très odorant, à fleurs ordinairement roses.

SATUREIA

Le seul est le *S. montana* L., à petites fleurs blanches ou rosées. On va le chercher à Malesherbes, sur la Butte de la Justice. Là, comme près de Nemours, à la Lapinière de Darvault, il provient d'anciennes cultures.

HYSSOPUS

L'*H. officinalis* L., vivace, à fleurs ordinairement d'un beau bleu, a été anciennement naturalisé sur les murs des vieux châteaux. Il abonde près de Limay, au coteau des Célestins; à Rochefort près Dourdan; à Provins, etc.

CALAMINTHA

Nous en avons une espèce extrêmement commune, de la section *Clinopodium*; une autre également commune, de la section *Eucalamintha*, le *C. Acinos*, et 2 *Eucalamintha* rares :

Le *C. Acinos* L. est annuel, à fleurs violettes. Les autres sont vivaces. Voici comment on les distinguera :

1
- Groupes floraux sessiles. Calice arqué. . . . . 4.
- Groupes floraux pédonculés. Calice droit . . . . 2.

2
- Dents du calice subégales. Cymes denses . . . . *C. Nepeta* CLAIRV.
- Dents du calice très inégales. Cymes lâches. . . . . 3.

3
- Corolle purpurine . Dents des feuilles saillantes. . . . . . . *C. officinalis* MOENCH.
- Corolle lilacée ou blanchâtre. Dents des feuilles courtes et obtuses. . . . . *C. menthæfolia* HOST

4
- Fleurs grandes, purpurines. . . *C. Clinopodium* BENTH.
- Fleurs petites, violettes . . . . . *C. Acinos* L.

Le *C. menthæfolia* (*C. adscendens* JORD.) est seul rare (Saint-Germain, Maisons-Laffitte, l'Oise).

MELISSA

Le *M. officinalis* L., vivace, à odeur citronnée, à corolles blanches, un peu jaunâtres, est cultivé et s'échappe au voisinage des habitations, comme, par exemple, sur le talus des voies ferrées, près la gare de Bellevue, etc.

SALVIA

Nos 4 espèces sont distinguées ainsi :

1	Bractées grandes, d'un blanc rosé.	*S. sclarea* L.
	Bractées petites, vertes	2.
2	Tube de la corolle sans anneau de poils	3.
	Tube de la corolle muni en dedans d'un anneau de poils. . .	*S. verticillata* L.
3	Corolle petite, dépassant à peine le calice	*S. verbenaca* L.
	Corolle grande, dépassant de beaucoup le calice	*S. pratensis* L.

Le *S. pratensis*, à fleurs bleues, rarement blanches, est seul commun partout. Le *S. verbenaca*, introduit, est rare; on le trouve à Gentilly. Le *S. sclarea* (Toute-bonne), assez rare, vient toujours des lieux habités. Le *S. verticillata* est aussi introduit. On le trouve au bord des chemins, notamment à Arcueil-Cachan, Rambouillet, etc.

NEPETA

Le *N. cataria* L. (Herbe aux Chats), herbe vivace, à odeur forte, type des *Eunepeta*, est assez commun dans les dé-

combres, au bord des chemins et des cultures. Le *N. hederacea*, type de la section *Glechoma*, est le Lierre terrestre,
petite plante vivace, peu odorante, à fleurs violettes,
rarement roses ou blanches. Il est, nous le savons, partout très commun au printemps (p. 58).

SCUTELLARIA

On peut en rencontrer 3 espèces vivaces :

1 { Epis terminaux . . . . *S. Columnæ* ALL.
  { Glomérules axillaires . . . . 2.

2 { Feuilles entières ou à 1, 2 dents
  {   de chaque côté de leur base. . *S. minor* L.
  { Feuilles crénelées-dentées. . . . . *S. galericulata* L.

Le *S. galericulata*, à grandes fleurs bleues, est commun
au bord des eaux. Le *S. minor*, à fleurs souvent roses, est
assez rare dans les lieux humides. Le *S. Columnæ*, espèce
méridionale, a été planté à Vincennes, Jouy, Dreux, et en
plusieurs endroits de la forêt de Meudon, notamment près
de l'étang de Villebon et près du chemin qui va du pavé
au carrefour de la Patte-d'Oie.

BRUNELLA

Le *B. vulgaris* L., commun partout, est une herbe vivace, à épis de fleurs violettes, ordinairement pourvus
d'une paire de feuilles à leur base. Leur calice a une
lèvre supérieure à dents très courtes. Dans le *B. alba*

PALL., souvent considéré comme une variété rare du précédent, ces dents sont bien plus larges et profondes, et la corolle est d'un blanc jaunâtre. Le *B. grandiflora* JACQ., assez commun, à fleurs violacées ou purpurines, n'a pas de feuilles à la base de l'épi. Son calice a une lèvre supérieure à dents latérales ovales-lancéolées, qui dépassent la dent moyenne. Les filets des grandes étamines ont au sommet un appendice court et obtus, tandis qu'il est droit et subulé dans les espèces précédentes. Chacune de ces plantes a une variété à feuilles pinnatifides.

MELITTIS

Le *M. melissophyllum* L. (Mélisse des bois), la plus belle Labiée de nos bois, vivace, a de grandes fleurs blanches à taches purpurines sur la lèvre inférieure de la corolle. Elle est commune en juin.

MARRUBIUM

Le *M. vulgare* L. (Marrube blanc), seule espèce de la flore, est vivace, tomenteux, blanchâtre, très commun au bord des chemins et dans les décombres. Le *M. Vaillantii* COSS. et GERM. n'en est qu'une monstruosité à gynécée abortif.

BETONICA

Nous avons une espèce de la section *Eubetonica*, le *B. offi-*

cinalis L., très commun dans les clairières, à fleurs purpurines, et 7 espèces de la section *Stachys* (Epiaire), dont
voici le tableau :

1 { Fleur blanchâtre . . . . 2.
  { Fleur rose. . . . . 3.

2 { Herbe annuelle, à tube corollin
  {   plus long que le calice . . . . *B. annua.*
  { Herbe vivace, à tube corollin plus
  {   court que le calice . . . . . . *B. recta.*

3 { Bractéoles très petites. Gorge du
  {   calice nue . . . . 5.
  { Bractéoles égales ou presque éga-
  {   les au calice. Gorge du calice
  {   munie d'un anneau de poils. . 4.

4 { Calice glanduleux, à dents obtu-
  {   ses, mucronées. . . . . *B. alpina.*
  { Calice soyeux, à dents ovales-
  {   aiguës. . . . . *B. germanica.*

5 { Herbe annuelle. . . . . *B. arvensis.*
  { Herbe vivace . . . . 6.

6 { Tige glanduleuse en haut. Feuil-
  {   les ovales-acuminées . . . . . *B. sylvatica.*
  { Tige non glanduleuse en haut.
  {   Feuilles oblongues ou lancéo-
  {   lées. . . . . 7.

7 { Feuilles longuement pétiolées. . *B. ambigua.*
  { Feuilles sessiles ou à peu près . *B. palustris.*

Tous ces *Betonica* sont communs, sauf les *B. alpina* et
germanica. Le premier se trouve à Montmorency près du
château de la Chasse, etc.

GALEOPSIS

Nos 3 espèces sont des herbes annuelles, à fleurs roses ou blanches, rarement d'un jaune pâle :

1
- Tige non renflée sous les nœuds, à poils non rigides . . . . . . 2.
- Tige renflée-charnue sous les nœuds, à poils raides. . . . . *G. Tetrahit* L.

2
- Corolle d'un rose purpurin. Feuilles pubescentes. . . . . . . *G. Ladanum* L.
- Corolle d'un jaune pâle, rarement purpurine. Feuilles tomenteuses, au moins en dessous . . . . *G. dubia* Leers.

Tous sont très communs, sauf le *G. dubia* (*G. ochroleuca* Lamk), herbe des moissons maigres (Marcoussis, Thurelles, Dreux).

LAMIUM

On a observé au printemps les espèces des sections *Eulamium* et *Galeobdolon* (p. 56). En été seulement fleurit une espèce de la section *Leonurus* (*L. Cardiaca* H. Bn. — *Leonurus Cardiaca* L.), l'Agripaume ou Cardiaque, grande herbe vivace, des décombres et des bords de chemins, à feuilles inférieures palmatipartites, à petites fleurs rosées; le sommet des divisions calycinales épineux.

BALLOTA

La seule espèce de la flore est le *B. fœtida* LAMK (*B. nigra* SM.), herbe vivace, très commune, des rues, décombres, haies, etc. Ses feuilles ont une odeur assez désagréable. Ses fleurs sont petites et roses.

AJUGA

Nous en avons une espèce annuelle à fleurs jaunes, et 2 espèces vivaces à corolle généralement bleue :

1. Corolle jaune. Feuilles à divisions profondes et linéaires. . . . *A. Chamæpitys* SCHREB.
   Corolle bleue, rarement blanche ou rose . . . . 2.

2. Herbe à rejets stériles couchés, radicants. . . . . *A. reptans* L.
   Herbe dressée, sans rejets stériles *A. genevensis* L.

Toutes ces plantes sont communes. L'*A. pyramidalis* L. est considéré par plusieurs auteurs comme une var. de l'*A. genevensis* à feuilles florales toutes une fois plus longues que les fleurs. On le trouve fort rarement, notamment près de Coye (Chantilly).

TEUCRIUM

La flore en comprend 5 espèces (Germandrées) :

1	Inflorescence terminale racémiforme, allongée.	*T. Scorodonia* L.
	Fleurs axillaires 1, 2, ou disposées en têtes terminales.	2.
2	Herbe annuelle, à feuilles pinnatiparties	*T. Botrys* L.
	Herbe vivace, à feuilles entières ou dentées.	3.
3	Feuilles entières. Tête terminale de fleurs jaunâtres	*T. montanum* L.
	Feuilles dentées-crénelées. Fleurs axillaires 1, 2	4.
4	Herbe à feuilles sessiles.	*T. Scordium* L.
	Plante suffrutescente, à feuilles courtement pétiolées	*T. Chamædrys* L.

Tous sont communs ou très communs. Le *T. montanum* est seul assez rare, sur les coteaux secs, à Fontainebleau, Malesherbes, L'Isle-Adam, Mantes, Vernon, etc.

Verbénacées

Très voisines des Labiées, elles ne s'en distinguent que par un point : la non-gynobasie de leur style qui se dégage du sommet de figure de l'ovaire. Celui-ci a deux loges 2-ovulées dans le *Verbena officinalis* L., herbe vivace des plus vulgaires, qui a les branches carrées et les feuilles opposées des Labiées. Sa corolle irrégulière est bilabiée, lilacée, et son androcée est didyname.

Ericacées

Cette famille comprend, dans la flore parisienne, 4 séries : *Ericées, Vacciniées, Pyrolées* et *Monotropées*.

Les Ericées ont une corolle gamopétale, ordinairement 4-mère, un ovaire supère et des tiges suffrutescentes. Ce sont nos Bruyères et le *Calluna*.

Les Vacciniées ont une corolle gamopétale, un ovaire infère, un fruit charnu, et des tiges suffrutescentes.

Les Pyrolées ont une corolle dialypétale, un ovaire supère et des tiges herbacées.

Les Monotropées ont une corolle dialypétale, un ovaire supère et des tiges charnues, jaunes, portant des écailles en guise de feuilles.

ERICA

La Bruyère commune de nos bois (*E. cinerea* L.), à fleurs roses ou rarement blanches, donne une bonne idée des caractères de ce genre.

Nous avons de ce genre 4 autres espèces beaucoup plus rare, dont voici les caractères distinctifs :

1 ⎰ Corolle en cloche. Etamines 8, exsertes . . . . *E. vagans* L.
⎱ Corolle à grelot. Etamines 8, incluses . . . . 2.

2	Corolle d'un vert jaunâtre. . . .	*E. scoparia* L.
	Corolle rose ou rarement blanche	3.

3	Inflorescence courte. Anthères à 2 appendices basilaires sétiformes	*E. Tetralix* L.
	Inflorescence allongée. Anthères sans appendices basilaires . .	*E. ciliaris* L.

L'*E. Tetralix* est assez rare. C'est une plante des landes humides (Fontainebleau, etc.); Montmorency, entre le château de la Chasse et la route de Domont. Là se trouve une forme monstrueuse (*anandra*), à étamines avortées.

L'*E. scoparia*, très rare, croît aux environs de Melun, dans le bois de Chartrette; et près de Saint-Léger, au bois de la Charmoise.

Les *E. ciliaris* et *vagans*, très rares, se trouvent encore un peu au carrefour de la Croix-Patée près Saint-Léger.

CALLUNA

Aussi commun au moins que l'*E. cinerea*, le *C. vulgaris* SAL. (*Erica vulgaris* L.), à très petites fleurs rosées ou blanches, se distingue des Bruyères par sa corolle plus courte que le calice coloré et son fruit septifrage (loculicide dans les *Erica*).

VACCINIUM

Nos 2 espèces sont rares, surtout le *V. vitis-idæa* L. Le *V. myrtillus* L. (Airelle) l'est moins. C'est une des plantes qu'on récolte en abondance à Montmorency, à Carnelle, etc. Ses fleurs sont axillaires et solitaires, et sa baie comestible est noire. Le *V. Vitis-idæa* se trouve dans l'Oise (bois de Savigny et Glatigny près Beauvais). Ses feuilles sont ponctuées de brun. Ses fleurs sont disposées en grappe, et sa baie est rouge.

PYROLA

Ce genre comprend dans nos environs 3 espèces, dont 2 de la section *Eupyrola* et une de la section *Chimaphila*.

L'espèce la moins rare est le *P. minor* L. C'est une petite herbe vivace, à feuilles persistantes, en rosette, glabres, arrondies, crénelées. Ses fleurs forment une grappe élégante, nue en bas ; elles ont 5 pétales blancs, 10 étamines poricides et un ovaire à 5 loges ∞-ovulées. Le fruit est capsulaire. On trouve la plante dans les bois, notamment au-dessus de Chaville, à Ville-d'Avray, à Satory, à Fontainebleau, à Montmorency vers Domont, etc.,

Le *P. rotundifolia* L. est plus rare et plus grand. Il se distingue surtout en ce que ses feuilles sont à peine crénelées et ses fleurs pourvues d'un style exsert et courbé en S, tandis qu'il est court et droit dans l'espèce précédente. On le trouve dans les bois à Montmorency, près du Trou de Tonnerre ; autour de Marines ; à Champagne, près l'Isle-Adam ; à Compiègne, Villers-Cotterets, Thury, etc., etc.

Le *P. umbellata* L. (*Chimaphila umbellata* Pursh), extrêmement rare, à inflorescences ombelliformes, à pétales rosés, n'a encore été observé qu'à la base du Rocher Vert. aux environs de Nemours.

HYPOPITYS

L'*H. multiflora* Scop. (*Monotropa Hypopitys* L.), plante jaune ou blanchàtre, est assez commun, vivant en parasite sur les pins (Sucepin), charmes, etc. On le trouve quelquefois encore à Meudon, et bien plus abondamment à Fontainebleau, Malesherbes, etc., etc.

Ilicacées

Cette petite famille n'est représentée que par le **Houx** (*Ilex Aquifolium* L.) dont tout le monde connaît les feuilles coriaces, lisses et épineuses. Ses fleurs sont polygames-dioïques, pourvues d'une corolle blanche, imbriquée, légèrement gamopétale, isostémonées, à ovaire supère. Son fruit est une drupe sphérique, rouge, à noyaux osseux. Il est commun dans les bois, etc.

Oléacées

Le Troëne (*Ligustrum vulgare* L.) est le seul représentant de cette famille qui ait des fleurs complètes. Ce qui

24

les caractérise, c'est qu'avec une corolle gamopétale, infère, à 4 parties, elles ne possèdent que 2 étamines. Le
fruit est charnu, sphérique, noir. C'est un arbuste très
commun dans nos haies et nos bois. Ses feuilles sont opposées. Ses fleurs sont disposées en grappes de cymes, à
corolle blanche.

Le Frêne (*Fraxinus excelsior* L.) est, dans la même famille, une plante exceptionnelle (p. 77) par ses fleurs unisexuées, dioïques ou polygames, sans périanthe ou avec
un calice rudimentaire. Ses fleurs mâles ont 2 étamines,
et les femelles un ovaire à 2 loges uniovulées, qui devient
une samare. C'est un arbre de nos bois, très fréquemment planté sur les routes, à feuilles opposées, imparipennées. Il fleurit en mai ou un peu plus tôt, avant la
foliaison. Il y a aussi un Frêne à feuilles simples, variété
du précédent (*F. monophylla*), souvent planté sur les routes
et dans les parcs.

MONOCOTYLÉDONES

Alismacées

Cette famille de Monocotylédones est représentée dans la flore parisienne par 5 genres de plantes aquatiques, les *Alisma*, *Elisma*, *Damasonium*, *Sagittaria* et *Butomus*.

Les *Alisma* ont des fleurs hermaphrodites, des carpelles nombreux, libres, avec 1 ovule ascendant, à micropyle extérieur.

Les *Elisma* ont la même fleur, avec le micropyle ovulaire intérieur.

Les *Damasonium* ont 6-8 carpelles à large base verticale, avec 2 ovules.

Les *Sagittaria* ont des fleurs monoïques.

Les *Butomus* ont 6 carpelles, avec de nombreux ovules, insérés sur les parois latérales de l'ovaire.

ALISMA

Il y en a une espèce partout très commune au bord

des eaux, l'*A. Plantago* L. (Plantain d'eau). Ses petites fleurs 3-mères sont disposées en une vaste grappe composée formée de cymes. Son rhizome est épais, bulbiforme, à odeur chlorée.

L'*A. ranunculoides* L. est bien plus rare. Son inflorescence a l'apparence d'une ombelle simple.

ELISMA

La seule espèce est l'*E. natans* (*Alisma natans* L.), petite plante flottante, à fleurs blanches, axillaires, à pédoncule fructifère arqué. Elle est rare, sauf à Fontainebleau, dans les mares voisines de la Fontaine-Sanguinède, à Franchart, etc. On la trouve aussi à Saint-Léger, Montfort-l'Amaury, Dreux, etc.

DAMASONIUM

Notre seule espèce est le *D. stellatum* Rich. (*Alisma stellatum* L.), vivace, à inflorescence ombelliforme, à 3 pétales blancs ou rosés. Il est rare au bord des étangs (Trou-Salé, Saint-Hubert, Saint-Quentin, Saint-Léger, etc.).

SAGITTARIA

Le *S. sagittifolia* L., à feuilles aériennes en flèche; l'inflorescence en grappes ramifiées de cymes. La fleur a **3 assez grands pétales blancs. Il est commun dans les** mares et sur le bord des rivières, notamment à Charenton, etc.

BUTOMUS

Le *B. umbellatus* L. (Jonc fleuri), seule espèce, à fleurs roses en ombelle de cymes unipares, au bout d'une longue hampe, est assez commun au bord des eaux.

Naiadacées

Cette famille comprend, dans la flore parisienne, des représentants de 4 séries de plantes aquatiques, qui sont les *Naiadées, Potamées, Zannichelliées, Juncaginées*.

Les Naiadées ont des fleurs unisexuées; 1, 2 étamines; un ovaire exceptionnellement unique, 1-ovulé, surmonté de 2-4 branches stylaires (genre *Naias*).

Les Potamées ont des fleurs hermaphrodites, à 4 sépales, 4 étamines et 4 carpelles 1-ovulés (genre *Potamogeton*).

Les Zannichelliées ont des fleurs monoïques, monandres et 2-6 carpelles 1-ovulés (genre *Zannichellia*).

Les Joncaginées ont des fleurs hermaphrodites, à périanthe 3-6-mère, à 6 étamines, à 3-6 carpelles 1-ovulés (genre *Triglochin*).

NAIAS

Nos deux espèces sont le *N. major* ALL., de la section

Eunaias et le *N. minor* ALL., de la section *Caulinia*. Le premier, très commun, a des feuilles linéaires, assez larges, à gaine entière, et une anthère 4-gone, 4-loculaire. Le dernier, bien plus rare dans nos rivières et nos étangs, a des feuilles bien plus étroites, à gaine denticulée, et une anthère 1-loculaire.

POTAMOGETON

La flore parisienne est riche en espèces de ce genre (14); on les distingue à l'aide du tableau suivant :

1	Feuilles linéaires-sétacées, sub-mergées	2.
	Feuilles, au moins les supérieures, larges, ovales, oblongues ou lancéolées.	11.
2	Feuilles à longue gaine fermée, embrassant les tiges	*P. pectinatus* L.
	Feuilles à gaine très courte ou nulle.	3.
3	Tige aplatie, ailée.	*P. acutifolius* LINK.
	Tige arrondie ou à peine com-primée.	4.
4	Style inséré au bord interne d'un carpelle à dos crénelé. .	*P. trichoides* CHAM.
	Style inséré au sommet d'un car-pelle à dos non crénelé	*P. pusillus* L.
5	Feuilles toutes submergées, membraneuses, translucides, rarement nageantes à la surface	6.
	Feuilles coriaces et nageantes, au moins les supérieures.	11.

6 { Feuilles pétiolées ou sessiles, non embrassantes ou perfoliées . . 7.
Feuilles sessiles, à large base embrassante, cordée . . . . . *P. perfoliatus* L.

7 { Fruit obtus ou à bec court. Feuilles presque planes . . . . . . 8.
Fruit à long bec. Feuilles ondulées, crispées. . . . . *P. crispus* L.

8 { Feuilles alternes, ou les supérieures opposées . . . . 9.
Feuilles toutes opposées . . . . *P. densus* L.

9 { Feuilles pétiolées, ovales-aiguës, cordées à la base. . . . . . *P. coloratus* **Horn.**
Feuilles sessiles ou pétiolées, non cordées à la base, oblongues-lancéolées ou linéaires-lancéolées . . . . 10.

10 { Feuilles sessiles, petites, aiguës ou obtuses. Tige très grêle . . *P. gramineus* L.
Feuilles pétiolées, grandes, mucronées. Tige épaisse. . . . . *P. lucens* L.

11 { Feuilles toutes longuement pétiolées, submergées . . . . . . 13.
Feuilles inférieures sessiles, à base parfois atténuée, nageantes. . . . . 12.

12 { Feuilles longuement pétiolées, ovales, parfois lancéolées. Pédoncule du fruit se renflant de la base au sommet. . . . . . *P. gramineus* L.
Feuilles à pétiole plus court que le limbe, oblongues-obovales. Pédoncule du fruit non renflé.. *P. alpinus* **Balb.**

13
Limbe de la feuille persistant
après la floraison ; épi fructifère
compacte et grêle. Carpelles
rougissant par la dessiccation. *P. polygonifolius* POURR.

Limbe de la feuille persistant
après la floraison. Epi fructifère interrompu. Carpelles **ne**
rougissant pas par la dessicca-
tion. . . . . *P. natans* L.

Espèces communes : les *P. crispus, lucens, natans, perfoliatus, fluitans, pectinatus, densus.*

Espèces assez rares : *P. gramineus, coloratus, polygoni-folius, pusillus, trichoides.*

Espèces très rares :

P. acutifolius (Trappes, Dreux, Ons-en-Bray).

P. obtusifolius (le Perray, Lartoire).

P. alpinus (Dampierre, Dreux).

ZANNICHELLIA

Le *Z. palustris* L., petite herbe vivace, submergée, à feuilles filiformes, est très commun dans les fossés, mares et ruisseaux.

TRIGLOCHIN

Le *T. palustre* L. (Troscart), petite herbe vivace, à feuilles linéaires, à fleurs en longues grappes spiciformes, est assez commun dans les lieux humides. On ne le trouve plus que très rarement dans les marais du bois de Meudon.

Typhacées

Les deux genres de cette famille, *Typha* et *Sparganium*, sont représentés, l'un par 2 et l'autre par 3 espèces. Ils ont des fleurs monoïques. Dans les premiers, elles sont disposées en longs épis cylindriques, et les fruits sont supportés par un long pied capillaire qui porte de longues soies. Dans les derniers, les inflorescences sont sphériques, et les fruits sessiles sont entremêlés de bractées squameuses.

TYPHA

Nous avons 2 espèces de ce genre, vivant dans l'eau, comme les Roseaux auxquels elles ressemblent de loin. Le plus commun est le *T. angustifolia* L. qui a, au sommet d'un long axe commun, un épi mâle et un épi femelle distants. Le *T. latifolia* L. est bien plus rare ; on le trouve à Marly, à Sénart, etc. Ses deux épis mâle et femelle sont contigus ou à peu près. Ses feuilles sont planes, tandis que dans l'autre espèce, elles sont intérieurement concaves.

SPARGANIUM

Nos 3 espèces se distinguent ainsi entre elles :

1 { Axe de l'inflorescence ramifié . . *S. ramosum* HUDS.
{ Axe de l'inflorescence simple . . 2.

2 {
Feuilles dressées, 3-quêtres à la base. Plante vivant au bord de l'eau . . . . *S. simplex* Huds.

Feuilles flottantes, planes jusqu'à la base. Plante vivant dans l'eau. . . . . *S. minimum* Fr.
}

Le *S. simplex* est moins commun que le *S. ramosum* très vulgaire. Le *S. minimum* est le plus rare de tous. On le trouve sur les bords de l'Yvette, à Malesherbes, Nemours, dans l'Oise, etc.

Graminées

Dès le début de la saison on s'est fait une idée sommaire de l'organisation de cette famille compliquée en étudiant le *Mibora* et le *Poa annua* (p. 88). Il faut récolter les nombreuses plantes de ce groupe en fleurs et, s'il se peut, en fruits, et s'exercer, sur des échantillons complets et bien préparés, à déterminer d'abord le genre de la plante récoltée. On y arrivera souvent, non sans quelque travail, à l'aide du tableau classique que nous reproduisons ici :

1 {
Epillets monoïques ; les mâles disposés en grappe composée ; les femelles en épi cylindrique épais. . . . . *Zea.*

Epillets androgynes ou en partie mâles ou femelles, non groupés en inflorescences unisexuées. . . **2.**
}

2 {
Epillets à une fleur hermaphrodite fertile, accompagnée de **1**,
2 fleurs mâles ou de 1- ∞ fleurs
rudimentaires stériles . . . . . 3.

Epillets à 1- ∞ fleurs fertiles, accompagnées rarement de fleurs
mâles, avec ou sans fleurs rudimentaires stériles . . . . . . 26.
}

3 {
Epillets groupés en épis linéaires,
eux-mêmes disposés comme en
éventail (digités) au sommet de
l'axe principal. . . . . 4.

Epillets non disposés en épis
groupés en éventail . . . . . . 6.
}

4 {
Epillets 2-nés : l'un hermaphrodite, sessile ; l'autre pédicellé,
mâle ou neutre . . . . *Andropogon.*

Epillets tous hermaphrodites. . . 5.
}

5 {
Epillets comprimés latéralement.
Herbe vivace, à rhizome tra-
çant . . . . *Setaria.*

Epillets comprimés par leur dos.
Herbe annuelle, à racine fasci-
culée. . . . . *Panicum* § *Digitaria.*
}

6 {
Style simple, entier . . . . *Nardus.*
Styles à 2 branches . . . . 7.
}

7 {
Branches du style allongées ; leur
sommet stigmatique sortant
près du sommet ou au sommet
des glumelles . . . . 18.

Branches du style courtes ou
nulles ; leur portion stigmatique
sortant au-dessous du milieu
de la hauteur des glumelles . . 8.
}

8 { Epillet à 2 glumes . . . . 9.
{ Epillet sans glumes . . . . *Leersia.*

9 { Epillets sessiles, 3-nés sur les dents d'un axe principal et formant une inflorescence générale spiciforme . . . . *Hordeum.*
{ Epillets pédonculés, disposés en grappe ou plus souvent en «panicule »[1], parfois spiciforme. . 10.

10 { Fleur hermaphrodite accompagnée d'une fleur mâle . . . . . 11.
{ Fleur hermaphrodite non accompagnée d'une fleur mâle, mais accompagnée ou non de fleurs stériles, rudimentaires . . . . . 12.

11 { Fleur mâle au-dessus de la fleur hermaphrodite. . . . . *Holcus.*
{ Fleur mâle au-dessous de la fleur hermaphrodite. . . . . *Arrhenatherum.*

12 { Glumelles enroulées autour du fruit; l'inférieure pourvue d'une très longue arête inférieurement tordue et articulée avec elle . . . . *Stipa.*
{ Glumelles non enroulées autour du fruit ; l'inférieure sans arête (mutique) ou pourvue d'une arête grêle et non tordue. . . . 13.

13 { Epillets latéralement comprimés. Glumelles non indurées autour du fruit. . . . . 14.

* Nous employons ici, pour abréger et pour ne pas rompre avec l'usage. l'expression, d'ailleurs vicieuse, de *panicule*, pour désigner l'inflorescence composée et plus ou moins ramifiée des Graminées.

13
(s.) { Epillets un peu comprimés par le dos. Glumelles indurées autour du fruit. . . . . *Milium.*

14 { Fleur entourée de très longs poils à sa base . . . . *Calamagrostis.*

Fleur non entourée de poils à sa base ou entourée de poils bien plus courts que les glumelles . 15.

15 { Epillets disposés en panicule rameuse ou spiciforme. Glumes carénées. Glumelle inférieure mutique ou aristée . . . . . . 16.

Epillets disposés en panicule cylindrique, spiciforme, compacte. Glumes convexes. Glumelles mutiques . . . . *Melica.*

16 { Epillets disposés en panicule compacte spiciforme. Feuilles rigides et piquantes . . . . . . *Ammophila.*

Epillets disposés en panicule contractée ou diffuse. Feuilles non piquantes. . . . . 17.

17 { Epillet portant un rudiment pédicelliforme de deuxième fleur. Glumes inégales ; l'inférieure plus courte que la fleur. Glumelle inférieure aristée au-dessous de son sommet. . . . . . *Apera.*

Epillet sans rudiment pédicelliforme de deuxième fleur. Glumes à peu près égales, plus longues ordinairement que la fleur. Glumelle inférieure mutique ou aristée sur le dos. . . *Agrostis.*

18
- Epillets comprimés latéralement. Glume inférieure nulle ou minime . . . . 21.
- Epillets comprimés par le dos. Glume inférieure nulle ou minime. . . . . 19.

19
- Epillets entourés d'un involucre de soies roides. . . . . *Setaria.*
- Epillets sans involucre de soies roides . . . . 20.

20
- Glume inférieure minime ; la supérieure égalant ou dépassant la fleur hermaphrodite. Epillet pourvu d'une première fleur réduite aux glumelles ; la glumelle inférieure aristée ou mucronée ; sans épines sur les nervures. . . . . *Oplismenus.*
- Glume inférieure 0 ; la supérieure très petite. Epillet pourvu d'une première fleur réduite à une glumelle coriace, à côtes chargées d'aiguillons. . . . . . . *Tragus.*

21
- Fleur accompagnée de 1, 2 fleurs inférieures stériles, réduites à une glumelle aristée ou à une écaille ciliée . . . . 22.
- Fleur non accompagnée de rudiments de fleurs stériles . . . . 23.

22
- Etamines 3. . . . . *Phalaris § Baldingera.*
- Etamines 2. . . . . *Anthoxanthum.*

23 {
Glumes inférieurement unies.
Glumelle supérieure 0. Style
unique à la base. . . . . *Alopecurus.*
Glumes libres. Glumelles 2. Branches stylaires libres jusqu'en
bas . . . . 24.

24 {
Glumes carénées. Stigmates plumeux. Epillets en panicule spiciforme, cylindrique . . . . . . 25.
Glumes non ou à peines carénées.
Styles papilleux. Epillets unilatéraux sur l'axe simple d'un
épi grêle. . . . . *Mibora.*

25 {
Glumes mutiques. . . . . *Crypsis.*
Glumes acuminées. . . . . *Phlœum.*

26 {
Epillets sessiles, disposés en épi
simple. . . . . 27.
Epillets pédicellés ou subsessiles,
disposés en panicule rameuse,
racémiforme ou spiciforme . . 31.

27 {
Glume 1. Epillet aplati, regardant
l'axe de l'épi par un de ses
bords . . . . *Lolium.*
Glumes 2. Epillet regardant
l'axe de l'épi par une de ses
faces. . . . . 28.

28 {
Glumelle inférieure mutique ou
aristée au sommet ; l'arête
droite . . . . 29.
Glumelle inférieure portant sur
son dos une arête genouillée
et tordue inférieurement . . . *Gaudinia.*

29	Epillet 2-flore, avec rudiment d'une troisième fleur.	*Secale.*
	Epillet 3-∞-flore.	30.
30	Epi continu avec l'axe qui le porte.	*Triticum* § *Eutriticum.*
	Epi articulé sur l'axe qui le porte et s'en séparant en bloc	*Triticum* § *Ægilops.*
31	Glumes plus courtes que l'épillet.	32.
	Glumes plus longues que l'épillet et l'embrassant en général complètement	44.
32	Fleur inférieure de l'épillet mâle; les fleurs hermaphrodites entourées à la base de longues soies.	*Phragmites.*
	Fleurs inférieures de l'épillet hermaphrodites, glabres ou pubescentes, mais sans longues soies.	33.
33	Epillets fertiles entremêlés d'épillets stériles à apparence de bractées pectinées	*Cynosurus.*
	Epillets fertiles non entremêlés d'épillets stériles.	34.
34	Glume inférieure suborbiculaire et à base cordée.	*Briza.*
	Glume inférieure ni orbiculaire, ni coudée à sa base	35.
35	Epillets biflores, avec une enveloppe claviforme, renfermant 1, 2 fleurs stériles.	*Melica.*
	Epillets 2-∞-flores, sans enveloppe claviforme renfermant des fleurs stériles.	36.

Epillets courbes, concaves, groupés en fascicules unilatéraux, compactes, eux-mêmes disposés
36 { en panicule unilatérale . . . . *Dactylis.*
Epillets non courbes, non groupés en fascicules compactes, et disposés en panicule unilatérale. 37.

Styles nés au-dessous du sommet velu de l'ovaire. . . . . *Bromus* § *Eubromus*
37 { Styles terminaux ou à peu près ; l'ovaire glabre ou rarement pubescent au sommet. . . . . . . 38.

Glumelles se détachant toutes deux en même temps . . . . . 39.
38 { Glumelle inférieure mutique, se détachant pendant que la supérieure persiste après la chute des fleurs . . . . *Eragrostis.*

Glumelle inférieure non aristée. Fruit libre et non canaliculé en dedans. . . . . 40.
39 { Glumelle inférieure aristée ou mutique. Fruit concave ou canaliculé en dedans, plus ou moins adhérent à la glumelle supérieure 43.

Glumelle inférieure atténuée en cône, aiguë. Gaine de la feuille inférieure recouvrant les nœuds et les gaines des autres feuilles. *Molinia.*
40 { Glumelle inférieure obtuse ou aiguë, carénée ou semi-cylindrique, mais non atténuée en cône. Gaine de la feuille inférieure ne recouvrant pas les nœuds et les gaines des autres feuilles . . . . 41.

41
- Glumelle inférieure généralement aiguë, comprimée-carénée ; les nervures munies inférieurement de poils laineux . . . . *Poa.*
- Glumelle inférieure obtuse, carénée-3-gone ou semi-cylindrique, sans poils laineux sur les nervures. Herbes aquatiques. . 42.

42
- Epillets généralement 2-flores. Glumelle inférieure carénée-3-gone. . . . . *Catabrosa.*
- Epillets ∞-flores. Glumelle inférieure concave-semi-cylindrique. *Glyceria.*

43
- Epillets à peine pédicellés, disposés en épi distique. . . . *Bromus* § *Brachypodium.*
- Epillets plus ou moins longuement pédicellés, disposés en panicule rameuse ou en grappes ou épis unilatéraux . . . . *Festuca.*

44
- Epillets disposés en épi oblong ou subglobuleux, compacte. Styles filiformes, sortant au sommet des glumelles. . . . . *Sesleria.*
- Epillets disposés en panicule étalée ou spiciforme, ou racémiforme. Styles plumeux, sortant vers la base des glumelles . . 45.

45
- Glumelle inférieure portant sur le dos une arête barbue au milieu, claviforme au sommet, articulée à la base. . . . . *Corynephorus.*
- Glumelle inférieure mutique ou à arête non claviforme, ni articulée . . . . 46.

46 {
Glumelle inférieure portant vers sa base ou sur le dos une arète ordinairement tordue et géniculée vers sa base; ou glumelle mutique. Panicule rameuse . . . . 47.

Glumelle inférieure mutique ou à échancrure dont le fond porte une arète courte ou très courte. Panicule spiciforme ou racémiforme, rarement diffuse.. . . . 50.

47 {
Glumelle inférieure 2-fide, 2-cuspidée ou aristée au sommet . . 48.

Glumelle inférieure tronquée, irrégulièrement 3-5-dentée au sommet.. . . . . *Deschampsia.*

48 {
Ovaire glabre. Fruit à tache ombilicale ponctiforme ou indistincte. Epillets petits ou très petits . . 49.

Ovaire velu, au moins au sommet. Fruit à tache ombilicale linéaire. Epillets assez gros et souvent pendants. . . . . *Avena.*

49 {
Epillets 2-flores. Glumelle inférieure à sommet 2-fide. Fruit à sillon interne. . . . . *Aira.*

Epillets 2-6-flores. Glumelle inférieure à sommet 2-aristé ou 2-cuspidé. Fruit sans sillon interne . . . . *Trisetum.*

50 {
Epillets 2-flores. Glumelle inférieure entière ou obscurément 3-lobée. . . . . 51.

50 (*s.*)	Epillets 2-6-flores. Glumelle infé-rieure échancrée ou 2-fide, mu-tique ou à arête courte ou in-sérée au fond de l'échancrure. .	52.
51	Epillets petits, en panicule racé-miforme. Pas de fleur stérile. Glumes comprimées - navicu-laires.	*Airopsis.*
	Epillets assez gros, en panicule racémiforme. Une fleur stérile claviforme, outre les deux fleurs fertiles. Glumes convexes. . .	*Melica.*
52	Epillets à fleur supérieure stérile. Glumes convexes.	*Danthonia.*
	Epillets à fleurs toutes fertiles. Glumes carénées	*Kœleria.*

Panicées

PANICUM

La flore possède 2 espèces, de la section *Digitaria*, com-munes toutes deux dans les champs. L'une a les feuilles et leurs gaines glabres, les épillets ovales-oblongs. C'est le P. *glabrum* GAUD. (*Digitaria glabra* RETZ. — *D. filiformis* KŒL.), qui aime les terrains sablonneux. L'autre est le P. *sanguinale* L. (*Digitaria sanguinalis* SCOP.), à feuilles et leurs gaines poilues, à épillets oblongs-lancéolés.

OPLISMENUS

L'*O. Crus-galli* K. (*Panicum Crus-galli* L. — *Echinochloa*

Crus-galli Pal.-Beauv.) est annuel, commun dans les lieux cultivés.

SETARIA

Trois espèces, généralement des lieux cultivés :

1	Epi lisse	2.
	Epi rude quand il glisse entre les doigts	*S. verticillata* P.-Beauv.
2	Feuilles glabres à la base. Soies vertes	*S. viridis* P.-Beauv.
	Feuilles ciliées à la base. Soies fauves..	*S. glauca* P.-Beauv.

Seul ce dernier est assez rare dans les terrains sablonneux.

Zeées

ZEA

Le *Z. Mays* (Blé de Turquie) n'existe qu'à l'état de culture.

Oryzées

LEERSIA

Le *L. oryzoides* Sw., seule espèce, est assez rare au bord des eaux, à Sartrouville, Jouy, Nemours, Villers-Cotterets, Beauvais, etc. Il a été quelquefois planté dans les fossés des fortifications de Paris.

Zoysiées

TRAGUS

Le *T. racemosus* Hall. (Bardanette), herbe annuelle, remarquable par la glumelle coriace de la fleur femelle, chargée d'épines, est assez rare dans les terrains sablonneux (Achères, Conflans, Herblay, Fontainebleau, Malesherbes, etc.).

Andropogonées

ANDROPOGON

Notre seule espèce, l'*A. Ischæmum* L. (Barbon-Pied de poule) est une herbe vivace, à souche rampante, des coteaux secs où elle est assez rare.

Phalaridées

PHALARIS

Le *P. arundinacea* L. (*Baldingera arundinacea* DUMORT.) est commun au bord des eaux. C'est une robuste plante vivace, à épillets panachés de vert et de violet.

ANTHOXANTHUM

La Flouve (*A. odoratum* L.), vivace, est très commune dans les prairies et les bois. Sèche, elle a une odeur vanillée bien connue.

CRYPSIS

Le *S. alopecuroides* SCHRAD., annuel, est une des raretés

de la flore. On le récolte au Port-à-l'Anglais, aux étangs de Trou-salé et de Saint-Quentin, quelquefois sur les berges de la Seine, dans Paris même.

ALOPECURUS

Il y en a 4 espèces, dont 3 très communes :

1 { Glumes unies seulement à la base............. 3.
Glumes unies jusqu'au milieu. . 2.

2 { Epi à 1, 2 épillets. Plante annuelle .... *A. agrestis* L.
Epi à 4-6 épillets. Plante vivace. *A. pratensis* L.

3 { Glumelle aristée, aiguë. Arête
dépassant les glumes ..... *A. geniculatus* L.
Glumelle aristée, obtuse. Arête
ne dépassant pas les glumes.. *A. fulvus* Sm.

Ce dernier seul est rare, au bord des eaux. On le trouve notamment à Meudon.

Agrostidées

STIPA

Le S. *pennata* L., vivace et remarquable par ses grandes arêtes plumeuses (15-30 cent.), est une rareté des coteaux arides (Fontainebleau, Maisse, Malesherbes au rocher Villetard, les Andelys aux rochers Saint-Jacques).

MILIUM

Le *M. effusum* L., vivace, à épillets ovoïdes, verdâtres ou violacés, est extrêmement commun dans certains quartiers du bois de Meudon et partout ailleurs.

PHLEUM

La flore en comprend 4 espèces :

1	Glumes à carène ciliée.	2.
	Glumes non ciliées, ponctuées. .	**P** *viride* ALL.
2	Herbe vivace.	3.
	Herbe annuelle.	*P. arenarium* L.
3	Epillets à une fleur.	*P. pratense* L.
	Epillets à 2 fleurs, dont une rudimentaire.	*P. Bœhmeri* WIB.

Les *P. viride* et *arenarium* sont seuls rares. On trouve le premier aux environs de Beauvais, sur les coteaux calcaires. Le dernier aime les sables (Achères, Conflans, Fleurines, bois des Champious à Argenteuil).

MIBORA

On connaît du printemps, le *M. minima* (p. 89).

AGROSTIS

Les 3 espèces de notre flore sont des plantes partout communes.

1 {
Fleurs à 2 glumelles. Feuilles basilaires planes. Axes lisses . . 2.

Fleur à 1 glumelle (ou la supérieure minime). Feuilles basilaires sétacées, enroulées. Axes rudes . . . . *A. canina* L.
}

2 {
Ligule tronquée. Panicule étalée, à rameaux nus à la base . . . *A. vulgaris* WITH.

Ligule oblongue. Panicule étroite, à rameaux garnis de fleurs jusqu'à la base. . . . . *A. alba* L.
}

APERA

Nous en avons 2 espèces, rapportées par Linné au genre *Agrostis* :

1 {
Anthère ovoïde. Inflorescence étroite et contractée . . . *A. interrupta* PAL.-BEAUV.

Anthère linéaire-oblongue. Inflorescence ample et étalée.. *A. Spica-venti* PAL.-BEAUV.
}

Le premier est rare et le dernier commun.

CALAMAGROSTIS

Le *C. epigeios* ROTH est très commun dans nos bois. Sa

tige est feuillée jusqu'en haut, et les arêtes de ses épillets naissent sur le dos de la glumelle inférieure. Le *C. lanceo-lata* ROTH est très rare ; c'est une plante des lieux humides et qu'on trouve à Montlignon et aux environs de Château-Landon, dans le marais de Sceaux. Sa tige ne porte pas de feuilles en haut, et les arêtes s'insèrent dans l'échancrure supérieure de la glumelle inférieure.

AMMOPHILA

L'*A. arenaria* LINK (*Psamma arenaria* R. et Sch.) avait été planté à Malesherbes, dans les lieux sablonneux. Il ne s'y trouve plus que très rarement.

Avénées

AVENA

Cinq espèces de ce genre, dont 2 cultivées, se trouvent dans nos environs et se distinguent de la sorte :

1 ⎰ Herbes annuelles, à épillets pen-
  ⎱ dants . . . . 2.
  ⎱ Herbes vivaces, à épillets dressés. 4.

2 ⎧ Glumelle inférieure glabre ou à
   ⎪ peu près, de même que l'axe
   ⎪ de l'épillet. . . . . 3.
   ⎨ Glumelle inférieure poilue dans
   ⎪ la portion inférieure, de même
   ⎩ que tout l'axe de tout l'épillet. *A. fatua* L.

3 {
Rameaux de la panicule étalés en travers. Arête géniculée torse. *A. sativa* L.

Rameaux de la panicule unilatéraux. Arête droite ou flexueuse *A. orientalis* Schreb.
}

4 {
Rameaux inférieurs de la panicule verticillés par 4, 5. Axe de l'épillet barbu dans toute sa longueur . . . . *A. pubescens* L.

Rameaux inférieurs de la panicule 2-nés ou solitaires. Axe de l'épillet barbu seulement au sommet . . . . *A. pratensis* L.
}

Tous ces *Avena* sont communs. L'*A. sativa* et l'*A. orientalis* (Avoine de Hongrie) sont cultivés en grand.

TRISETUM

Le *T. flavescens* Pal.-Beauv. (*Avena flavescens* L.) est une herbe vivace, très commune, à épillets ordinairement jaunâtres et luisants.

ARRHENATHERUM

L'*A. elatius* Mert. et Koch (*Avena elatior* L.) est le Fromental, herbe vivace de nos champs, à épillets dressés, luisants et d'un vert blanchâtre. Il est très commun et a une var. *bulbosum* (Avoine à chapelets), remarquable par ses colliers d'entre-nœuds inférieurs renflés en bulbes superposés.

DANTHONIA

Le *D. decumbens* DC. (? *Sieglingia* BERNH.) est une herbe vivace, à épillets peu nombreux, commune sur les pelouses et dans les clairières.

GAUDINIA

Le *G. fragilis* PAL.-BEAUV. est l'*Avena fragilis* L. C'est une herbe annuelle, rare, qui se trouve au bord des chemins, dans les lieux herbeux, à Saint-Cloud, Saint-Germain, Versailles, etc. Il y a été introduit. Il croissait même, il a quelques années, sur le mur de l'enclos de Chalais à Meudon.

AIROPSIS

L'*A. agrostidea* DC. (*Antinoria agrostidea* PARL.) est une plante très rare de la forêt de Fontainebleau, notamment des mares de Franchart. Son rhizome est stolonifère. Ses glumes sont lisses, panachées de vert et de violet.

AIRA

Nous n'avons que 2 espèces de ce genre : l'*A. caryophyllea* L., petite herbe annuelle, à inflorescence diffuse ; les rameaux étalés après l'anthèse, sub-3-chotomes ; et l'A. *præcox* L., à panicule oblongue, contractée et compacte ; les rameaux courts et dressés. Ce sont deux herbes communes des lieux secs.

DESCHAMPSIA

Les 4 espèces qu'on admet se distinguent ainsi :

1 {
Glumelle à arête longuement exserte et géniculée. . . . . . . 3.
Glumelle à arête droite, incluse ou à peu près . . . . 2.

2 {
Arête insérée à la base de la glumelle. Feuilles vertes et planes. *D. cæspitosa* P.-BEAUV.
Arête insérée sur la moitié supérieure de la glumelle. Feuilles glauques, enroulées. . . . . . *D. media* R. et S.

3 {
Ligule aiguë et allongée. Fleur 2 fois plus longue que son pédicule . . . . *D. discolor* R. et S.
Ligule courte et tronquée. Fleur supérieure 4 fois plus longue que son pédicelle . . . . *D. flexuosa* NEES.

Le *D. flexuosa* (*Aira flexuosa* L.) est très commun dans nos bois. De même le *D. cæspitosa* (*Aira cæspitosa* L.). Le *D. discolor* est rare, dans les marais (Saint-Léger, le Chêne-rogneux, Montfort-l'Amaury) ; de même que le *D. media*, dans les champs arides de la Genevraye près Montigny-sur-**Loing**.

HOLCUS

Deux espèces communes de Houlque habitent nos prairies : l'*H. lanatus* L., qui a une souche capiteuse, et dont la glumelle inférieure porte une courte arête recourbée ; et l'*H. mollis* L., dont la souche est longuement traçante, et dont l'arête infléchie, genouillée, est longue, dépassant de beaucoup les glumes.

WEINGÆRTNERIA

Le *W. canescens* BERNH. (*Corynephorus canescenss* PAL.-BEAUV. — *Aira canescens* L.), seule espèce, vivace, est une herbe à épillets finalement blanchâtres, très commune sur les coteaux sablonneux et arides.

Chloridées

CYNODON

Le *C. Dactylon* RICH. (Grand-Chiendent) est une herbe vivace, à rhizome longuement rampant, très commune dans les lieux arides et incultes.

Festucées

PHRAGMITES

Notre seule espèce est le Roseau commun (*Phragmites communis* Trin. — *Arundo Phragmites* L.).

SESLERIA

Le *S. cærulea* Ard. est une espèce à floraison précoce (p. 92), assez commune sur les coteaux calcaires, notamment à Fontainebleau, Moret, Mantes, etc.

CYNOSURUS

La Crételle (*C. cristatus* L.) est partout très commune dans les prairies ; on la reconnaît assez facilement à sa petite inflorescence rigide, en forme de brosse unilatérale.

KŒLERIA

Le *K. cristata* Pers. (*Aira cristata* L.), vivace, à feuilles raides et pubescentes, à inflorescence lobée à la base, est commun dans les lieux arides, siliceux.

MOLINIA

Le *M. cærulea* (*Aira cærulea* L.), vivace, à floraison tardive, est une espèce très commune des bois et prairies.

CATABROSA

Le *C. aquatica* PAL.-BEAUV. (*Aira aquatica* L.) est une herbe aquatique, vivace, à rhizome souvent nageant, à petits épillets verdâtres ou violacés. Elle est assez commune au bord des eaux.

ERAGROSTIS

L'*E. major* HOST, annuel, à tiges géniculées, avec une inflorescence à rameaux étalés, est assez rare et se trouve dans les lieux sablonneux, cultivés, notamment au Vésinet, à Montlhéry, etc.

MELICA

Il y a dans nos bois une espèce vivace très commune, à inflorescence très lâche, le *M. uniflora*. On le distingue de nos 2 autres espèces qui sont rares, de la façon suivante :

1	Panicule lâche. Fleurs à glumelle inférieure glabre	2.
	Inflorescence spiciforme et serrée. Glumelle inférieure couverte de poils.	*M. ciliata* L.
2	Epillets dressés, à 2 fleurs dont une seule fertile	*M. uniflora* RETZ
	Epillets pendants, à 3 fleurs dont 2 fertiles	*M. nutans* L.

Le *M. ciliata* se trouve sur les coteaux calcaires, près de Limay, et au delà jusqu'à Rouen. Le *M. nutans* se récolte dans les forêts de Chantilly, Compiègne, Halatte, etc.

DACTYLIS

Le *D. glomerata* L. est une des plus communes de nos Graminées vivaces, unique par la forme de son inflorescence (p. 385).

BRIZA

Le *B. media* L. (Amourette), vivace et très commun dans les prés, a aussi une forme d'inflorescence absolument caractéristique.

POA

Nos 7 espèces (Paturins) sont la plupart des herbes très communes; la première nous est déjà connue (p. 90).

1	Herbe annuelle ou bisannuelle, humble	*P. annua* L.
	Herbe vivace plus élevée	2.
2	Rhizome longuement traçant . .	3.
	Rhizome cespiteux, à peine traçant	4.
3	Tige comprimée	*P. compressa* L.
	Tige cylindrique	*P. pratensis* L.
4	Tige bulbeuse à la base.	*P. bulbosa* L.
	Tige non bulbeuse..	5.

26

5 { Ligule presque nulle.. . . . . . .   *P. nemoralis* L.
   { Ligule allongée.. . . . .   6.

6 { Glumelle inférieure à 5 nervures
      saillantes. . . . .   *P. trivialis* L.
   { Glumelle inférieure à nervures
      non saillantes . . . .   *P. palustris* L.

Le *P. palustris* est seul rare (étangs à Meudon, Mennecy, Tournon, le Perray, Saint-Quentin, etc.).

Le *P. bulbosa* a souvent une forme vivipare.

GLYCERIA

La flore en possède 4 espèces vivaces, dont une introduite :

1 { Fleurs 2-andres . . . .   *G. nervata* TRIN.
   { Fleurs 3-andres . . . .   2.

2 { Tige dressée, robuste. Panicule
      étalée en tous sens . . . . . .   *G. aquatica* WAHL.

3 { Rameaux inférieurs de l'inflores-
      cence au nombre de 4, 5. . . .   *G. plicata* FR.
   { Rameaux inférieurs de l'inflores-
      cence au nombre de 1, 2 . . .   *G. fluitans* R. BR.

Le *G. nervata* (*G. Michauxii* K.), des Etats-Unis, a été introduit depuis plus d'un demi-siècle dans les fossés du marais du bois de Meudon.

Le *G. plicata* est très rare (Arcueil).

FESTUCA

Ce sont 8 *Eufestuca* et une espèce de la section *Sclero-pou*. Les premiers se distinguent ainsi :

1
- Feuilles toutes planes. . . . . . 5.
- Feuilles, au moins les basilaires, enroulées. . . . . 2.

2
- Feuilles toutes enroulées.. . . . 3.
- Feuilles basilaires seules enrou-lées; les autres planes . . . . 4.

3
- Feuilles enroulées, scabres et grêles . . . . *F. ovina* L.
- Feuilles enroulées, épaisses, lisses. *F. duriuscula* L.

4
- Epillets oblongs, 4, 5-flores . . . *F. heterophylla* LAMK.
- Epillets elliptiques-oblongs, 5-10-flores. . . . . *F. rubra* L.

5
- Glumelle inférieure mutique ou à arête courte . . . . 6.
- Glumelle inférieure à arête 2 fois aussi longue qu'elle. . . . . . *F. gigantea* VILL.

6
- Rameaux de l'inflorescence éta-lés, inégaux. Glume supérieure 3-nerve. . . . . 7.
- Rameaux de l'inflorescence appli-qués sur l'axe, courts. Glume supérieure 5-7-nerve . . . . . *F. loliacea* HUDS.

7
- Rameaux inférieurs de l'inflores-cence terminés par 1-4 épillets *F. pratensis* HUDS.
- Rameaux inférieurs de l'inflores-cence terminés par 5-15 épil-lets. . . . . *F. arundinacea* SCHREB.

Seuls sont assez rares le *F. loliacea* (Enghien, Thury) et le *F. giganteu* (Meudon, Montmorency, Compiègne, etc.).

Le *F. rigida* K., de la section *Scleropoa* (*S. rigida* GRISEB.), est une herbe annuelle, glabre, glauque, à ligules lacérées, à inflorescence toute particulière, serrée, 1-latérale. Elle est assez commune sur les murs ou à leur pied, dans les lieux incultes, etc.

BROMUS

Les espèces de la flore sont nombreuses, presque toutes communes, annuelles ou vivaces :

1 — Epillets à sommet rétréci à toute époque. Fleurs latérales pourvues d'arêtes qui n'arrivent pas au même niveau que celles des supérieures. . . . . 3.

Epillets à sommet s'élargissant après la floraison, par suite de la divergence des fleurs. Fleurs latérales pourvues d'arêtes qui arrivent au même niveau que celles des supérieures ou les dépassent. . . . . 2.

2 — Epillets glabres. Inflorescence étalée, à rameaux scabres . . . *B. sterilis* L.

Epillets ordinairement pubescents. Inflorescence penchée d'un côté, à rameaux à peine scabres. . . . . *B. tectorum* L.

3 {
Herbe annuelle ou bisannuelle, à glumelles supérieures ciliées. . 5.
Herbe vivace, à glumelles supérieures à peine pubescentes . . 4.
}

4 {
Rameaux de l'inflorescence longs et penchés. Feuilles larges et planes . . . . *B. asper* MURR.
Rameaux de l'inflorescence dressés. Feuilles étroites, carénées. *B. erectus* HUDS.
}

5 {
Epillets lancéolés, étroits. Rameaux de l'inflorescence très longs. . . . . *B. arvensis* L.
Epillets ovoïdes-oblongs. Rameaux de l'inflorescence courts, ou les inférieurs 2-4 fois plus longs que l'épillet . . . . 6.
}

6 {
Glumelle inférieure plus longue que la supérieure. Feuilles inférieures à gaine poilue . . . . 7.
Glumelle inférieure égale à la supérieure. Feuilles à gaines glabres . . . . *B. secalinus* L.
}

7 {
Epillets glabres ou à peu près. Glumelles à peine nervées. . . *B. racemosus* L.
Epillets à duvet mou. Glumelles fortement nervées à la maturité. . . . . *B. mollis* L.
}

Le *B. racemosus* a une var. très rare, le *B. commutatus* SCHREB., dont l'inflorescence est unilatérale et dont les glumelles inférieures ont vers le milieu un angle obtus et saillant (Thury-en-Valois).

Hordéées

LOLIUM

Ce sont des Ivraies, au nombre de 4 espèces, annuelles ou vivaces.

1
- Annuel (ou bisannuel), sans feuilles stériles. . . . . 2.
- Vivace, avec faisceaux de feuilles stériles. . . . . 2.

2
- Epillets appliqués contre l'axe de l'inflorescence au moment de la floraison. . . . . *L. perenne* L.
- Epillets écartés de l'axe. . . . . *L. italicum* AL. BR.

3
- Glume dépassant l'épillet. . . . *L. temulentum* L.
- Glume bien plus courte que l'épillet. . . . . *L. multiflorum* L.

Le *L. italicum* est assez rare. On le cultive de même que le *L. perenne* (Ray-grass). Le *L. multiflorum* est rare aussi (Enghien, Trappes, Villepreux, Gaillon, etc.).

SECALE

Le *S. cereale* L. (Seigle), plante de grande culture, s'échappe assez souvent.

TRITICUM

Ce sont les Blés ou Froments. Nos cultures possèdent 3 espèces de *Triticum* proprements dits : 3 espèces de la section *Agropyrum*, et peut-être une de la section *Ægilops*.

Dans les *Eutriticum* :

1
- Le fruit peut être adhérent à la glumelle interne. L'axe principal de l'épi peut se briser facilement à la maturité . . . . . . *T. monococcum* **L.**
- Le fruit non adhérent et le rachis ne se brisant pas . . . . **2.**

2
- Epi comprimé. Glume à carène très saillante . . . . *T. turgidum* **L.**
- Epi 4-gône. Glume à carène peu saillante . . . . *T. sativum* **L.**

Dans la section *Agropyrum* :

1
- Souche fibreuse. Feuilles aux deux faces rudes. . . . . *T. caninum* **Schreb.**
- Souche longuement rampante. Feuilles à la face supérieure rude . . . . **2.**

2
- Nervures des feuilles fines et distantes. Glumes égales en longueur aux deux tiers de l'épillet . . . . *T. repens* **L.**
- Nervures des feuilles saillantes et contiguës. Glumes égales en longueur à la moitié de l'épillet. *T. campestre.*

Le *T. campestre* (*Agropyrum campestre* Gren. et Gode.), assez rare, se trouve à Auteuil, Courbevoie, Saint-Germain, etc.

Dans la section *Ægilops*, on peut noter le *T. triunciale*

(*Æ. triuncialis* L.), qui ne se trouve que bien rarement dans notre flore.

NARDUS

Le *N. stricta* L., petite herbe vivace, si remarquable par ses épis simples d'épillets uniflores, 2-sériés et unilatéraux, son style simple, etc., est rare dans les terrains arides (Rambouillet, Saint-Léger, Montfort-l'Amaury, etc.).

HORDEUM

De nos 5 espèces, 3 sont cultivées, peut-être variétés d'une seule ; les deux autres sont indigènes et communes :

1 {
  Epillets tous aristés ; les deux latéraux mâles ou neutres. . . .   4.
  Epillets latéraux mutiques et mâles, ou trois épillets hermaphrodites. . . . .   2.
}

2 {
  Epillets 3, hermaphrodites . . .   3.
  Epillet médian hermaphrodite et aristé ; les autres mâles et mutiques. . . . .   *H. distichum* L.
}

3 {
  Epillets sur six rangs tous également proéminents. . . . . . .   *H. hexastichum* L.
  Epillets sur six rangs, dont deux plus proéminents. . . . . . .   *H. vulgare* L.
}

4 {
  Plante vivace. Epillets latéraux courtement aristés. . . . . . .   *H. secalinum* SCHREB.
  Plante annuelle. Epillets tous longuement aristés. . . . .   *H. murinum* L.
}

ELYMUS

L'*E. europæus* L. (*Hordeum europæum* ALL.) est une herbe
vivace très rare, de la forêt de Villers-Cotterets. Elle a tout
d'un *Hordeum* ; mais ses épillets 2-nés ou 3-nés sont
2- ∞-flores.

Lemnacées

Cette petite famille n'est formée que des Lentilles d'eau
(*Lemna*), connues de tout le monde et qui nagent à la surface des fossés, étangs et mares. Ces petites herbes n'ont
ni tige ni feuilles distinctes, mais sont formées de petites
masses, ou frondes vertes, qui portent le plus souvent
des racines adventives. Elles fleurissent rarement et sont
monoïques ou dioïques. La fleur mâle est formée d'une
étamine, et la femelle d'un ovaire 1-loculaire. Le fruit
renferme 1-8 graines. Nous en avons 4 espèces :

1 { Fronde lancéolée, atténuée à sa
    base . . . . *L. trisulca* L.
    Fronde arrondie, non atténuée . 2.

2 { Fronde verte sur les deux faces, à
    une racine. . . . . 3.
    Fronde rouge en dessous, à plu-
    sieurs racines. . . . . **L. polyrrhiza** L.

3 {
  Fronde très convexe et spongieuse
    en dessous . . . . *L. gibba* L.
  Fronde plane en dessous. . . . . *L. minor* L.
}

Cypéracées

Représentées surtout chez nous par des Laiches (*Carex*), les plantes de cette famille ressemblent de loin aux Graminées. On les en distinguera surtout par les axes souvent anguleux ; les feuilles dont la gaine n'est pas fendue ; les fleurs, hermaphrodites ou unisexées, à périanthe nul ou remplacé par des soies ou écailles en nombre variable. Les étamines y sont au nombre de 2, 3, avec des anthères basifixes. Le gynécée est construit sur un plan absolument différent. Il est formé de 2, 3 feuilles carpellaires, dont le nombre se retrouve dans les branches du style. Son ovaire est à une loge et renferme un seul ovule dressé, anatrope. Le fruit est sec, indéhiscent, et la graine qu'il renferme a un embryon basilaire et un albumen supérieur. Il faut surtout remarquer, dans les *Carex*, le sac (probablement formé d'une bractée) qui entoure l'ovaire et le fruit, et qu'on nomme utricule, car il fournit dans ce genre des caractères propres à distinguer certaines espèces. On doit d'abord s'attacher à déterminer le genre auquel une Cypéracée donnée appartient :

1 {
  Fleur hermaphrodite. Pas d'utricule. . . . . 2.
  Fleur unisexuée avec utricule. . *Carex*.
}

Fruit sans soies ou avec soies plus courtes que les bractées. . 3.

2 Fruit entouré de longues soies, dépassant de beaucoup les bractées . . . . *Eriophorum.*

Bractées de l'épillet imbriquées sur deux rangs . . . . 4.

3 Bractées de l'épillet imbriquées sur plus de deux rangs . . . . 5.

Bractées de l'inflorescence 6-9 ; les extérieures stériles . . . . . *Schœnus.*

4 Bractées 20-30, toutes fertiles . . *Cyperus.*

Bractées inférieures plus petites que les supérieures. . . . . . 7.

5 Bractées inférieures plus grandes que les supérieures ou égales. 6.

Epillet solitaire. Base du style dilatée en bulbe. . . . . *Heleocharis.*

6 Epillets 1-∞. Base du style non ou peu dilatée. . . . . *Scirpus.*

Base du style dilatée. Fruit entouré à sa base de soies. . . . *Rhynchospora.*

7 Base du style non dilatée. Fruit non entouré de soies à sa base. *Cladium.*

CAREX

Dans ce genre, très riche en espèces, il faut récolter et préparer des échantillons bien complets, portant des fleurs et surtout des fruits bien mûrs, puis s'attacher à la détermination des espèces qui nécessite parfois d'assez longues recherches.

On peut d'abord séparer une espèce très rare, le *C. Cyperoides* L., qui est caractérisée par une ombelle terminale d'épillets, entourée d'une sorte d'involucre de 2, 3 bractées foliacées. C'est le type d'une section *Schelhammeria*, trouvé seulement dans l'étang d'Armainvilliers et aux environs de Tournon.

On distinguera de même facilement 3 petites espèces, de la section *Psyllophora*, dont les inflorescences sont en petits épis, simples, pédonculés, androgynes ou dioïques.

Ce sont :

Le *C. pulicaris* L., dont l'épi est androgyne. C'est une herbe vivace, des prairies marécageuses. On la trouve dans le marais du bois de Meudon et bien plus abondamment ailleurs.

Le *C. dioica* L., dont les fleurs sont dioïques. C'est une herbe vivace, à rhizome traçant ; rare, sauf dans une portion du marais de Buthiers près Malesherbes, au marais de Sceaux près Château-Landon, à Varinfroy près Crouy, etc.

Le *C. Davalliana* Sm., herbe dioïque aussi, mais à rhizome cespiteux, à feuilles rudes, à utricules prolongés en un long bec. Très rare dans les marais tourbeux, cette plante ne se trouve même probablement plus à Chantilly. On va la chercher à Silly-la-Poterie près Villers-Cotterets.

Restent alors le plus grand nombre d'espèces de la flore, qui ont sur un axe commun plusieurs épis, dont un terminal et les autres latéraux ; chaque épi étant unisexué **ou portant des fleurs des deux sexes.**

Si l'on examine de près le premier *Carex* trouvé au printemps, dont nous avons parlé (p. 92), le *C. stricta*, on voit qu'il est vivace, avec un rhizome cespiteux, et que ses épis floraux, pourvus d'un bractée ou feuille axillante, sont l'un mâle, supérieur, et les 2, 3 autres femelles. Ces derniers sont sessiles ou à peu près, sauf l'inférieur qui a un pédicelle plus développé. On a considéré, à tort ou à raison, comme des *Carex* proprement dits (*Eucarices* ou *Legitimæ*) ceux qui présentent ce mode de distribution des fleurs des deux sexes. Ils sont nombreux et en voici le tableau distinctif :

1   ⎧ Branches stylaires 3 . . . . 4.
     ⎩ Branches stylaires 2 . . . . 2.

2   ⎧ Rhizome stolonifère. Faces de la tige planes . . . . 3.
     ⎩ Rhizome cespiteux. Faces de la tige cannelées . . . . *C. stricta* GOOD.

3   ⎧ Bractée inférieure de l'inflorescence plus courte qu'elle. Epis femelles dressés . . . . *C. vulgaris* FR.
     ⎩ Bractée inférieure de l'inflorescence égale à elle ou un peu plus longue. Epis femelles penchés . . . . *C. acuta* L.

4   ⎧ Bec de l'utricule allongé, comprimé, 2-denté ou 2-cuspidé . . 18.
     ⎩ Bec de l'utricule court, cylindrique, 2-denté ou tronqué . . . . . 5.

5 { Utricule glabre. Bractées engainantes. . . . . 6.
Utricule pubescent ou tomenteux. Bractées engainantes ou non. . 11.

6 { Epi mâle unique. Bord des utricules lisse. . . . . 7.
Epis mâles (ou androgynes) plusieurs. Bord des utricules denticulé . . . . *C. glauca* MURR.

7 { Utricule sans bec. Feuilles et leur gaine pubescentes. . . . . . *C. pallescens* L.
Utricule à bec court. Feuilles et leur gaine glabres . . . . . . 8.

8 { Epis femelles dressés et courts. . 10.
Epis femelles pendants et longs . 9.

9 { Rhizome cespiteux. Epis femelles compactes et cylindriques. Utricule elliptique et lisse . . . . *C. pendula* HUDS.
   C. maxima SCOP.
Rhizome stolonifère. Epis femelles très lâches et linéaires. Utricule fusiforme et nervé. . . . . . *C. strigosa* HUDS.

10 { Epis femelles ovoïdes et compactes. Utricules luisants, striés. Bractée inférieure atteignant le sommet de l'axe . . . . . . *C. nitida* HOST.
Epis femelles cylindriques, peu compactes. Utricules lisses, ternes. Bractées plus courtes que l'axe. . . . . *C. panicea* L.

11 { Rhizome rampant et stolonifère . 12.
Rhizome cespiteux, non stolonifère. . . . . 14.

12 {
Ecailles femelles acuminées, ni scarieuses, ni blanches, ni ciliées aux bords . . . . 13.

Ecailles femelles obtuses, scarieuses, blanches, ciliées aux bords. *C. ericetorum* POLL..

13 {
Bractée inférieure foliacée et non engainante. Utricule blanchâtre, hérissé. . . . . *C. tomentosa* L.

Bractée inférieure membraneuse et engainante. Utricule fauve, pubescent. . . . . *C. præcox* JACQ.

14 {
Bractées engainantes . . . . . . 16.

Bractées non engainantes. . . . 15.

15 {
Bractées membraneuses. Ecailles des épis femelles obtuses ou émarginées, n'égalant pas l'utricule. . . . . *C. montana* L.

Bractées inférieures foliacées. Ecailles des épis femelles ovales-acuminées et dépassant l'utricule. . . . . *C. pilulifera* L.

16 {
Tige portant des feuilles à la base. 17.

Tige portant à la base des gaines foliaires. Feuilles en fascicules latéraux . . . . *C. digitata* L.

17 {
Tige courte (5-10 cent.), scabre en haut. Bractées blanches, membraneuses . . . . *C. humilis* LEYSS.

Tige assez longue (20-50 cent.), à peu près lisse . . . . *C. polyrrhiza* WALLR.

18 {
Dents du bec de l'utricule dressées. Epi mâle généralement 1. 19.

Dents du bec de l'utricule divergentes. Epis mâles généralement plusieurs . . . . 26.

19 {
Epis femelles compactes. Utricules fortement imbriqués. . . . . 21.
Epis femelles lâches. Utricules à peine imbriqués à la base des épis . . . . 2.

20 {
Epis femelles pendants. Utricules lisses et fusiformes, 3-gones. . *C. sylvatica* Huds.
Epis femelles dressés, pauciflores. Utricules nervés, ovoïdes-renflés. *C. depauperata* Good.

21 {
Utricules appliqués à la maturité. 24.
Utricules étalés à la maturité . . 22.

22 {
Utricule à bec sans cils. Ecailles femelles aiguës, non ciliées . . 23.
Utricule à bec cilié. Cils raides. Ecailles femelles mucronées et ciliées. . . . . *C. Mairii* Coss.

23 {
Utricules divergents, puis réfléchis ; le bec recourbé en bas. . *C. flava* L.
Utricules divariqués, mais non réfléchis ; le bec droit. . . *C. flava*, var. Œderi Coss.

24 {
Epis femelles dressés, bruns. Feuilles étroites . . . . 25.
Epis femelles verdâtres : les inférieurs penchés. Feuilles des fascicules stériles plus ou moins larges . . . . *C. lævigata* Sm.

25 {
Ecailles femelles à sommet obtus, mucroné. . . . . *C. distans* L.
Ecailles femelles à sommet aigu et mutique. . . . . . *C. Hornschuchiana* Hoppe.

26 {
Utricule glabre. . . . . 27.
Utricule hérissé. . . . . 31.

27 { Epi mâle linéaire, grêle . . . . **28.**
   { Epi mâle épais, ellipsoïde. . . . **30.**

28 {
   Epi mâle 1. Ecailles femelles égales aux utricules, linéaires-subulées . . . . *C. pseudo-Cyperus* L.
   Epis mâles plusieurs. Ecailles femelles plus courtes que les utricules, lancéolées. . . . . . . **29.**

29 {
   Angles des tiges aigus et scabres. Pédicelle de l'épillet femelle inférieur rude. Utricule ovoïde-conique . . . . *C. vesicaria* L.
   Angles des tiges obtus et lisses. Pédicelle de l'épillet femelle inférieur lisse. Utricule subglo-buleux-vésiculeux . . . . . . *C. ampullacea* Goop.

30 {
   Utricule comprimé. Ecailles inférieures de l'épi mâle obtuses. . *C. paludosa* Goop.
   Utricule à faces convexes. Ecailles de l'épi mâle toutes cuspidées. *C. riparia* Curt.

31 {
   Feuilles rigides et enroulées. Ecailles femelles brunes. Bractée inférieure à gaine presque nulle. . . . . *C. filiformis* L.
   Feuilles planes et molles. Ecailles femelles d'un blanc verdâtre. Bractée inférieure à gaine longue . . . . *C. hirta* L.

Prenons maintenant, dès le mois de mai, un *Carex* tel que les *C. muricata* ou L. *vulpina* L., espèces des plus communes à Meudon, notamment à Trivaux et partout ailleurs, dans les prés humides, au bord des fossés, des chemins, etc., nous verrons que tous les épillets dont se compose leur inflorescence générale, sont formés de fleurs des deux sexes (androgynes), et que leurs branches stylaires sont au nombre de 2. Ce sont les caractères d'une section *Vignea* (PAL.-BEAUV.), et voici comment se distinguent les espèces, au nombre d'une quinzaine, dont elle se compose :

1 — Rhizome horizontal et longuement traçant. . . . . 7.
— Rhizome cespiteux, court, non traçant . . . . 2.

2 — Utricule à bordure membraneuse. 3.
— Utricule sans bordure membraneuse. Feuilles linéaires . . . *C. Schreberi* SCHR.

3 — Utricule à bordure membraneuse très étroite, régnant de la base au sommet . . . . 4.
— Utricule à bordure membraneuse large, occupant la moitié supérieure. . . . . 5.

4 — Rhizome grêle, droit. Ecailles égales à l'utricule ou plus longues, roussâtres . . . . *C. ligerina* BOR.
— Rhizome épais, sinueux. Ecailles plus courtes que l'utricule, brunes . . . . *C. disticha* HUDS.

5 — Rhizome épais. Feuilles rigides, assez courtes. Epillets à peu près cylindriques ; les inférieurs femelles . . . . *C. arenaria* L.

Rhizome grêle. Feuilles molles,
5 longues. Epillets fusiformes ;
(s) les inférieurs stériles, mâles à
la base. . . . . . *C. arenaria*, var. *umbrosa* Coss.

6 {
Epillets mâles à la base . . . 12.
Epillets mâles au sommet. . . . 7.

7 {
Utricule gibbeux, finalement dressé. 8.
Utricule non gibbeux, finalement
étalé . . . . 10.

8 {
Utricule à bec à base élargie . . 9.
Utricule à bec à base étroite . . . *C. paradoxa* W.

Rhizome dénudé. Tige 3-quètre,
à faces convexes. Inflorescence
générale dense. . . . . *C. teretiuscula* Good.
9 Rhizome entouré des débris des
vieilles feuilles. Tige 3-quètre,
à faces planes ou concaves.
Epillets groupés en inflorescence
composée. . . . . *C. paniculata* L.

10 {
Utricule lisse ou à peu près. Faces
de la tige planes . . . . . . 11.
Utricule à face 5-7-nervée. Faces
de la tige canaliculées. . . . . *C. vulpina* L.

Utricule mince. Ligule ovale-ar-
rondie ; son bord antérieur ne
dépassant pas l'insertion du
limbe . . . . *C. divulsa* Good.
11 Utricule induré, subéreux à sa
base. Ligule lancéolée ; son bord
antérieur dépassant l'insertion
du limbe . . . . *C. muricata* L.

12 {
Utricules dressés ou peu étalés. . 13.
Utricules divariqués, divergents en étoile . . . . *C. echinata* MURR. (*C.stellulata* GOOD.)

13 {
Bractées foliacées, dépassant l'inflorescence . . . . *C. remota* L.
Bractées squamiformes, n'égalant pas l'inflorescence. . . . . . 15.

14 {
Utricule non bordé . . . . . . 14.
Utricule à bordure membraneuse. *C. leporina* L. (*C. ovalis* GOOD.)

15 {
Rhizome sans stolons. Utricule à bec court. Epillets cylindriques et bruns . . . . *C. elongata* L.
Rhizome à stolons courts. Utricule sans bec. Epillets ovoïdes, d'un vert blanchâtre. . . . . *C. canescens* L.

Espèces rares :

C. vulgaris (marais, prés humides).

C. pendula (bois et prés humides).

C. strigosa (Compiègne, Villers-Cotterets).

C. nitida (Fontainebleau, au carrefour du Vert-Galant).

C. polyrrhiza (Crépy, Nemours).

C. ericetorum (Fontainebleau, Nemours, Malesherbes, Compiègne, Villers-Cotterets, etc.).

C. montana (Fontainebleau, au Mail d'Henri IV).

C. humilis (Fontainebleau, Nemours, Malesherbes, Villers-Cotterets).

C. digitata (Compiègne, Fontainebleau, etc.).

C. depauperata (Fontainebleau, Saint-Germain, l'Isle-Adam, Compiègne, etc.).

C. Mairii (l'Isle-Adam, Marines, Malesherbes, Villers-Cotterets, etc.).

C. lævigata (Saint-Léger, Gambaiseuil, Villers-Cotterets; etc.).

C. filiformis (Mennecy, Saint-Léger, Rambouillet, Malesherbes, etc.).

C. paradoxa (Mennecy, Nemours, Malesherbes, etc.).

C. teretiuscula (Senlis, Nemours, Malesherbes, etc.).

C. elongata (Dampierre, Saint-Léger, Rambouillet, etc.).

C. arenaria (Compiègne, Ermenonville, Villers-Cotterets, etc.).

C. ligerina (coteaux de Lévy, environs de Dampierre).

C. Schreberi (bois arides).

Nous avons récemment trouvé à Mennecy le *C. evoluta*
Hartm., hybride des *C. filiformis* et (?) *riparia*.

CYPERUS

Ils sont tous rares. Le *C. longus* L. est vivace et se
trouve à Mennecy, Dreux, Nemours, etc. Les 2 autres
sont annuels et petits. Le *C. fuscus* L. a des épillets bruns
et 3 styles. C'est le moins rare, dans les marais. Le
C. flavescens L. a des épillets jaunâtres et 2 styles. On
le trouve à Nemours, Saint-Léger, Rambouillet, etc.

HELEOCHARIS

Un seul est très commun au bord des eaux, l'*H. palustris* R. Br. Voici comment on en distinguera les
4 autres :

1	Branches stylaires 3	4.
	Branches stylaires 2	2.
2	Herbe vivace. Epi oblong . . .	3.
	Herbe annuelle. Epi ovoïde.	*H. ovata* R. Br.

3 {
Ecaille stérile 1, embrassant la
base de l'épi. . . . . *H. uniglumis* Reichb.
Ecailles stériles 2, ... *H. palustris* R. Br.

4 {
Rhizome longuement rampant.
Tiges capillaires et 4-gones. *H. acicularis* R. Br.
Rhizome court et fibreux.
Tiges non capillaires, arron-
dies. . . . . *H. multicaulis* Dietr.

Ces plantes sont assez communes, sauf l'*H. ovata*
(Saint-Léger) et l'*H. multicaulis* (Sénart, Fontainebleau,
Malesherbes, Saint-Léger, etc.).

SCIRPUS

De nos 10 espèces, une est très commune dans l'eau,
le *S. lacustris* L. On la distingue des autres à l'aide du
tableau suivant :

1 {
Tige simple. . . . . 3.
Tige rameuse, couchée ou na-
geante. . . . . *S. fluitans* L.

2 {
Epillet terminal solitaire. . . . 3.
Epillets plusieurs sur le même
axe . . . . 4.

3 {
Tige à gaines tronquées . . . . *S. pauciflorus* Light.
Tige à gaine prolongée ; la
pointe foliacée. . . . . *S. cæspitosus* L.

4 {
Epillets en cymes stipitées ou
contractées. . . . . 5.
Epillets en épi distique, com-
primé, composé . . . . *S. compressus* Pers.

5 { Tige cylindrique. Inflorescence
pseudo-latérale . . . . 6.
Tige 3-quètre. Inflorescence
terminale . . . . 9.

6 { Rhizome traçant. Ecailles des
épillets à sommet échancré. 7.
Rhizome cespiteux ou racine
annuelle. Ecailles des épillets à sommet entier . . . . . 8.

7 { Epillet à écailles lisses . . . . . *S. lacustris* L.
Epillets à écailles scabres . . . *S. glaucus* Sm.

8 { Fruit ridé en travers . . . . . . *S. supinus* L.
Fruit ridé en long . . . . *S. setaceus* L.

9 { Rameaux de l'inflorescence très
ramifiés. Epillets à écailles
entières, verdâtres . . . . . . *S. sylvaticus* L.
Rameaux de l'inflorescence
simples ou presque simples,
pressés. Epillets à écailles
échancrées, brunes . . . . . *S. maritimus* L.

Espèces rares :

S. cæspitosus (Saint-Léger, Rambouillet).

S. fluitans (Fontainebleau, Saint-Léger, etc.).

S. pauciflorus (marais tourbeux).

ERIOPHORUM

Notre flore en possède 4.

1 { Epillets ∞ . . . . 2.
Epillet 1, terminal . . . . *E. vaginatum* L.

2 { Pédoncules lisses ou scabres.　3.
　{ Pédoncules tomenteux. . . . . *E. gracile* Koch.

3 { Pédoncules lisses. . . . . *E. angustifolium* R. Br.
　{ Pédoncules scabres. . . . . . . *E. latifolium* Hoppe.

L'*E. latifolium* est le moins rare (Meudon, Montmorency, Malesherbes, etc., etc.).

L'*E. angustifolium* est presque aussi commun, dans les mêmes localités.

L'*E. vaginatum* est très rare, dans les tourbières (Montfort-l'Amaury).

L'*E. gracile* est aussi très rare (Nemours, bords de l'Yvette, Montfort-l'Amaury, etc.).

RHYNCHOSPORA

Nos 2 espèces, très rares, sont le *R. alba* Vahl, à souche cerpiteuse, à épillets blanchâtres; et le *R. fusca* R. et Sch., à souche traçante, à épillets bruns. On les trouve surtout à Saint-Léger.

SCHŒNUS

Notre seule espèce, plante des marais, est le *S. nigricans* L., assez commun.

CLADIUM

Le *C. Mariscus* R. Br., la plus grande de nos Cypé-

racées, est vivace, assez rare (marais de Mennecy, l'Isle-
Adam, Nemours, Malesherbes, etc., etc.).

Liliacées

Celles qui sont précoces, déjà étudiées (p. 79), sont
le *Ruscus*, un *Scilla*, des *Gagea*, des *Muscari* et des *Luzula*.
Ces genres appartiennent les uns aux Liliacées proprement dites, les autres aux Asparagées, et le dernier aux
Joncacées. Voici leur différenciation générique :

a. *Liliacées vraies* (fruit sec).

1. Périanthe urcéolé, très courtement divisé en 6 dents . . . . *Muscari.*
   Périanthe à 6 divisions profondes
   ou libres. . . . . 2.

2. Graine ∞, comprimées . . . . . *Tulipa.*
   Graines 1 ou très peu nombreuses . . . . 3.

3. Fausse-ombelle de cymes, avec
   spathe enveloppante . . . . . *Allium.*
   Inflorescence sans spathe. . . . 4.

4. Périanthe à base rétrécie, pédicu-
   lée, avec rhizome fibreux . . . *Anthericum.*
   Périanthe à base non rétrécie.
   Bulbe . . . . 5.

5. Périanthe jaune. Anthères basifixes. . . . . *Gagea*
   Périanthe bleu, ou blanc ou blanchâtre. . . . . 6.

6 {
Filet étaminal grêle. Périanthe
bleu . . . . 7.
Filet étaminal dilaté. Périanthe
blanc ou blanchâtre. . . . . . *Ornithogalum.*

7 {
Périanthe étalé. . . . . *Scilla.*
Périanthe connivent en cloche. . . *Scilla § Endymion.*

b. *Asparagéés* (fruit charnu).

1 {
Plantes à cladodes. Fleurs diclines 2.
Plantes à feuilles. Fleurs herma-
phrodites. . . . . 3.

2 {
Cladodes filiformes. Etamines 6. *Asparagus.*
Cladodes foliiformes. Etamines 3. *Ruscus.*

3 {
Périanthe 4-8-mère . . . . 5.
Périanthe 6-mère . . . . 4.

4 {
Périanthe tubuleux. . . . . . . *Polygonatum.*
Périanthe urcéolé. . . . . *Convallaria.*

5 {
Périanthe 4-mère. . . . . *Maianthemum.*
Périanthe 8-mère. . . . . *Paris.*

c. *Joncacées* (fruit sec).

Fruit 1-loculaire, 3-sperme. Feuilles aplaties. . . . . *Luzula.*
Fruit à 3 loges, complètes ou incomplètes, ∞-spermes. Feuilles
arrondies ou 0. . . . . *Juncus.*

d. *Colchicées* (fruit sec).

Ne comprend que les *Colchicum*.

TULIPA

Le *T. sylvestris* L., seule espèce, à périanthe jaune d'or, a été introduit dans la flore, dans l'Oise ; près Soisy-sous-Étioles ; dans le parc de Grignon, où il fleurit bien ; et dans le parc de Saind-Cloud, où il ne fleurit guère.

GAGEA

Nous en avons 2 espèces précoces (p. 79).

ORNITHOGALUM

Nos deux espèces sont l' *O. umbellatum* L., commun, à fleurs blanches, rayées de vert, en cyme composée, ombelliforme : et l' *O. pyrenaicum* L., bien plus rare, à longue grappe de fleurs un peu verdâtres (Bondy, Saint-Germain, Montmorency, Compiègne, Fontainebleau, Malesherbes, etc., etc.).

ANTHERICUM

Nous avons une véritable espèce de ce genre, l' *A. ramosum* L., qui est le *Phalangium ramosum* LAMK, plante vivace, à rhizome fibreux, à tige rameuse et à périanthe blanc. C'est une plante assez rare, qui abonde cependant à Fontainebleau, et qu'on trouve aussi en juin et juillet, à Malesherbes, Maisse, Mantes, Vernon, etc.

Il ne faut pas la confondre avec l' A. *Liliago* L. (*Pha-langium Liliago* SCHREB.), qui n'est pas du même genre, mais bien un *Paradisia* MAZZ., et qui est plus rare encore (Fontainebleau, Compiègne, Nemours, etc.). Ses fleurs, également blanches, sont bien plus grandes ; son style est décliné, et sa tige est simple.

ALLIUM

Les Aulx se reconnaissent immédiatement à leur odeur qui ne se rencontre ailleurs que chez une Crucifère, l'Alliaire. La flore en renferme 9 espèces dont voici les caractères différentiels :

1	Filets staminaux entiers.	2.
	Filets staminaux 3-lobés, à lobes latéraux dentiformes ou subulés	5.
2	Feuilles linéaires, planes ou canaliculées	3.
	Feuilles lancéolées, à long pétiole.	*A. ursinum* L.
3	Fleurs jaunes.	*A. flavum.*
	Fleurs blanches ou roses	4.
4	Rizome traçant, inflorescences sans bulbilles	*A. fallax* DON.
	Bulbe solitaire. Inflorescence pourvue de bulbilles	*A. oleraceum* L.
5	Lobes latéraux des filets staminaux subulés. Tige fusiforme renflée	*A. Cepa* L.
	Lobes latéraux des filets staminaux dentiformes. Tige non renflée.	6.

6 $\left\{\begin{array}{l}\text{Cyme ombelliforme bulbillifère .. 8.}\\[4pt]\text{Cyme ombelliforme non bulbilli-}\\ \text{fère. . . . . 7.}\end{array}\right.$

7 $\left\{\begin{array}{l}\text{Feuilles étroites, semi-cylindri-}\\ \text{ques . . . .}\quad\textit{A.sphærocephalum}\text{ L.}\\[4pt]\text{Feuilles planes, légèrement ca-}\\ \text{rénées . . . .}\quad\textit{A. Porrum}\text{ L.}\end{array}\right.$

8 $\left\{\begin{array}{l}\text{Feuilles planes, à bords scabres.}\\ \text{Androcée plus court que le pé-}\\ \text{rianthe . . . .}\quad\textit{A. Scorodoprasum}\text{ L.}\\[4pt]\text{Feuilles presque cylindriques.}\\ \text{Androcée plus long que le pé-}\\ \text{rianthe. . . . .}\quad\textit{A. vineale}\text{ L.}\end{array}\right.$

Les *A. Cepa*, *Porrum* et *Scorodoprasum* (Rocambole) sont échappés des cultures. L'*A. flavum* s'est naturalisé à Fontainebleau sur les murs de la Faisanderie. L'*A. fallax* est très rare (Savigny, Blunay près Provins). L'*A. ursinum* l'est moins (Montmorency, près le Château de la Chasse; Saint-Cloud; Compiègne, etc. Planté à Trianon, derrière le village artificiel).

SCILLA

Outre le *S. bifolia* (p. 81), nos bois possèdent une espèce extrêmement commune de la section *Endymion*, la Jacinthe des bois, à périanthe bleu, rarement blanc ou rose, qui est le *S. non scripta* (*Hyacinthus non scriptus* L. — *Agraphis nutans* Link. — *Endymion nutans* Dum.); et une petite espèce à fleurs tardives, violacées, le *S. autumnalis* L., assez commun sur les pelouses arides.

MUSCARI

Nos trois espèces ont été mentionnées (p. 82).

ASPARAGUS

L'*A. officinalis* L. (Asperge cultivée) est commun partout, échappé des cultures.

RUSCUS

Notre seule espèce est le Petit-Houx (p. 80).

CONVALLARIA

Le *C. majalis* L. (Muguet de mai) est très commun et connu de tous par ses fleurs en grelot, blanches ou rarement rosées, et à odeur suave.

MAIANTHEMUM

Le *M. bifolium* DC. (*Convallaria bifolia* L.) est assez rare. Il abonde cependant à Ermenonville, sur les pelouses. On le trouve aussi à Fontainebleau, Montmorency, Villers-Cotterets, Compiègne, etc. Il a été planté dans le bois de Meudon, près de Villebon et près de Chaville.

POLYGONATUM

Ce sont nos deux Sceaux-de-Salomon, extrêmement communs à Boulogne, Vincennes, Meudon, etc., etc. L'un est le *P. multiflorum* ALL., à tige cylindrique, à fleurs plus nombreuses, à filets staminaux poilus. L'autre est le *P. vulgare* DESF., à tige anguleuse, à fleurs moins nombreuses et plus grandes, à filets staminaux glabres.

PARIS

Le *P. quadrifolia* L. (Raisin de renard), à verticilles ordinairement de 4 feuilles, est assez commun dans les bois humides. On l'a planté dans celui de Meudon, dans le bas-fond, près du chemin qui va des Fonceaux au pavé de Meudon.

COLCHICUM

Le *C. autumnale* L. est très commun dans nos prés humides, en feuilles et en fruit l'été ; en fleurs, sans feuilles, en automne. Son périanthe, en massue dans le bouton, est d'un lilas rosé.

JUNCUS

Dans ce genre, la fleur est celle des Liliacées; mais le

périanthe 6-mère est formé de folioles scarieuses ; caractère de valeur tout à fait secondaire. Les 14 espèces de
la flore se distinguent entre elles ainsi qu'il suit : .

1 { Inflorescences terminales.: . . . . 4.
{ Inflorescences latérales . . . . . 2.

2 { Tige lisse ou finement striée, à
moelle continue. . . . . 3.
Tige striée-cannelée, à moelle in-
terrompue.. . . . . *J. inflexus* L.

3 { Tige finement striée (sur le frais).
Inflorescence globuleuse, com-
pacte . . . . *J. conglomeratus* L.
Tige lisse (sur le frais). Inflores-
cence étalée. . . . . *J. effusus* L.

4 { Plante annuelle. Racine fibreuse. 5.
Plante vivace. Rhizome stolonifère. . . . . 8.

5 { Etamines 3. Fleurs à renflements nodiformes . . . . 6.
Etamines 6. Feuilles sans renflements . . . . 7.

6 { Folioles du périanthe subégales,
aiguës. Fruit allongé-oblong. . *J. pygmæus* THUILL.
Folioles du périanthe inégales,
cuspidées. Fruit ovoïde-sub-
globuleux . . . . *J. capitatus* WEIG.

7 { Folioles du périanthe égales. Fruit
subglobuleux, à peu près égal
au périanthe. . . . . *J. Tenageia* L.
Folioles du périanthe inégales.
Fruit oblong, bien plus court
que le périanthe . . . . *J. bufonius* L.

8 {
Feuilles non noueuses, planes ou canaliculées . . . . 12.
Feuilles cylindriques ou comprimées, noueuses au passage entre les doigts . . . . 9.

9 {
Folioles du périanthe toutes ou les extérieures aiguës, acuminées . . . . 10.
Folioles du périanthe à sommet obtus . . . . *J. obtusiflorus* EHRH.

10 {
Folioles du périanthe acuminées-aristées; les intérieures plus longues et recourbées . . . . . *J. sylvaticus* REICH.
Folioles du périanthe toute égales; les intérieures obtuses. . . . . 11.

11 {
Tige droite, aplatie, à 2 angles. Inflorescence dressée, composée. Fleurs minimes . . . . *J. anceps* LAH.
Tige ascendante ou couchée. Feuilles cylindriques comprimées. Inflorescence étalée, composée. Fleurs assez grandes. . *J. lamprocarpus* EHRH

12 {
Tige filiforme. Etamines 3 . . . *J. supinus* MOENCH.
Tige non filiforme. Etamines 6.. 13.

13 {
Tige portant des feuilles. Feuilles basilaires peu nombreuses, molles. Anthère égale au filet de l'étamine . . . . *J. bulbosus* L.
Feuilles toutes basilaires, nombreuses, rigides. Anthère beaucoup plus longue que le filet. *J. squarrosus* L.

28

Espèces rares :

J. *pygmæus* (Fontainebleau, notamment à la Belle-Croix ; Saint-Léger, Compiègne).

J. *squarrosus* (Fontainebleau, Compiègne, Saint-Léger, etc.).

J. *capitatus* (Fontainebleau, Lardy, Malesherbes, Saint-Léger, etc.).

J. *anceps* (Epizy, Montigny-sur-Loing, etc.).

LUZULA

Nous avons déjà parlé (p. 83) des plus précoces des espèces de ce genre. Nous en possédons 4, dont voici le tableau distinctif :

1	Inflorescence à divisions ultimes portant des fleurs isolées. Graine à arille du sommet	2.
	Inflorescence à divisions ultimes portant des cymules ou des épillets. Graine à arille de la base (chalaze).	3.
2	Feuiles basilaires linéaires-lancéolées. Pédicelles fructifères souvent réfractés.	*L. pilosa* W.
	Feuilles basilaires linéaires, étroites. Pédicelles fructifères dressés.	*L. Forsteri* DC.
3	Inflorescence très décomposée, portant des glomérules 2-4-flores. Graine non arillée.	*L. sylvatica* GAUD.

3
(s.)
/ Inflorescence corymbiforme, peu
\ composée, portant des épillets
) 6-12-flores. Graine à arille cha-
\ lazique . . . . *L. campestris* DC.

Le *L. pilosa* W. (*L. vernalis* DC.) est l'espèce la plus précoce et la plus commune.

Le *L. multiflora* LEJ., commun, est une variété du *L. campestris*, à rhizome cespiteux et à filet staminal plus long que dans le type.

Le *L. sylvatica*, très rare, va se récolter au Bois de Vernon.

Amaryllidacées

Nos Amaryllidacées proprement dites sont les *Galanthus* et les *Narcissus* (p. 3).

Le *Tamus comunis* L. (Herbe à la femme battue), attribué aux Dioscoréacées, est par son ovaire infère et son androcée diplostémoné, une Amaryllidacée à tige volubile, à feuilles cordées, à fleurs dioïques et à fruit charnu. C'est une plante vivace, commune dans tous nos bois.

Iridacées

La flore comprend 2 *Iris* : l'un à fleurs jaunes, à graines brunes, très commun au bord des eaux. C'est l'*I. Pseudo-Acorus* L. (Flambe des marais). L'autre, plus rare, dans les bois humides, est l'*I. fœtidissima* L. (Iris-Jambon, I.-Gigot), à odeur peu agréable, à fleurs d'un bleu tendre, à graines rouges (L'Isle-Adam, Mennecy, Brétigny, Saint-Germain, Montmorency, etc.).

Hydrocharidacées

Ce sont des herbes aquatiques, à fleurs d'Amaryllidacée ou d'Iridacée par leur ovaire infère ; mais dioïques, pourvues d'une spathe et à 9-25 étamines. Deux genres français sont représentés dans la flore. Ce sont l'*Hydrocharis Morsus-ranæ* L., plante molle, à feuilles nageantes, orbiculaires-réniformes, à 3 pétales blancs ou jaunes à la base ; assez commun dans les étangs et fossés ; et le *Stratiotes aloïdes* L., à feuilles allongées, en rosette, dentées-épineuses, introduit à Marly, notamment dans la Mare ténébreuse.

On a jeté depuis quelques années dans nos eaux :

Le *Vallisneria spiralis* L., rare dans le canal de la Marne (femelle).

L'*Elodea canadensis* Rich., à petites fleurs rosées, abondant à Trivaux et dans quelques autres étangs de nos environs (femelle).

Orchidacées

Il a été question (p. 85) de nos deux plus précoces *Orchis*. On admet, dans la flore parisienne, 15 autres

genres plus ou moins naturels de cette famille, genres
qu'il faut d'abord distinguer les uns des autres :

1 { Fleur pourvue d'un éperon . . . 2.
{ Fleur sans éperon. . . . . 9.

2 { Plante parasite, sans feuilles
vertes, à écailles lilas. . . . . *Limodorum.*
Plante à feuilles vertes ou à écailles brunes . . . . 3.

3 { Labelle lobé. . . . . 4.
{ Labelle indivis . . . . *Habenaria* § *Platanthera.*

4 { Labelle à très longue division
moyenne, fortement enroulée
en spirale avant l'anthère . . . *Loroglossum.*
Labelle non enroulé en spirale . 5.

5 { Pollinies à rétinacle très incomplètement enfermé dans une bursi-
cule. . . . . *Habenaria* § *Gymnadenia.*
Pollinies à rétinacles libres ou
rapprochés, enclos dans une
bursicule . . . . 6.

6 { Rétinacles enfermés chacun dans
sa bursicule . . . . *Orchis* § *Evorchis.*
Rétinacles enfermés dans une
seule bursicule commune . . . *Orchis* § *Anacamptis.*

7 { Fleur résupinée, à labelle antérieur et inférieur. . . . . . . 8.
Fleur non résupinée, à labelle
postérieur. . . . . 9.

8 { Eperon arqué, grêle, égal à l'o-
vaire ou plus long. . . . . . 5.
Eperon obtus, renflé, plus court
que l'ovaire . . . . *Satyrium.*

9 { Ovaire tordu sur lui-même. . . .
{ Ovaire non tordu. . . . . *Ophrys.*

10 { Pétales postérieurs et sépale postérieur connivents en casque
supérieur. Rétinacles enclos
dans une seule bursicule . . . *Aceras.*
Pétales postérieurs et sépale postérieur connivents en cloche. Rétinacle non enclos . . . . . *Herminium.*

11 { Pollinies céracées. Bulbes 2, tu-
niqués . . . . *Liparis.*
Pollen subpulvérulent, lâchement
cohérent. Rhizome cylindrique. 12.

12 { Labelle rétréci vers son milieu. 13.
Labelle non rétréci vers son milieu. . . . . 14.

13 { Ovaire non tordu, stipité. . . . *Epipactis.*
Ovaire tordu, sessile. . . . . . *Cephalanthera.*

14 { Labelle entier. Pollinies entières. 16.
Labelle 2-fide. Pollinies 2-fides. 15.

15 { Ovaire stipité. Labelle non gibbeux à sa base. Plante à 2
feuilles vertes. . . . . . . *Diphryllum.*
Ovaire sessile. Labelle gibbeux à
sa base. Plante brune, parasite. *Neottia.*

16 { Epi court, unilatéral. Rhizome
grêle et rameux. . . . . *Goodyera.*
Epi grêle, légèrement tordu; les
fleurs fortement réfléchies. Portion souterraine à quelques renflements fusi-napiformes . . . *Spiranthes.*

ORCHIS

On a vu que les deux espèces les plus précoces de ce genre sont les *O. Morio* et *mascula* (p. 85). Il y en a dans notre flore 10 autres, dont une de la section *Anacamptis*. Voici d'abord le tableau de celles de la section *Evorchis* :

1 (Divisions extérieures et posté-
rieures du périanthe toutes
conniventes en casque. . . . . 7.
Divisions extéro-latérales du périanthe plus ou moins étalées. 2.

2 (Epi compact. Eperon descen-
dant. Bulbe palmé . . . . 3.
Épi lâche. Eperon horizontal.
Bulbe entier. 5

3 (Tige pleine. Bractées plus courtes en général que les fleurs. *O. maculata* L.
Tige creuse. Bractées plus lon-
gues en général que les fleurs. *O. latifolia* L.

4 (Bractées 3-5-nerves. Feuilles plis-
sées-canaliculées. . . . . *O. laxiflora* LAMK.
Bractées 1-nerves. Feuilles planes. *O. mascula* L.

5 (Labelle 3-partite ; le lobe moyen
profondément 2-fide, avec souvent une dent au fond du sinus. 7.
Labelle 3-fide ou 3-lobé ; le lobe
moyen entier ou tronqué, sub-
marginé . . . . 6.

6 { Casque supérieur obtus. Labelle à 3-lobes larges . . . . *O. Morio* L.
Casque supérieur acuminé. Labelle 3-fide; le lobe moyen oblong. Odeur de punaise. . . . . *O. coriophora* L.

7 { Divisions extérieures du périanthe inférieurement unies. Bractées bien plus courtes que l'ovaire. 8.
Divisions extérieures du périanthe libres jusqu'à la base. Bractées égales à environ la moitié de l'ovaire. . . . . *O. ustulata* L.

8 { Casque ovale-lancéolé, d'un rose cendré . . . . 1.
Casque ovoïde-subglobuleux, d'un pourpre plus ou moins foncé. *O. purpurea* Huds.

9 { Labelle à divisions du lobe moyen égales 3, 4 fois en largeur à ses lobes latéraux. . . . . *O. militaris* L.
Labelle à divisions du lobe moyen à peu près égales en largeur à ses lobes latéraux et arquées. . . *O. Simia* Lamk.

L'espèce de la section *Anacamptis* est l'*O. pyramidalis* L., assez rare, abondant cependant à Fontainebleau, Malesherbes, Chantilly, Mantes, Vernon, etc.

L'*O. coriophora* est assez rare (Mantes, Montmorency, L'Isle-Adam, etc.).

L'*O. sambucina* L. est une plante rarissime, à fleurs jaunes; le labelle ponctué de pourpre, qu'on trouve, dit-on, à Nemours dans le bois de la Mare.

L'*O. incarnata* L. est une var. de l'*O. latifolia*, à fleur pâle ; les divisions latérales du périanthe maculées. Beaucoup de ces *Orchis*, vivant les uns près des autres, peuvent s'hybrider entre eux.

LOROGLOSSUM

Nous n'avons que le *L. hircinum* RICH., grande espèce commune, à feuilles pâles, à floraison un peu tardive, à forte odeur de bouc.

ACERAS

L'*A. antropophora* R. BR. (*Ophrys antropophora* L.) à fleurs jaunâtres, rayées de brun, est assez commun à Bouray, Lardy, Fontainebleau, Mantes, Malesherbes, etc., etc., sur les pelouses.

OPHRYS

La flore en comprend 4 espèces, faciles à distinguer entre elles, toutes assez communes :

1 — Labelle plus long que large, triangulaire. Pétales latéraux filiformes . . . . *O. muscifera* HUDS.
— Labelle aussi long que large. Pétales latéraux non filiformes. . 2.

2 — Labelle sans appendice à son sommet . . . . *O. aranifera* HUDS.
— Labelle pourvu d'un appendice à son sommet . . . . 3.

3 { Appendice recourbé en dessus . . *O. fuciflora* REICHB.
  { Appendice recourbé en dessous. . *O. apifera* HUDS.

L'*O. Pseudo-Speculum* DC. est une var. assez rare de l'*O·
aranifera*, à labelle d'un brun verdâtre; le reste du périanthe jaunâtre.

HERMINIUM

L'*H. Monorchis* R. BR., petite herbe vivace, à fleurs jaunâtres, se trouvait très rarement au Coudray près Limay,
d'où il a peut-être complètement disparu.

HABENARIA

La flore comprend 2 espèces de la section *Gymnadenia*,
à peine séparable des *Anacamptis,* et 2 de la section *Platanthera.*

§ *Platanthera.* Ce sont 2 herbes communes, à fleurs
blanchâtres : l'*H. montana* (*Orchis montana* SCHM. — *O.
chlorantha* CUST.), à loges de l'anthère distantes ; l'*H. bifolia*
(*Orchis bifolia* L. — *Platanthera bifolia* RICH.), à loges de
l'anthère rapprochées.

§ *Gymnadenia.* Ce sont l'*H. conopea* (*Orchis conopea* L.),
à fleurs roses, à éperon 2 fois plus long que l'ovaire; et
l'*H. odoratissima* (*Orchis odoratissima* L.), à éperon égal à
l'ovaire ou plus court que lui; le dernier plus rare (marais de Buthiers, Epizy, marais de la Genevraye, près
Montigny-sur-Loing, Champagne, etc.).

SATYRIUM

Le *S. viride* L., assez rare dans les prés humides, ne doit être rapporté qu'avec doute à ce genre.

Epidendrées

LIPARIS

Le *L. Lœselii* Rich., rarissime, est une plante des marais tourbeux. On le trouve encore à Epizy, à la Genevraye, près de Montigny-sur-Loing, à l'Isle-Adam, et peut-être encore au marais de Buthiers près Malesherbes.

Neottiées

NEOTTIA

Le *N. Nidus-avis* Rich., à aspect et coloration d'Orobanche, est commun à Meudon et dans presque tous nos bois.

DIPHRYLLUM

Le *D. ovatum* (*Neottia ovata* Rich. — *Listera ovata* R. Br.), avec ses 2 feuilles opposées et ses fleurs vertes, est de beaucoup la plus commune de nos Orchidacées.

SPIRANTHES

Nos 2 espèces sont rares. Ce sont le *S. autumnalis* Rich., à feuilles de la base ovales-oblongues, appartenant à un rameau latéral à l'inflorescence; et le *S. æstivalis* Rich., à feuilles basilaires linéaires-lancéolées, entourant la base de l'axe florifère.

GOODYERA

Le *G. repens* L., introduit avec les graines des Pins, est depuis plusieurs années commun à Fontainebleau, notamment près du Mail d'Henri IV et au voisinage du Calvaire.

LIMODORUM

Le *L. abortivum* Sw., superbe espèce à fleurs violettes, est assez rare, sauf à Bouray-Lardy, Fontainebleau, La Ferté-Aleps, Montigny, Malesherbes, etc.

CEPHALANTHERA

Il y en a dans la flore 3 espèces, dont une à belles fleurs rouges : le *C. rubra* Rich., et 2 à fleurs blanches. Le premier, souvent rare, abonde dans certaines années, à Fontainebleau. On le trouve aussi aux Andelys. Des deux

espèces à fleurs blanches, la plus commune est le *C. grandiflora* Bab. (*C.pallens* Rich.), surtout à Bouray-Lardy, dans
les bouquets de bois. On le trouve aussi à Saint-Cloud,
Saint-Germain, Limay, etc. Le *C. xyphophyllum* Reichb.
(*C. ensifolia* Rich.) est un peu plus rare (Fontainebleau,
Vernon, Port-Villez, etc.). Il a des bractées plus courtes
que l'ovaire qu'elles égalent ou dépassent dans l'espèce
précédente.

EPIPACTIS

Nous en avons 3 espèces communes, distinguées ainsi
qu'il suit les unes des autres :

1	Feuilles généralement ovales. Labelle plus court que les sépales latéraux, à sommet légèrement acuminé..............	2.
	Feuilles lancéolées. Labelle égal aux sépales latéraux ou plus long, à sommet obtus..........	*E. palustris* Cr.
2	Fleurs verdâtres ou blanchâtres.	*E. Helleborina* Cr.(*H. latifolia* All).
	Fleurs d'un pourpre foncé.....	*E. atrorubens* Hoffm.

APPENDICE

LISTE DES CRYPTOGAMES VASCULAIRES DE LA FLORE PARISIENNE

Fougères

OPHIOGLOSSUM

O. vulgatum L. (A. C.)
Variété *ambiguum* (T. R.)

BOTRYCHIUM

B. Lunaria Sw. (R.)

OSMUNDA

O. regalis L. (A. R.)

POLYPODIUM

P. vulgare L. (T. C.)
P. Dryopteris L. (R.)

CETERACH

C. officinarum L. (R.)

DRYOPTERIS

D. Filix-mas SCHOTT (*Polypodium Filix-mas* L. — *Polystichum Filix-mas* ROTH. — *Nephrodium Filix-mas* STREMP.) (T. C.)

POLYSTICHUM

P. spinulosum DC. (*Polypodium spinulosum* RETZ.) (A.C.)
P. Thelypteris ROTH (A. R.)
P. cristatum ROTH (R.)
P. montanum ROTH (*Polypodium Oreopteris* EHRH.) (T.R.)

ASPIDIUM

A. aculeatum DŒLL (*Polypodium aculeatum* L.) (R.)
Variété *angulare* GREN. (R.)

ASPLENIUM

A. Ruta-muraria L. (T. C.)

A. Adiantum-nigrum L. (A. C.)

A. Trichomanes L. (T. C.)

A. septentrionale Sw. (R.)

A. Breynii Retz. (*A. germanicum* Weiss) (T. R.).

A. lanceolatum Huds. (R.)

A. Filix-fœmina Bernh. (*Athyrium Filix-fœmina* Roth. — *Aspidium Filix-fœmina* Sw.) (C.)

BLECHNUM

B. Spicant Roth (*Lomaria Spicant* Desvx) (A. R.)

PTERIS

P. aquilina L. (T.C.)

SCOLOPENDRIUM

S. officinale Sm. (*S. officinarum* Sw.) (A. R.)

Equisétacées.

EQUISETUM

E. arvense L. (T.C.)

E. palustre L. (T. C.)

E. limosum L. (C.)

E. hiemale L. (R.)

E. maximum Lamk (*E. Telmateia* Ehrh.) (C.)

E. sylvaticum L. (T. R.)

Lycopodiacées

LYCOPODIUM

L. *clavatum* L.(R.)

L. *Selago* L. (T. R.)

L. *inundatum* L. (R.)

L. *Clamæcyparissus* A. Br. (T. R.)

Rhizocarpées

PILULARIA

P. globulifera L. (A. R.)

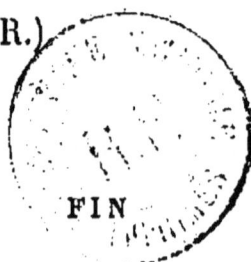

FIN

TABLE

—

TABLE 453

TABLE 455

TABLE 457

TABLE 459

D

E

TABLE 461

TABLE 463

TABLE 465

I

TABLE 467

TABLE 469

TABLE 471

TABLE 473

TABLE 479

TABLE 477

TABLE   479

TABLE 481

ÉVREUX, IMPRIMERIE DE CHARLES HÉRISSEY